PRINCIPLES OF COOKING

조리원리

학습안내

본 교재는 조리원리에 관한 과학적 이해를 바탕으로 식품영양 및 조리 전공자들이 조리의 기초를 다지는 데 도움을 주기 위해 집필되었습니다. 일부 유사 교재들은 식품재료학, 식품화학, 실험조리까지 광범위하게 다루어 조리 기초로 꼭 다루어야 할 기초 이론이 가볍게 다루어지는 경향이 있습니다. 본 교재는 조리의 기초를 다지기 위한 기본 내용에 충실하고자 노력했습니다. 빠르게 발전하는 조리 관련 현황 및 지식을 반영하여, 식품영양학 및 조리학 전공자들이 조리의 과학적 원리를 이해하고 이를 실습을 통해 체득할 수 있도록 구성하였습니다.

조리원리는 단순히 음식을 만드는 기술을 넘어서, 식품의 성분과 조리과정에서 발생하는 다양한 물리적·화학적 변화를 이해하는 학문입니다. 조리원리에 대한 정확한 이해는 우리가 일상에서 접하는 음식의 맛을 향상시키고 영양을 최적화하는 데 중요한 역할을 합니다. 여러분이 교재를 통해 식품의 특성과 조리과정을 과학적으로 분석하고 이해함으로써 식사를 계획하고 고품질의 음식을 만들 수 있는 역량을 키우기를 기대합니다.

본 교재의 실습은 이론적 지식을 토대로 조리 역량을 강화하고, 사고를 넓힐 수 있는 기회가 될 것입니다. 각 장에서 이론을 익힌 후 이어지는 실습을 통해 기초적인 조리 기술을 다지고, 다양한 조리법을 실험하며, 이를 통해 얻은 경험과 지식을 바탕으로 자신만의 조리 철학을 정립하게 될 것입니다. 이 교재가 여러분의 학문적 성취에 작은 보탬이 되기를 바라며, 여러분이 이 과정을 통해 얻은 지식과 경험을 바탕으로 미래의 식품영양학 및 조리학 분야에서 큰 역할을 하기를 기원합니다.

본 교재에서는 조리 반응을 과학적으로 접근하기 위해 조리의 기초, 비가열 조리, 가열 조리, 조미, 식재료의 이해 등의 개념을 먼저 학습한 후, 주식용 식재료, 주찬용 식재료, 부찬용 식재료, 후식용 식재료 등의 조리적 특성을 이론적으로 살펴보고 해당 식재료의 조리원리를 탐구할 수 있도록 실습으로 구성하였습니다.

본 교재를 통해 조리원리에 대한 과학적인 이해가 증진된다면 일상적으로 섭취하는 음식이 만들어지는 조리의 중요성을 깨닫는 계기가 될 것이며, 나아가 식품영양 및 조리 분야의 심화 학습을 위한 초석이 될 것입니다.

목차

CHAPTER 1

조리의 이해

CHAPTER 2

조리의 기초

CHAPTER 9

주찬용 식재료의 조리원리 Ⅱ

CHAPTER 10

부찬용 식재료의 조리원리

CHAPTER 11

후식용 식재료의 조리원리

CHAPTER 12

기타 식재료의 조리원리

CHAPTER

1

조리의 이해

1. 조리의 개념 | 2. 조리의 의의 | 3. 조리과학 | 4. 조리사

1. 조리의 개념

1) 조리의 정의

조리調理, cooking란 일반적으로 '식재료를 음식으로 만드는 과정'을 말한다. 간혹 조리를 '식사 계획으로부터 식재료의 선택 및 보관, 조리조작, 그리고 식탁 위의 상차림 과정까지 포함하는 일련의 과정'으로 정의하기도 하지만, 이러한 과정 중 조리의 핵심 과정은 식재료에 전처리 및 열처리를 하여 음식으로 만드는 '조리조작'이라는 점에 이견을 가진 사람은 없을 것이다. 즉, 본질적인 의미의 조리란 '식재료에 다양한 조작을 가함으로써 그 구성 성분 및 조직에 물리적, 화학적 변화를 일으키는 활동'으로 정의할 수 있다(그림1-1).

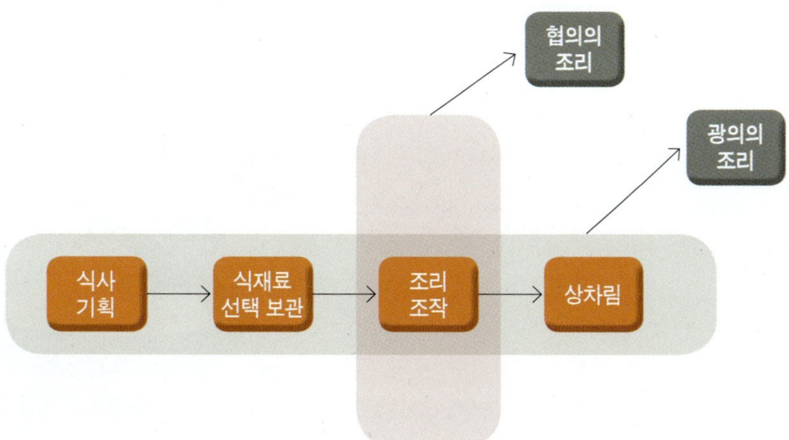

그림 1-1 | 조리의 정의

조리와 가공은 모두 식품의 특성을 과학적으로 이해하고 이용하여 고품질의 먹을거리를 만들어 내는 과정이라는 점에서 본질을 함께하지만, 과거에는 서로 분리되어 조리는 식품영양학과나 조리 관련 학과에서, 가공은 식품공학과에서 교육·연구되었다. 그러나 현대 사회에서 조리 이론과 기술은 가정이나 음식점, 급식소에서 음식을 준비할 때 필요할 뿐 아니라, 식품 회사에서 소비자들의 니즈needs를 반영한 즉석섭취식품, 즉석조리식품과 같은 가정간편식Home Meal Replacement, HMR 등 가공식품을 개발하는 과정에서도 필요하게 되면서 조리와 가공의 경계가 점차 허물어지고 있다.

또한 조리는 각 국가나 민족 문화의 중요한 부분을 차지하는 식생활 문화의 중심에 있다. 어떤 식재료를 어떤 도구를 사용하여 어떤 방법으로 조리하느냐 하는 것은 각 지역의 자연환경, 역사, 문화 등의 영향으로 형성되고 변화한다.

2) 조리의 분류

조리방법은 비가열 조리, 가열 조리, 조미로 분류할 수 있다(표 1–1). 이 책 3장, 4장, 5장에서는 이와 같은 조리방법을 순서대로 다룬다.

표 1–1 | 조리방법의 분류

구분		조리방법
비가열 조리		다듬기, 씻기, 불리기, 썰기, 섞기, 갈기·으깨기, 냉각·냉장, 냉동, 해동, 무치기, 굳히기, 절이기
가열 조리	습열 조리	데치기·삶기, 끓이기, 시머링simmering, 포우칭poaching, 찌기
	건열 조리	굽기, 볶기, 지지기·튀기기
	복합식 가열 조리	브레이징braising, 스튜잉stewing
	초단파 조리	초단파 조리
조미		단맛 조미, 짠맛 조미, 신맛 조미, 매운맛 조미, 감칠맛 조미, 복합 조미

2. 조리의 의의

바람직한 조리란 식재료 고유의 특성을 유지, 향상하면서 안전성, 영양성, 기호성을 확보한 음식을 만드는 것이라 할 수 있다. 즉, 조리의 의의는 식재료의 안전성과 저장·수송성을 증진하고, 영양학적, 기호적, 심미적 가치를 더함에 있다(그림 1–2).

그림 1-2 | 조리의 의의

- 조리와 식품의 안전성: 조리는 식품에 존재하는 이물질, 농약, 기생충, 병원균 등의 유해 물질을 제거함으로써 식품의 안전성을 증진한다. 그러나 때로는 조리과정 중 아크릴아마이드와 같은 건강에 해로운 물질이 생성되어 식품의 안전성이 저하될 수도 있다.

지식 UP **아크릴아마이드**

탄수화물 함량이 높은 식품을 120℃ 이상의 고열에서 가열하면 식품 속 환원당과 아미노산이 반응을 일으켜 아크릴아마이드(Acrylamide, C_3H_5NO)가 생성된다. 특히, 160℃ 이상의 온도에서 조리할 때 급격히 증가하는 것으로 알려져 있다. 아크릴아마이드는 WHO 산하 국제암연구소(International Agency for Research on Cancer, IARC)에서 발암 가능 물질 2A군(동물 실험에서 암을 유발한다는 증거가 충분하나, 인체 대상 증거는 충분하지 않은 '잠재적 발암 물질')으로 규정하였다. 조리과정에서 아크릴아마이드 생성을 줄이려면 탄수화물 함량이 높은 식품을 고온에서 장기간 조리하지 말고, 굽거나 튀기는 대신 되도록 찌거나 삶는 조리법을 택하는 것이 좋다. 고탄수화물을 고온에서 튀기는 대표적인 음식인 감자튀김은 조리과정에서 아크릴아마이드가 생성되는 대표적인 음식이다.

- 조리와 식품의 저장 · 수송성: 조리는 식품의 효소 활성을 억제하거나 미생물의 번식을 지연시켜 식품의 부패를 방지함으로써 저장성을 증진한다. 또한 채소와 같은 식품

은 조리를 통해 부피가 줄어들고 물리적인 충격을 덜 받게 됨으로써 수송성이 향상될 수 있다.

- 조리와 식품의 영양학적 가치: 조리는 불필요한 부분을 제거, 갈거나 다지는 등의 기계적 조작과 가열 처리로 인한 호화, 조직 연화, 단백질 변성 등을 통해 식품의 소화·흡수율을 높일 수 있다. 또한 조리는 영양소의 손실을 최소화함으로써 식품의 영양학적 가치를 보존하는 과정이기도 하며, 여러 가지 식품의 조합에 의한 균형된 영양 섭취를 통해서도 식품의 영양학적 가치를 높일 수 있다.
- 조리와 식품의 기호적 가치: 조리는 식품의 아린 맛이나 독한 맛 등 불쾌한 성분을 제거하거나 맛과 향을 증진해 식품의 기호적 가치를 높일 수 있다. 도라지를 물에 담가 아린 맛을 제거하거나 고기를 구워 풍미를 높이는 것 등이 구체적인 예이다.
- 조리와 식품의 심미적 가치: 식품의 심미적, 즉 시각적 가치는 기호성의 일부로 포함될 수도 있겠으나 최근 푸드 코디네이션이나 푸드 스타일링과 같은 조리의 심미적 부분이 강조됨에 따라 기호적 가치와는 독립적인 조리의 의의로 꼽을 수 있다. 식품의 색을 보존하거나 보기 좋은 색으로 변화를 주는 것 등이 조리에 의한 심미적 가치 제고의 예라 하겠다.

3. 조리과학

조리과학cooking science, cookery science은 조리과정에서 일어나는 식품의 구조, 조직 및 성분 특성(영양소, 향미, 색, 질감 등)의 물리적, 화학적 변화의 원리(원인과 결과)를 과학적으로 규명하여 합리적인 조리법을 연구하는 학문이다. 즉, 물리적 처리와 열·산·알칼리와 같은 화학적 처리가 식품에 어떠한 영향을 미치는가를 과학적으로 연구하여 이론적으로 체계화하는 학문이다.

조리과학에서는 식품의 물리·화학적 특성과 조리하는 동안의 환경 상태(온도, 습도, 빛, 공기 등)로 인하여 일어나는 반응, 조리과정 중 첨가되는 물질이 식품에 미치는 영향들에 대한 지식을 연구한다. 따라서 조리과학의 연구를 위해서는 화학, 생물, 물리 등 기초 과학의 이론 습득이 필수적이다.

조리과학 교육은 주로 대학의 조리 관련 학과(외식조리학과, 호텔조리학과 등)에서 이루어지지만, 식품영양학과에서도 조리원리(및 실습), 실험조리(및 실습) 등의 과목을 통해 조리과학을 교육하고 있다. 영양사 국가시험에 응시할 수 있는 자격을 갖추기 위해 꼭 수강해야 하는 18과목 중 두 과목이 '조리원리'와 '실험조리'이며, 시험의 네 과목 중 한 과목으로 '식품학 및 조리원리'가 포함되어 있고, 그 배점이 총점 220점 중 40점인 것에서 알 수 있듯이 조리과학은 영양사 교육과정에서 중요한 위치를 차지하고 있다.

조리과학 분야의 연구는 주로 한국식품조리과학회지, 한국조리학회지, 한국식품과학회지, 동아시아식생활학회지, 한국식생활문화학회지 등에 보고되고 있다. 조리과학 분야의 연구가 많이 게재되는 외국 학술지로는 Journal of Culinary Science & Technology, Journal of Food Science, Food Research International, International Journal of Gastronomy and Food Science, Food Quality and Preference 등이 있다.

4. 조리사

조리사調理師란 외식 · 급식업체에서 조리에 종사하는 모든 사람을 지칭하기도 하지만 보다 정확히는 조리기능사, 조리산업기사, 조리기능장 등의 자격증을 가지고 지방자치단체의 장으로부터 조리사 면허를 취득한 사람을 의미한다. 조리기능사, 조리산업기사, 조리기능장의 자격증은 각각 한식, 양식, 일식, 중식, 복어의 다섯 분야에서 주어지며, 모두 국가 공인 기술자격증으로 한국산업인력관리공단에서 시행하는 필기 및 실기 시험에 합격해야 주어진다. 조리기능사 자격 시험은 학력, 성별, 나이의 제한 없이 누구나 응시할 수 있으나, 조리산업기사나 조리기능장 자격 시험은 학력 또는 경력 조건을 만족해야 응시할 수 있다.

식품영양학 전공자 또는 영양사가 모두 조리사 자격증이나 면허를 갖출 필요는 없지만, 조리기능사 자격증(특히 한식과 양식)은 취득하는 것을 권장한다. 식품영양학 전공자가 영양사 면허와 함께 조리사 자격증을 갖춘다면 전공을 살린 취업에 유리할 뿐 아니라, 자격증 취득을 위해 갖추게 된 조리지식과 기술을 업무 현장에서 유용하게 활용할 수 있다.

요약

- 조리란 '식재료에 다양한 조작을 가함으로써 그 구성 성분 및 조직에 물리적, 화학적 변화를 일으키는 활동'으로 정의할 수 있다. 어떤 식재료를 어떤 도구를 사용하여 어떤 방법으로 조리하느냐 하는 것은 각 지역의 자연환경, 역사, 문화 등의 영향으로 형성되고 변화한다.
- 조리방법은 비가열 조리, 가열 조리, 조미로 분류할 수 있으며, 가열 조리에는 습열 조리, 건열 조리, 복합식 가열 조리, 초단파 조리가 있다.
- 조리의 의의는 식재료의 안전성과 저장 · 수송성을 증진하고, 영양학적, 기호적, 심미적 가치를 더함에 있다.
- 조리과학은 조리과정에서 일어나는 식품의 구조, 조직 및 성분 등의 물리적, 화학적 변화의 원리를 과학적으로 규명하여 합리적인 조리법을 연구하는 학문이다.

연습문제

1 조리의 의의로 옳은 것은?

① 영양적 손실을 최소화함으로써 기호적 가치를 높일 수 있다.
② 식재료의 물리적 및 화학적 변화로 영양소를 강화할 수 있다.
③ 식품의 소화 및 흡수율을 증가시켜 식품의 심미적 가치를 향상시킨다.
④ 식품에 존재하는 유해 물질을 제거함으로써 식품의 안정성을 증진한다.
⑤ 미생물의 번식을 지연시켜 식품의 부패를 방지하여 저장성을 증진한다.

2 조리방법이 옳게 연결된 것은?

① 건열 – 썰기　② 습열 – 볶기　③ 비가열 – 다듬기
④ 초단파 가열 – 무치기　⑤ 복합식 가열 – 끓이기

3 도라지를 물에 담가 아린 맛을 제거하는 방법과 관련 있는 조리의 의의는?

① 수송성　② 안전성　③ 기호적 가치　④ 심미적 가치　⑤ 영양학적 가치

4 브레이징의 조리방법은?

① 건열 조리　② 습열 조리　③ 비가열 조리　④ 초단파 가열 조리　⑤ 복합식 가열 조리

5 건열 조리방법에 해당하는 것은?

① 굳히기　② 끓이기　③ 다듬기　④ 스튜잉　⑤ 튀기기

정답 1 ⑤, 2 ③, 3 ③, 4 ⑤, 5 ⑤

실습 준비 과정

실습 시 주의사항

1. 조리실의 사용규칙 준수

- 조리실의 가스 안전 및 화재 예방에 최선을 다하며 가스 안전 수칙 사항을 숙지하여 수행한다.
- 조리기구를 내 것처럼 소중히 다루며 사용 후 원래의 수납공간에 정리·정돈한다.
- 실습이 끝난 후 사용한 조리대의 주위와 바닥을 깨끗이 청소한다.
- 개수대의 찌꺼기 등 쓰레기를 깨끗이 비운다.

2. 용모관리–두발과 신체 및 복장 청결

- 머리는 항상 단정하고 청결히 하며 머릿수건을 쓴다.
- 위생복 또는 앞치마는 항상 청결하게 유지하며 올바른 복장을 착용한다.
- 신발은 실내·실외화를 구분하여 사용하며 안전을 위하여 앞이 막힌 신발을 착용한다.
- 장신구(매니큐어, 반지, 시계, 귀걸이, 팔찌 등)는 세균 오염을 가중시키므로 착용하지 않는다.

3. 위생관리

- 조리하기 전에는 반드시 손을 깨끗이 씻는다.
- 위생복, 앞치마, 위생 안전화를 착용하고 깨끗한 행주를 사용한다.
- 손이나 피부에 상처가 있으면 음식물을 취급하지 않는다(불가피한 경우 고무장갑, 1회용 위생장갑을 착용하여 음식물과 조리기기에 상처 부위가 직접 닿지 않도록 한다).

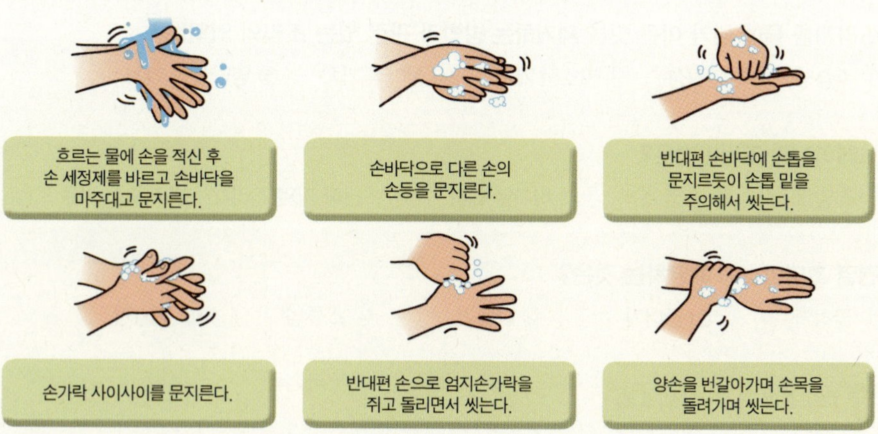

올바른 손 씻기 6단계

4. 안전관리

- 가스 사용 시의 안전관리
  - 가스 사용 전에는 새는 곳이 없는지, 냄새가 나지 않는지 확인한다.
  - 점화용 코크 손잡이를 천천히 돌려 점화시키고 불이 붙었는지 꼭 확인한다(불이 붙지 않은 상태로 점화 코크가 열리면 가스가 누설되어 폭발의 원인이 될 수 있다).
  - 가스레인지 주위에는 가연성 물질을 가까이 두지 않는다.
  - 가스 사용 후에는 코크와 중간 벨브를 꼭 잠근다.
- 주방용 칼 사용 시의 안전관리
  - 칼을 잡을 때는 조리대에서 한 주먹 정도 떨어진 곳에 서고 다리는 어깨너비만큼 벌린다.
  - 칼을 쓸 때는 손에 무리하게 힘을 주면 다칠 위험이 있으므로 손잡이를 가볍게 잡고 손목을 자연스럽게 움직이면서 규칙적으로 칼질을 한다.

CHAPTER

2

조리의 기초

1. 조리와 물 | 2. 조리와 열 | 3. 계량 | 4. 조리기구

1. 조리와 물

1) 물의 구조와 특성

식품의 주요 구성 성분인 물은 조리의 가장 기본적인 재료이므로 물의 성질과 작용을 잘 이해하는 것이 필요하다. 물(H_2O)은 수소 원자(H) 2개와 산소 원자(O) 1개가 공유 결합(원자들이 전자쌍을 공유하여 만드는 화학 결합)으로 연결되어 있는 상태로, 음식을 구성하고 있는 분자 중 가장 작고 단순하다(그림 2-1). 각각의 물 분자는 비대칭으로 극성을 띠고 있는데, 음전하를 띠고 있는 산소와 다른 물 분자에서 양전하를 띠고 있는 수소 사이에 서로 전기적 끌림이 있다. 이런 전기적 끌림으로 서로 이웃한 분자가 결합하는 것을 수소 결합이라고 한다. 공유 결합과 달리 수소 결합은 단단하지 않기 때문에 물이 액체 상태일 때는 분자 운동으로 인해 물 분자 간의 수소 결합이 끊임없이 형성되고 끊어진다.

물은 온도에 따라 고체(얼음), 액체(물), 기체(수증기)의 형태로 존재하며, 조리에서 각각 다른 역할을 한다. 물은 어는점인 0℃ 아래로 온도가 내려가면 질서 정연하고 단단한 구조물을 만드는데, 이것이 얼음이다. 이때 물 분자들은 육면체를 형성하면서 내부에 공간이 생기기 때문에 액체일 때보다 부피가 약 11분의 1 정도 더 커져 밀도가 작아진다. 채소나 육류를 얼렸다가 해동하면 즙이 흘러나오는 것은 팽창한 얼음 결정이 세포의 막과 벽을 손상시키기 때문이다. 한편, 물의 온도가 끓는점인 100℃ 가까이 올라가면 분자 운동이 점점 활발해지고, 증기압이 대기압보다 커지게 되면 물 분자가 기체 형태로 증발하게 된다(그림 2-2).

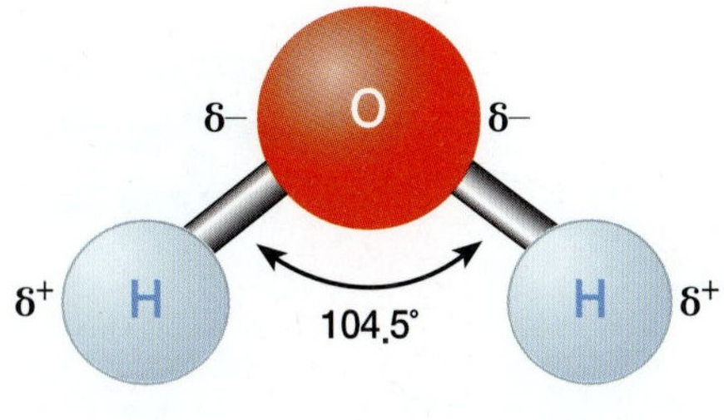

그림 2-1 | 물 분자의 구조

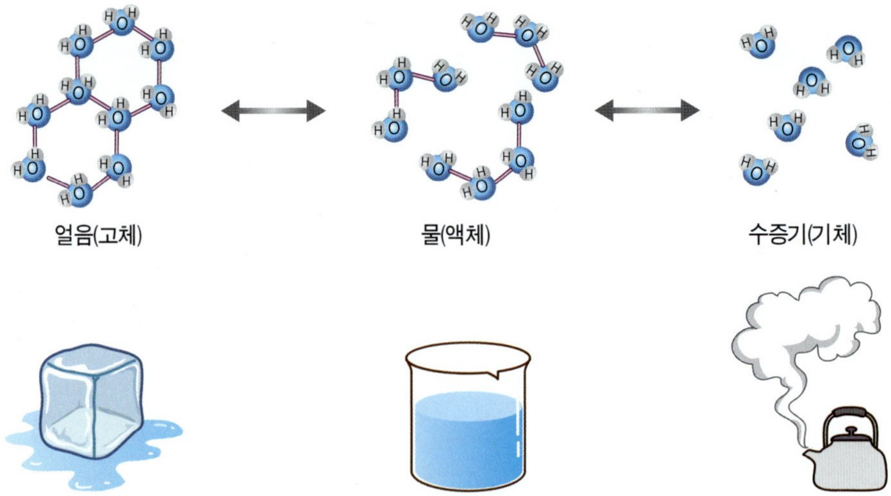

그림 2-2 | 얼음, 물, 수증기의 물 분자 형태

스킬 UP 냉동 화상을 예방하는 방법

고체인 얼음이 액체화 과정을 거치지 않고 바로 기체로 변하는 현상을 승화라고 한다. 식품을 냉동 보관할 때 제대로 밀봉을 하지 않으면 승화 현상이 일어나 식품 표면이 건조해져 품질이 나빠지는데, 이를 냉동 화상(freezer burn)이라고 한다. 냉동 화상을 방지하려면 공기에 닿지 않도록 식재료를 잘 밀봉해서 보관해야 한다.

2) 조리에서의 물의 역할

(1) 식품의 구성 성분

식품의 주요 구성 성분인 물은 식품 자체의 모양과 식감에 중요한 영향을 미친다. 특히, 수분 함량이 높은 채소나 과일이 시들어 수분 함량이 줄어들면 아삭한 질감이 사라진다. 조금 시든 채소는 물에 담가 두면 수분이 식물 세포 내에 침투하여 세포벽을 다시 팽팽하게 팽창시키기 때문에 아삭한 질감을 살릴 수 있다. 물은 건조식품을 팽윤시켜 식감을 향상시키는 역할도 한다. 주요 식품의 수분 함량은 표 2-1과 같다.

표 2-1 | 주요 식품의 수분 함량

식품	수분(%)	식품	수분(%)
백미	13.0	고등어	68.1
감자	81.9	오이	95.2
달걀	77.1	사과	84.8
소고기(등심)	55.3	우유	87.4

자료: 농촌진흥청(2021).

(2) 용매로서의 물의 역할

① 용해와 분산

물은 극성이 있는 다른 물질과도 수소 결합을 형성하여 잘 녹이는 성질이 있어 조리과정에서 여러 가지 수용성 성분들을 용해시키기도 하지만, 단백질, 전분, 지질 같은 불용성 물질을 분산시켜 분산액을 형성하기도 한다.

용질의 용해 또는 분산 상태는 용질의 크기에 따라 진용액true solution, 교질용액colloidal dispersion, 현탁액suspension으로 나뉜다(표 2-2). 1nm 이하로 크기가 작은 용질이 분자나 이온 상태로 균일하게 녹아 있는 용액을 진용액이라고 하며, 대표적으로 소금물이나 설탕물이 있다(그림 2-3). 교질용액은 빛을 반사시킬 정도 크기의 콜로이드 입자(1nm~0.1μm)가 분산되어 있는 용액을 말하며, 이보다 큰 입자(0.1μm 이상)가 분산되어 있는 용액은 현탁액이라고 한다. 현탁액은 매우 불안정하므로 그대로 두면 용질이 가라앉는다.

표 2-2 | 용액의 종류

구분	용질의 크기	안정성	예
진용액	1nm 이하	매우 안정	소금물, 설탕물
교질용액	1nm~0.1μm	비교적 안정	우유, 두유
현탁액	0.1μm 이상	불안정	미숫가루, 된장국

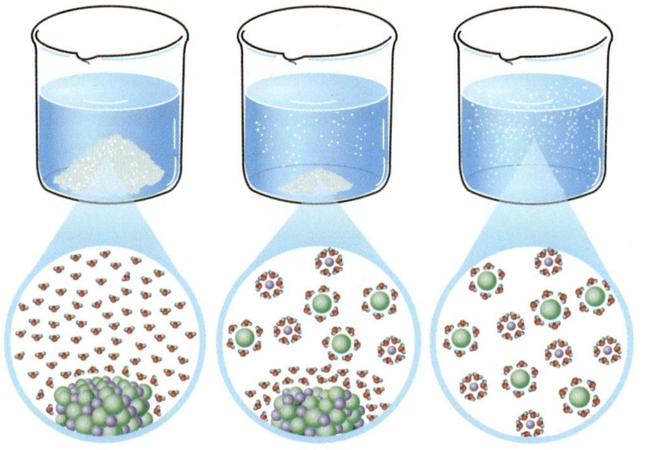

그림 2-3 | 소금물의 용해 상태

일정한 온도에서 100g의 용액에 포화될 때까지 용해되는 용질의 양을 용해도라고 하는데, 용해도는 용질의 종류나 용매의 온도에 따라 달라진다. 설탕물, 소금물 같은 진용액의 용해도는 물의 온도가 높아지면 증가하지만, 기체는 물의 온도가 높아지면 용해도가 오히려 감소한다. 특히, 설탕은 물의 온도에 따라 용해도 차이가 매우 크게 나는데, 이러한 원리로 캔디를 만든다(12장 참고).

지식 UP 식품에서의 교질용액

식품에는 졸(sol), 젤(gel), 유화(emulsion), 거품(foam) 등 다양한 형태의 교질용액이 존재한다(표 2-3). 교질용액에서의 용매와 용질을 각각 분산매, 분산질이라고 하는데, 분산매와 분산질이 액체, 고체, 기체 중 무엇이냐에 따라 형태가 달라진다. 졸은 고체의 입자가 액체에 분산되어 흐를 수 있는 상태이며, 졸이 굳어 분산질이 3차원의 망상 구조를 형성하고 그 안에 액체가 갇혀 있는 상태를 젤이라고 한다. 젤은 가열하면 다시 졸로 되돌아가는 가역적 젤(예: 젤라틴 젤)과 일단 젤이 형성되면 졸로 되돌아가지 않는 비가역적 젤(예: 묵, 두부)이 있다(그림 2-4). 유화는 원래는 서로 섞이지 않는 두 액체가 고르게 분산되어 있는 상태로, 유화액에는 수중 유적형(oil in water, O/W)과 유중 수적형(water in oil, W/O)이 있다. 거품은 액체인 분산매에 기체가 고르게 분산되어 있는 상태이다.

● 표 2-3 | 식품에서의 교질용액 종류

분산 상태	분산매	분산질	식품의 예
졸	액체	고체	우유 속의 단백질, 젤라틴 용액
젤	고체	액체	젤라틴 젤리, 잼, 묵, 달걀찜
유화	액체	액체	마요네즈, 버터
거품	액체	기체	휘핑크림, 머랭

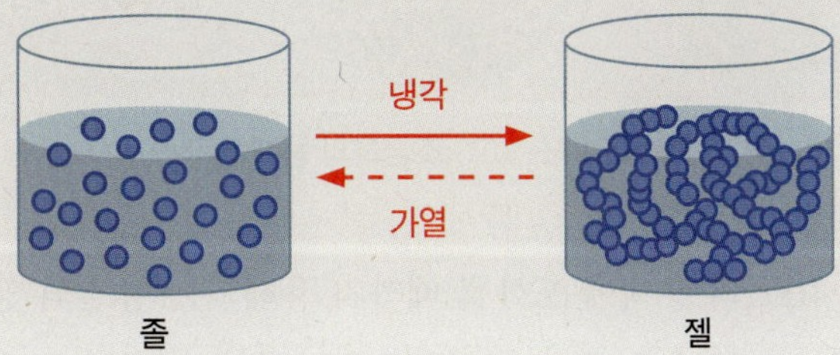

● 그림 2-4 | 졸과 젤

스킬 UP **교질용액을 활용해 국물을 맑게 하는 방법**

교질용액 안의 분산질은 용액에 존재하는 다른 이물질을 표면에 흡착하는 성질이 있다. 교질용액의 이러한 성질을 이용하면, 탁한 국물을 맑게 하거나 지나치게 짠 국물의 간을 다소 약하게 할 수 있다. 예를 들어, 거품 낸 달걀 흰자를 국물에 넣어 끓이면 난백이 열에 의해 응고하면서 국에 있던 소금을 포함한 여러 이물질을 흡착하므로 국물이 맑아지고 간이 싱거워진다. 생선이나 닭고기를 우유에 담가 두면 비린내나 누린내를 줄일 수 있는 것도 우유가 여러 물질이 분산되어 있는 교질용액이기 때문이다.

② 확산, 삼투, 침투

농도가 서로 다른 용액이 있을 때 용질이 투과성 막을 통과하여 농도가 낮은 쪽으로 이동해 양쪽의 농도가 같아지도록 조절하는 현상을 확산diffusion이라고 한다. 조리할 때 식품의 수용성 물질들이 조리수로 용출되거나, 물에 담가 두는 전처리 과정을 통해 쓴맛이나 떫은맛 같은 좋지 않은 맛 성분을 어느 정도 없앨 수 있는 것도 확산 현상 때문이다. 반면 반투과성 막의 경우 물은 통과할 수 있으나 용질은 통과하지 못하므로 물이 농도가 낮은 쪽에서 높은 쪽으로 이동해 양쪽의 농도가 같아지도록 조절하는 현상이 일어나는데, 이를 삼투osmosis라고 한다(그림 2–5).

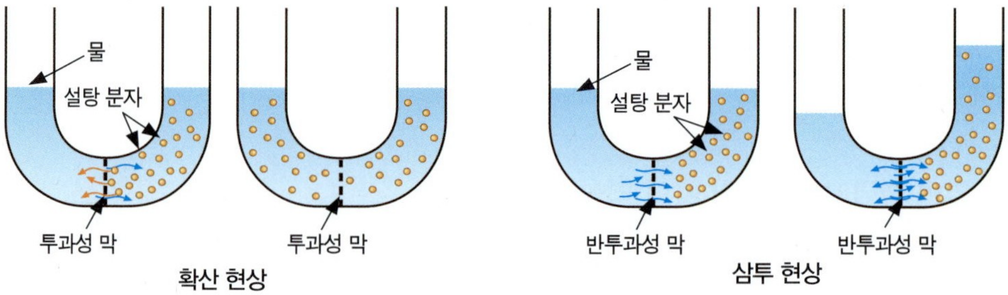

그림 2–5 | 확산과 삼투 현상

배추를 절이는 과정으로 예를 들어보자. 배추를 소금물에 절이면 소금이 확산 현상을 통해 투과성 막인 세포벽 안으로 들어가 농도가 높아진다. 하지만 원형질막(세포막)은 반투과성 막이므로 삼투압에 의해 세포 내의 물이 농도가 높은 바깥쪽으로 나온다. 이런 과정을 통해 원형질 분리가 일어나면 소금이 세포 내로 들어가 배추가 절여지게 된다(그림 2–6).

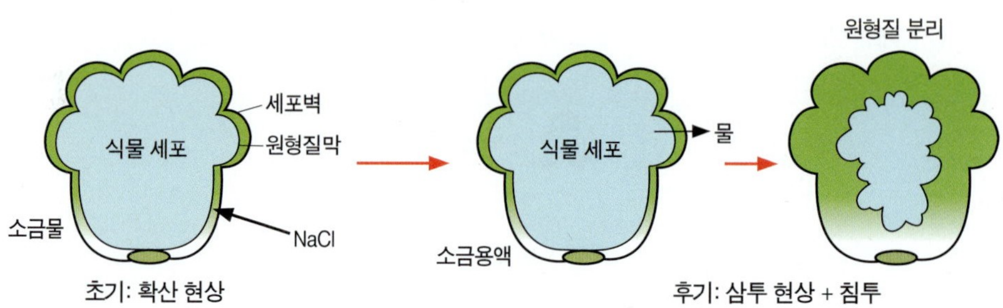

그림 2–6 | 배추가 절여지는 현상

조리할 때 조미료로 맛을 내는 것은 재료에 조미료를 침투시키는 과정인데, 동식물의 세포막은 가열 등의 조리과정 중에 반투과성을 잃게 되어 조미료가 세포 안으로 침투하게 된다. 이때 분자량이 작은 것이 더 빨리 침투한다. 조미를 할 때는 일반적으로 설탕 → 소금 → 식초 → 간장 → 된장의 순으로 하는 것이 좋다. 설탕에 비해 분자량이 작은 소금은 침투 속도가 빠르며 식품 속의 물을 빠져나오게 하여 조직을 수축시키는 경향이 있기 때문에 일단 소금이 침투한 경우 단맛이 쉽게 배지 않게 된다. 따라서 짠맛과 단맛이 잘 어우러지는 음식을 조리할 때는 분자량이 큰 설탕을 소금보다 먼저 넣는 것이 좋다. 식초와 간장, 된장은 가열하면 고유의 향이 휘발하기 쉽기 때문에 맨 마지막에 첨가하는 것이 좋다.

(3) 열의 전달매체로서의 물의 역할

조리에서 물은 열을 전달하는 중요한 매체이다. 물은 1기압 조건에서 100℃에서 끓고(끓는점 또는 비점, boiling point), 0℃에서 어는데(어는점 또는 빙점, freezing point), 조리할 때 끓는 물은 해수면 기압에서라면 100℃의 안정적인 온도를 보장해 준다.

그러나, 물의 끓는점은 표면에 가해지는 대기압에 따라 달라진다(그림 2-7). 1기압일 때 물의 끓는점은 100℃이지만, 기압이 높으면 끓는점이 올라가고 기압이 낮으면 끓는점은 내려간다. 물의 끓는점은 해수면 고도에서 305m 높아질 때마다 약 1℃씩 낮아진다. 따라서 기압이 낮은 높은 산에서는 조리시간을 길게 하거나 압력솥을 사용해야 한다. 압력솥은 끓는 물에서 증발한 수증기를 가두어 액체에 가해지는 압력을 1.5~2기압 정도까지 높이기 때문에 끓는점을 120℃ 정도까지 올려 조리시간을 단축할 수 있다.

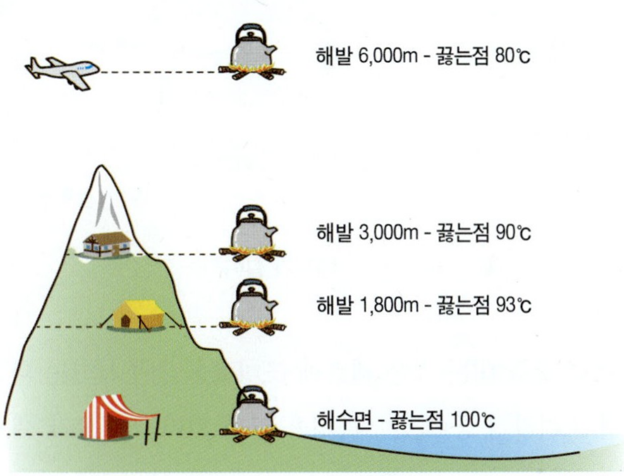

그림 2-7 | 고도에 따른 물의 끓는점 변화

진용액은 물 1L에 용질 1몰을 녹일 때마다 끓는점이 0.52℃씩 올라가고, 어는점은 1.86℃씩 내려간다. 물 분자들이 액체에서 기체로, 또는 액체에서 고체로 상이 변하는 것을 용해된 입자들이 방해하기 때문이다. 소금의 경우, 나트륨 이온과 염소 이온으로 이온화되어($NaCl \rightarrow Na^+ + Cl^-$) 각각 영향을 주기 때문에 끓는점과 어는점을 2배로 올리고 내린다. 많은 사람들이 요리할 때 소금을 사용하면 물의 끓는점이 높아져 큰 변화를 준다고 믿고 있으나, 일반적인 조리에서 사용하는 소금의 양은 물의 끓는점에 큰 변화를 줄 만큼 많지는 않다. 그러나 어는점 변화는 큰 편이어서 여러 가지 물질이 혼합되어 있는 아이스크림은 0℃보다 훨씬 낮은 온도에서 언다. 한겨울에도 아이스크림이 잘 녹는 이유이다.

한편, 물이 액체에서 기체로 바뀔 때 필요한 열을 기화열이라고 하는데, 100℃의 물 1g은 수증기로 변화할 때 539cal의 기화열을 흡수한다. 찜은 수증기가 다시 물로 변할 때 방출되는 잠열(539cal/g)을 이용한 조리법이다.

2. 조리와 열

1) 열의 단위

열의 단위로는 섭씨(Celsius, ℃)와 화씨(Fahrenheit, ℉)가 상용되고 있다. 섭씨(℃)는 물의 어는점을 0℃, 끓는점을 100℃로 하여 100등분한 것으로 대부분의 국가에서 사용된다. 주로 미국에서 사용하는 화씨(℉)는 물의 어는점을 32℉, 끓는점을 212℉로 하여 180등분한 것이다. 섭씨와 화씨는 다음과 같이 환산할 수 있다.

$$\text{섭씨(Celsius, ℃)} = (℉ - 32) \times 5/9$$

$$\text{화씨(Fahrenheit, ℉)} = (℃ \times 9/5) + 32$$

2) 열의 전달 방법

(1) 전도

물체가 열원에 직접적으로 접촉되었을 때 열이 그 물체를 따라 이동하는 것을 전도conduction라고 한다. 전도에 의해 열이 전달되는 정도를 열전도율이라고 하는데, 열전도율은 물질의 종류에 따라 차이가 있다. 열전도율이 큰 물질(금속)은 열이 빨리 전달되고 빨리 식으며 보온성이 낮다. 조리도구의 재료로 쓰이는 금속 중에서도 특히 구리나 알루미늄은 열전도율이 높아 빨리 데워지고 열이 고르게 분포되며, 열원에서 떨어뜨리면 온도가 급격히 떨어진다.

스킬 UP 국물 요리를 오랫동안 뜨겁게 즐기는 방법

국물 요리를 오랫동안 뜨겁게 즐기려면 뚝배기를 활용하면 좋다. 뚝배기는 붉은 진흙으로 만들어 구운 두꺼운 옹기 그릇으로, 금속보다 열전도율이 낮기 때문에 끓는 속도가 느리지만 식는 속도 역시 느리다.

(2) 대류

따뜻한 공기나 액체가 아래에서 위로 순환하면서 열이 전달되는 것을 대류convection라고 한다. 대류 현상은 온도차가 클수록, 액체의 점도가 낮을수록 쉽게 일어난다. 따라서 점도가 높은 죽이나 수프 등은 데워지는 속도는 느리지만 천천히 식는다. 또한 점도가 높은 음식을 끓일 때에는 대류가 원활하게 이루어지지 않기 때문에 잘 저어서 인위적으로 대류가 일어나도록 해야 열이 고루 전달된다.

한편, 일반 오븐과는 달리 오븐 안의 뜨거운 공기를 별도로 순환시켜 주는 팬이 달려 있는 오븐을 컨벡션 오븐이라고 한다. 컨벡션 오븐에서는 대류 현상이 원활히 일어나기 때문에 일반 오븐에 비해 음식 전체가 고르게 빨리 익는다.

(3) 복사

열이 열원으로부터 파장의 형태로 중간 매체 없이 바로 물질에 전달되는 현상을 복사

radiation라고 한다. 복사열을 이용하는 조리법으로는 숯불구이, 그릴 등이 있으며, 오븐 안에서도 상당 부분 복사열에 의해 조리가 된다. 조리도구의 재질은 복사열 흡수에 영향을 주는데, 표면이 검고 거칠수록 희고 매끄러운 것보다 열을 잘 흡수하여 조리시간이 단축된다.

한편, 식품을 조리할 때는 전도, 대류, 복사 중 한 가지 방법보다는 여러 가지 방법이 복합적으로 적용된다(그림 2-8).

그림 2-8 | 끓이는 과정 중 일어나는 열전달 방법

(4) 초단파

초단파microwave란 전자레인지를 이용한 열전달 방법을 말한다. 초단파의 성질을 이용하여 식품을 가열하는 것으로 흡수된 전자파 에너지가 열로 변화하여 식품 내부를 발열시킨다. 초단파는 극성 분자에만 영향을 미치기 때문에 수분을 함유한 음식은 빠르게 가열되지만, 유리, 사기, 플라스틱 같은 비극성 용기의 재질은 열을 발생시키지 않는다.

초단파는 음식물을 매우 빠르게 익히지만, 음식물의 약 2.5cm 정도까지만 뚫고 들어갈 수 있기 때문에 많은 양의 음식을 조리하기에는 적합하지 않다. 또한, 물의 끓는점인 100℃ 이상으로 온도를 높이지 못하기 때문에 고온의 조건이 필요한 캐러멜 반응, 마이야르 반응 같은 갈변 반응은 일으키지 못한다. 초단파를 활용하면 빠른 가열로 인해 수분이 쉽게 증발하므로 뚜껑을 덮어 조리하는 것이 좋다.

(5) 유도

유도induction는 전기 에너지로 자력을 발생시켜 열을 내는 원리로, 보통 인덕션이라고 부른다. 인덕션레인지 상판 아래쪽에는 자기장을 발생시킬 수 있는 자력선이 들어 있는

데, 자기장을 받은 냄비에 소용돌이 형태로 전류가 흐르고 금속이 가진 저항에 의해 점점 뜨거워진다(그림 2-9). 열 효율성이 높고 요리 시간이 짧으며, 상판을 직접 가열하지 않고 냄비만 가열하기 때문에 화재나 화상 위험이 상대적으로 낮은 장점이 있다. 그러나 자기장을 이용해 가열하기 때문에 인덕션 전용 용기나 스테인리스, 법랑 같은 금속 재질 용기를 사용해야 하며, 알루미늄이나 유리, 도자기 같은 재질은 사용이 불가능하다.

그림 2-9 | 인덕션레인지의 원리

한편, 인덕션레인지와 비슷하게 생긴 하이라이트(highlight)는 세라믹 유리 상판 아래쪽에 발열체인 니크롬선이 들어 있는데, 니크롬선에 전기를 통하게 하여 열을 발생시키고 상판과 그 위에 얹은 냄비를 데우는 방식이다. 인덕션레인지와 달리 모든 재질의 용기를 사용할 수 있지만, 상판도 함께 가열되기 때문에 주의가 필요하다.

지식 UP 에어프라이어

가정에서 전자레인지만큼 많이 활용하는 에어프라이어(air fryer)는 고온의 공기로 재료를 익히는 방식이다. 에어프라이어 내부에는 200℃가 넘는 고열을 만드는 열선이 있다. 열선에서 만들어진 고열을 에어프라이어 내부에 가두고 팬을 빠르게 회전시켜 열풍을 순환함으로써 복사열의 형태로 음식을 익힌다. 컨벡션 오븐과 같은 원리로, 미니 컨벡션 오븐이라고 할 수 있다.

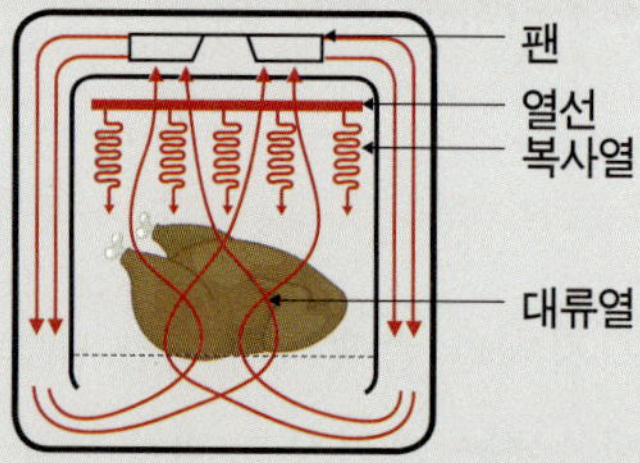

그림 2-10 | 에어프라이어의 원리

3. 계량

1) 계량 단위

음식에 들어가는 재료를 정확히 계량하고 조리시간과 온도를 측정하는 것은 성공적인 조리의 기본이다. 동일한 완성도와 재현성 있는 조리를 위해서는 계량 단위를 정확히 이해해야 한다. 식품은 무게나 부피로 계량을 하는데, 무게를 측정할 때는 저울을, 부피를 측정할 때에는 계량컵, 계량스푼 등을 사용한다.

일부 계량 단위는 국가별로 차이가 있다. 그중 계량컵의 경우 1C의 국제 표준 용량은 240mL이지만, 우리나라와 일본에서는 200mL로 지정하고 있다. 표 2-4에 우리나라와 해외에서 식재료 계량에 사용하고 있는 일반적인 계량 단위를 정리하였다.

표 2-4 | 무게나 부피의 계량 단위

1Ts = 3ts = 15mL
 1ts = 5mL
1Cup = 200mL = 13 1/3Ts (우리나라)
 240mL = 1/4쿼트(quart) = 16Ts (국제 표준 용량)
1Gallon = 4Quart = 8Pint = 16Cup
1온스(oz,ounce) ≒ 28g = 2Ts = 30mL
1파운드(lb,pound) ≒ 450g = 16oz
1근 = 600g(육류), 400g(채소, 과일)

※약자: Gallon → Gal, Quart → Qt, Pint → Pt, Cup → C
 큰술(Table spoon): Ts = Tbsp = T
 작은술(tea spoon): ts = tsp = t

지식 UP **파운드케이크**

파운드케이크(pound cake)는 밀가루, 버터, 달걀, 설탕을 각각 1파운드(약 450g)씩 배합하여 만든다고 해서 붙은 이름이다.

스킬 UP　계량 도구가 없을 때 요령

집에 계량컵이나 계량스푼 등이 없을 때에는 종이컵이나 식사용 숟가락 등을 대신 활용할 수 있다. 일반적인 종이컵(자판기 종이컵)은 입구까지 가득 담으면 180~190mL 정도로 1컵에 조금 못 미치는 정도이다. 종류마다 차이가 있기는 하지만 식사용 숟가락의 경우 용량이 10mL 정도로 2작은술에 해당한다.

2) 계량 방법

액체 형태의 식재료를 계량할 때에는 눈금을 읽기 쉽도록 투명한 재질의 계량컵을 이용하여 액체와 같은 높이에서 컵의 눈금을 읽는다. 계량스푼을 사용할 때는 액체의 표면장력으로 약간 부풀어 오른 상태가 정확한 양이다.

가루 형태의 식재료는 부피를 재는 것보다 무게를 재는 것이 더 정확하다. 계량컵이나 계량스푼을 사용할 경우에는 덩어리가 없는 상태로 누르거나 흔들지 말고 가득 담은 후 윗면이 수평이 되도록 깎아서 잰다. 특히, 밀가루는 입자가 미세하여 저장하는 동안 눌려

계량컵을 흔들거나 누르지 말고 수북이 담아 스패튤러로 평평하게 깎아 준다.

계량스푼에 수북이 담은 후 표면을 스패튤러로 평평하게 깎아 준다.

1/2스푼의 경우, 스패튤러로 평평하게 깎아 낸 다음 1/2을 깎아 준다.

1/4스푼의 경우, 평평하게 깎아 낸 다음 1/2을 깎아 주고 다시 1/4을 깎아 준다.

- 밀가루는 체에 친 후 계량한다.
- 흑설탕은 계량컵에서 꺼냈을 때 계량컵 모양 그대로 유지할 수 있도록 꾹꾹 눌러 담아 계량한다.

기름이나 간장은 가득 스푼에 담는다.

된장, 고추장은 가득 담은 후 스패튤러로 평평하게 깎아 준다.

그림 2-11 | 계량컵과 계량스푼의 올바른 사용법

서 부피가 줄어들기 때문에 체에 친 후 계량한다.

버터, 마가린 등 고체 형태의 식재료 역시 저울로 계량하는 것이 바람직하나, 편의상 계량컵이나 스푼을 이용할 때에는 실온에 두어 반고체 상태로 부드러워지면 빈 공간 없이 꾹꾹 눌러 담아 수평으로 깎아서 계량한다.

계량컵과 계량스푼을 이용한 주요 식재료의 올바른 계량 방법은 그림 2-11과 같다.

3) 부피 · 무게 환산

식재료를 계량할 때에는 무게로 측정하는 것이 가장 정확하지만, 간편하게 부피로 환산하여 사용하는 경우가 많다. 따라서 흔히 사용되는 식재료의 부피 · 무게 환산값을 알아 두면 편리하다(표 2-5).

표 2-5 | 주요 식재료의 부피 · 무게 환산값(g)

식품	작은술 (5mL)	큰술 (15mL)	컵 (200mL)	식품	작은술 (5mL)	큰술 (15mL)	컵 (200mL)
물, 식초	5	15	200	밀가루	3	9	120
간장, 된장, 고추장	6	18	230	전분	3	9	120
소금(천일염)	4	12	160	베이킹파우더	4	12	160
설탕	3	9	120	통깨	3	9	120
꿀 · 물엿	7	21	280	빵가루	1	3	40
식용유	4	12	160	고춧가루	2	6	80
버터	4	12	160	후춧가루	3	9	120

4) 목측량

목측량은 눈대중으로 짐작한 양을 말하는데, 목측량을 익혀 두면 조리할 때 편리하다. 표 2-6은 주요 식품별 목측량을 나타내었다. 손을 이용하여 어림치를 계량하는 방법도 있다(그림 2-12).

표 2-6 | 주요 식품의 목측량

식품군	식품 예			
곡류 감자 및 전분류	밥 1공기 210g	식빵 1개 35g	감자 1개 150g	고구마 1개 300g
육류 · 어패류 · 달걀 및 콩류	돼지고기 등심 1장 100g	닭가슴살 1개 60g	베이컨 1장 18g	햄 1장 10g
	조기 1마리 90g	오징어 1마리 360g	달걀 1개 60g	두부 1/2모 160g
채소류	당근 1개 100g	오이 1개 100g	양파 1개 250g	양상추 1장 15g
과일류	바나나 1개 150g	사과 1개 300g	딸기 3개 45g	키위 1개 100g

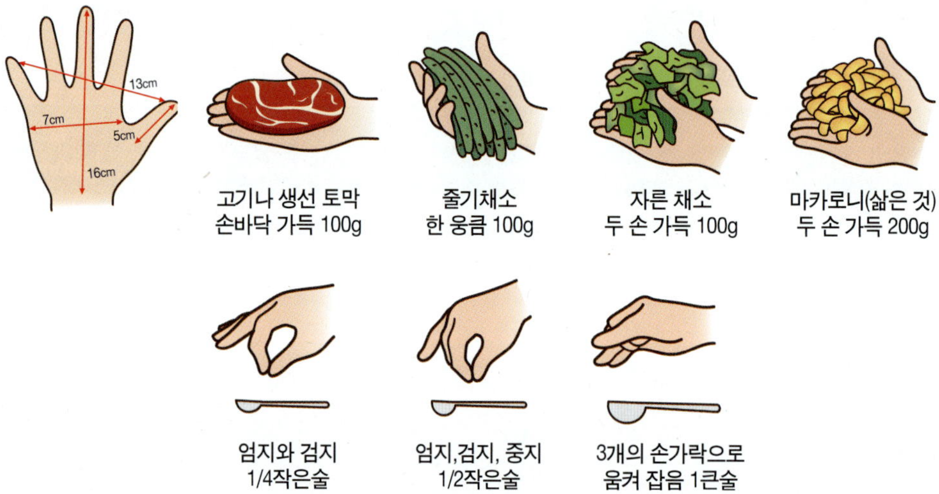

그림 2-12 | 손 어림치

4. 조리기구

1) 계량 기구

재료의 무게, 부피, 온도, 염도, 당도 등을 측정하기 위한 조리도구로 동일한 완성도와 재현성 있는 조리조작을 위해 필요하다.

- 저울: 아날로그식 저울과 디지털 저울이 있다. 저울은 반드시 수평한 곳에 놓고 영점을 맞춘 후 식품을 한가운데 올려 무게를 측정한다.
- 계량컵, 계량스푼: 액체 또는 소량의 가루(밀가루, 전분, 소금, 설탕 등)를 계량할 때 사용한다.
- 온도계: 유리막대 온도계와 디지털 탐침형 온도계, 적외선 온도계, 바이메탈 온도계 등이 있다. 튀김, 빵 발효, 캔디 제조 등의 조리과정에서는 온도 관리가 필수적이며, 위생적인 조리를 위한 중심온도 관리를 위해서도 필요하다.
- 염도계, 당도계: 음식물의 염도나 당도를 측정하기 위한 기구이다.

저울의 종류

접시저울

디지털 저울(대량)

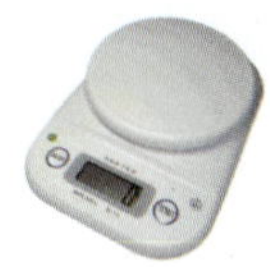
디지털 저울(소량)

계량컵과 계량스푼의 종류

액체 계량컵

계량컵

계량스푼

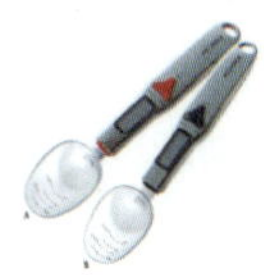
디지털 계량스푼

온도계의 종류

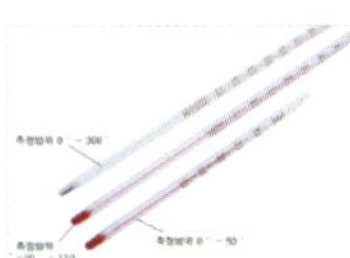
유리막대 온도계

디지털 탐침형 온도계

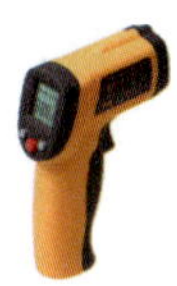
적외선 온도계

바이메탈 온도계

염도계와 당도계의 종류

디지털 염도계

굴절 당도계

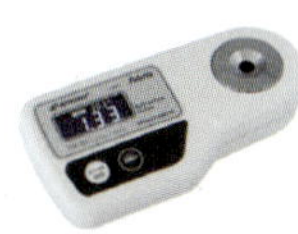
디지털 당도계

2) 비가열 조리기구

(1) 조리용 칼

- 다목적 칼french or chef's knife: 조리에 가장 많이 사용하는 칼로 손잡이와 칼날을 포함하여 길이가 30~40cm 정도가 적당하다.
- 과도petit knife: 길이가 11~15cm 정도의 칼로 과일의 껍질을 깎거나 작은 재료를 손질할 때 사용한다.
- 빵칼bread knife: 톱날처럼 물결 모양의 칼날이 있어 바게트처럼 표면이 단단하고 속은 부드러운 빵을 썰기에 적합하다. 토마토를 자를 때에도 편리하다.
- 사시미용 칼fish knife: 칼의 길이가 좁고 긴 형태로 생선의 포를 뜨는 데 사용한다.
- 중화 칼cleaver knife: 뼈나 냉동식품 등 딱딱한 식품을 자르는 데 사용한다.
- 데바 칼deba knife: 일식 조리에 많이 쓰이는 칼로 칼등이 두껍고 칼날은 날카롭고 얇은 것이 특징이다. 생선을 손질하거나 뼈째로 자를 때 사용한다.

(2) 도마

도마는 식재료를 썰기 위한 받침대로 이용하는 조리기구이다. 주로 목재나 플라스틱 재질로 만들지만, 최근에는 다양한 타입과 재질의 도마가 사용되고 있다. 도마는 식재료가 직접 닿는 도구이기 때문에 위생적인 관리가 특히 중요하다.

(3) 혼합 · 교반 · 분쇄기구

식재료를 섞거나 으깨고 갈 때 사용하는 조리기구이다.

믹서기

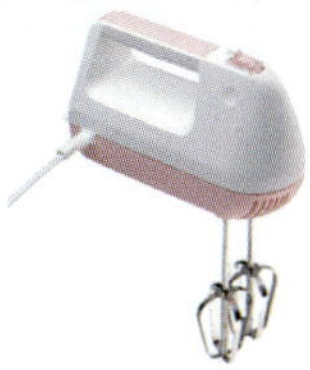
핸드 믹서기

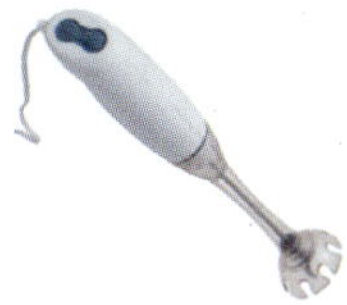
핸디 블렌더

반죽기

절구

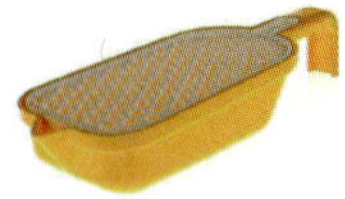
강판

(4) 기타 조리기구

그 외에 아래와 같은 다양한 조리기구를 사용한다.

필러

고기 망치

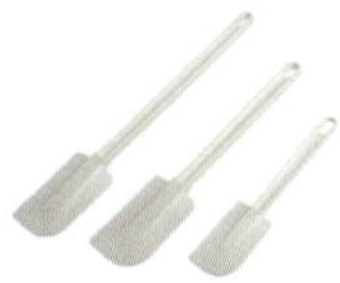
고무 주걱

체

집게

뒤집개

국자

거품기

밀대

3) 가열 조리기구

가열 조리기구에는 가열 기구와 가열 보조 기구 등이 있다.

(1) 가열 기구

가스레인지(업소용)

가스레인지

가스오븐레인지

인덕션레인지

전자레인지

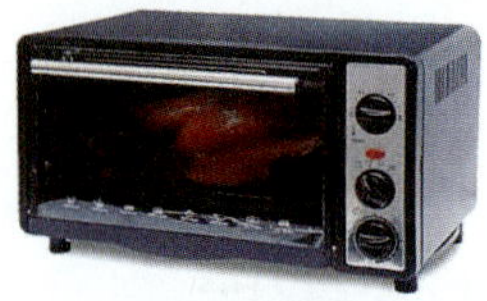
전기오븐레인지

전기토스터

오븐토스터

샌드위치토스터

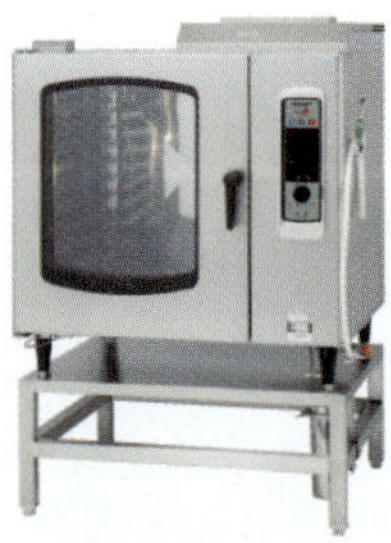
스팀컨벡션오븐

그릴

전기프라이팬

전기튀김기

전기스팀쿠커

(2) 가열 보조 기구

냄비 · 프라이팬류

찜기

베이킹용 도구

요약

- 식품의 주요 구성 성분인 물은 조리과정에서 여러 가지 수용성 성분들을 용해시키며, 단백질, 전분, 지질 같은 불용성 물질을 분산시켜 분산액을 형성하는 역할을 한다.
- 식품에서 볼 수 있는 용액은 용질의 크기에 따라 진용액, 교질용액, 현탁액으로 나뉜다. 식품에는 졸, 젤, 유화, 거품 등 다양한 형태의 교질용액이 존재한다.
- 물은 열을 전달하는 중요한 매체로 1기압 조건에서는 100℃에서 끓는다. 그러나 기압이 높으면 끓는점이 올라가고 기압이 낮으면 내려가며, 진용액은 용해되어 있는 용질의 양에 비례하여 끓는점 오름, 어는점 내림 현상이 일어난다.
- 열의 전달 방법으로는 전도, 대류, 복사, 초단파, 유도가 있으며 식품을 조리할 때는 이 중 한 가지 방법보다는 여러 가지 방법이 복합적으로 적용된다.
- 계량컵 1Cup은 200mL, 1큰술은 15mL, 1작은술은 5mL이다.

연습문제

1 식품의 계량 방법으로 옳은 것은?

① 밀가루는 체로 친 후 계량컵에 눌러 담아 측정한다

② 가루 형태의 식재료는 부피보다 중량을 재는 것이 정확하다.

③ 버터는 실온에서 액체로 만든 후 계량컵을 이용하여 측정한다.

④ 흑설탕은 덩어리 없이 곱게 부순 다음 계량컵에 가볍게 담아 계량한다.

⑤ 버터, 마가린 등 고체 형태의 식재료는 중량보다 부피를 재는 것이 정확하다.

2 교질용액 상태로 존재하는 식품은?

① 꿀 ② 소금물 ③ 두유 ④ 콩기름 ⑤ 미숫가루

3 열의 이동에 대한 설명으로 옳은 것은?

① 초단파 요리는 대량 조리에 적합하다.

② 유리는 금속 재질보다 열전도율이 높다.

③ 전도는 물이나 공기를 통한 열전달 방법이다.

④ 점도가 높은 액체는 천천히 데워지고 천천히 식는다.

⑤ 뜨거운 음식의 온도를 오래 유지하려면 구리 냄비를 사용한다.

4 우리나라의 계량 단위로 옳은 것은?

① 1C=240mL ② 1Ts=3ts ③1ts=10cc ④ 고기 1근=400g ⑤ 1C=16Ts

정답 1 ②, 2 ③, 3 ④, 4 ②

실습 1 계량하기

실습일: ________년 ________월 ________일

실습 목적

• 가루 및 액체 식재료의 부피를 정확히 계량하는 방법을 익히고 주요 식재료의 부피·무게 환산값을 확인한다.

실습 재료

재료명	분량	비고	재료명	분량	비고	재료명	분량	비고
밀가루	1C		간장	1C		물	1C	
빵가루	1C		소금(천일염)	1C				
버터	1C		설탕	1C				

실습 도구

전자저울(최소 단위 0.1g 이하), 계량컵, 계량스푼, 종이컵, 숟가락

실습 방법

1. 각 실습 재료를 1C, 1Ts, 1ts 분량씩 계량하고 무게를 측정한다.
2. 종이컵과 숟가락에 물을 가득 담아 계량하고 무게를 측정한다.
3. 3회 반복하고 평균값을 구한다.

실습 결과

구분		중량(g)			
		1회	2회	3회	평균
밀가루	1C				
	1Ts				
	1ts				
빵가루	1C				
	1Ts				
	1ts				
버터	1C				
	1Ts				
	1ts				

구분		중량(g)			
		1회	2회	3회	평균
간장	1C				
	1Ts				
	1ts				
소금	1C				
	1Ts				
	1ts				
설탕	1C				
	1Ts				
	1ts				
종이컵					
숟가락					

더 생각해 보기

계량 도구가 없을 때 계량할 수 있는 방법을 생각해 본다.

실습 2 목측량 이해하기

실습일: ______ 년 ______ 월 ______ 일

실습 목적

• 주요 식품의 목측량을 알아본다.

실습 재료

재료명	분량	비고	재료명	분량	비고
밥	1공기		오이	1개	
스파게티	100원 동전 크기 분량		사과	1개	
닭가슴살	1쪽		소금	1ts	
두부	1모		식용유	약간	
시금치	¼단				

실습 도구

전자저울(최소 단위 0.1g 이하), 냄비, 프라이팬, 면보

실습 방법

1. 각 재료의 목측량을 추정해 보고 무게를 측정한다.
2. 스파게티는 끓는 물에 삶고, 닭가슴살은 끓는 물에 삶아 먹기 좋은 크기로 찢는다.
3. 시금치는 손질하여 뜨거운 물에 데친 후 찬물에 헹구고 물기를 짜낸다.
4. 두부는 1cm 정도의 두께로 잘라 소금을 솔솔 뿌려 10분간 두었다가 키친타월로 물기를 제거하고 기름을 두른 프라이팬에 노릇하게 구워 낸다.
5. 오이는 손질하여 반을 갈라 어슷하게 썬 후 소금 1/2t을 넣고 잘 버무려 10분간 절인 후 면보를 이용해 물기를 짜낸다.
6. 사과는 8등분하여 껍질과 씨를 제거한다.
7. 익힌 스파게티, 닭가슴살, 시금치, 두부와 손질한 오이, 사과의 전체 무게를 측정하여 기록한 후 각각 1인분량씩 접시에 담고 목측량을 추정해 보고 무게를 측정한다

실습 결과

식재료	목측량(g)	실측량(g)	전처리 · 조리 후 실측량(g)
밥 1공기			
스파게티 100원짜리 동전 크기 분량			
닭가슴살 1쪽			
두부 1모			

식재료	목측량(g)	실측량(g)	전처리 · 조리 후 실측량(g)
시금치 ¼단			
오이 1개			
사과 1개			

식재료	목측량(g)	실측량(g)
스파게티 1인 분량		
닭가슴살 1접시		
두부 부침 1접시(4쪽)		
절인 오이 1접시		
사과 1접시(4쪽)		

더 확인할 수 있는 조리원리

전처리(씻기, 다듬기, 썰기, 절이기)(3장), 습열 조리(삶기, 데치기)와 건열 조리(부치기)(4장), 전분의 호화(7장), 조리에 의한 육류의 변화(8장), 과일의 효소적 갈변(11장)

CHAPTER

3

비가열 조리

1. 조리의 예비 조작 | 2. 조리의 본 조작

1. 조리의 예비 조작

1) 다듬기

다듬기는 식재료를 조리할 수 있도록 전처리하는 과정으로 이 과정에서 먹을 수 없는 부분이 제거된다. 식품 전체 무게에 대하여 버려지는 부분을 백분율로 나타낸 것을 폐기율이라고 하는데, 뼈가 있는 육류나 생선류, 껍데기가 있는 조개류 등은 폐기율이 높고, 곡류, 채소류 등은 폐기율이 낮다(표 3-1).

$$\text{가식부량(g)} = \text{총 중량(g)} - \text{폐기량(g)}$$

$$\text{폐기율(\%)} = \frac{\text{폐기량(g)}}{\text{총 중량(g)}} \times 100$$

표 3-1 | 주요 식품의 폐기율

식품명	식재료명	폐기율(%)	식품명	식재료명	폐기율(%)
난류	달걀	11	채소류	시금치	5
어패류	꽃게	76		당근	3
	바지락	68	버섯류	표고버섯(생)	27
	새우(중)	47		팽이버섯	15
	고등어	41	과일류	포도	30
	오징어	31		수박	28
채소류	배추	14		귤	20
	파	11		복숭아	16
	무	6		딸기	1

자료: 농촌진흥청(2021).

지식 UP 식품별 폐기율

더 자세한 식품별 폐기물은 QR코드로 확인하세요.

표 3-2 | 식재료 다듬기의 예 -고기의 질감 연화-

고기의 힘줄 부분은 칼끝으로 끊어 주거나 고기 망치로 두들겨 형태를 다듬어 줌		닭고기 등의 두꺼운 살코기 부위는 고기 양쪽에 포를 떠서 평평하고 얇게 펴 줌
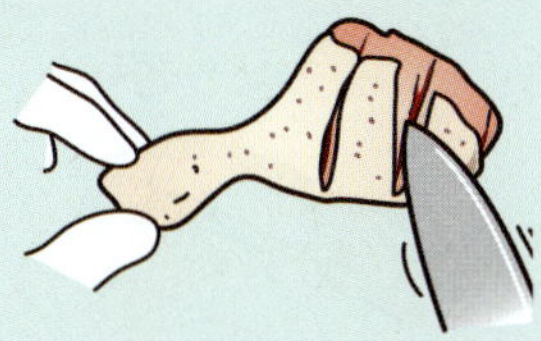	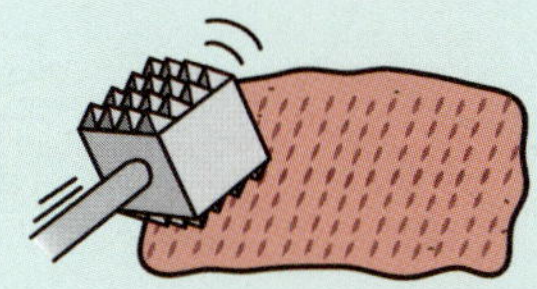	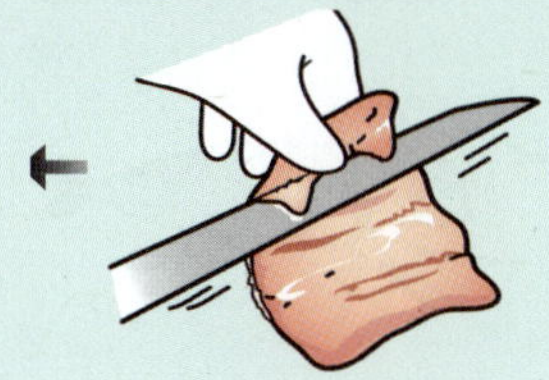

표 3-3 | 식재료 다듬기의 예 - 채소의 좋지 않은 맛 성분 제거 -

구분	그림	설명
서류		• 고구마의 내피 부근에서 유백색 액이 나와 공기에 접하면 흑변하므로 껍질을 두껍게 벗겨 바로 물에 담금 • 토란은 껍질을 위에서 아래로 벗겨 삶음
연근		• 껍질을 벗겨 물에 담금 • 잠길 정도의 물에 식초를 넣고 데침
우엉	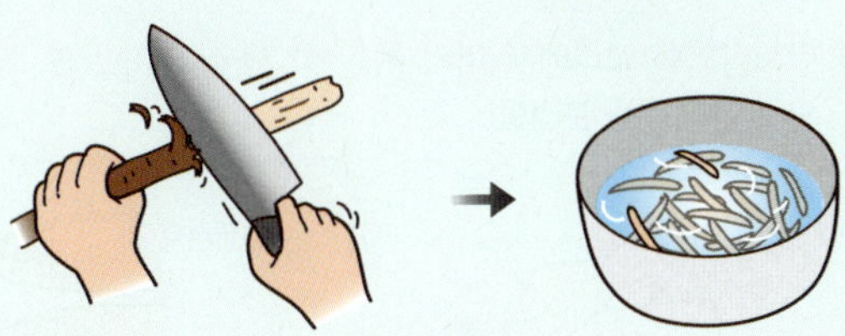	• 칼등으로 껍질을 벗긴 후 썰어 식초물에 담금

● **표 3-4** | 식재료 다듬기의 예 - 어패류 -

생선(두 장 · 세 장 뜨기)		
① 머리를 왼손으로 눌러 아가미를 따라 칼집을 넣어 머리를 자름	② 자른 면에서 배 쪽으로 칼집을 넣은 후 칼끝으로 내장을 빼냄	③ 내장을 뺀 부분을 물로 씻은 다음 물기를 닦아 냄
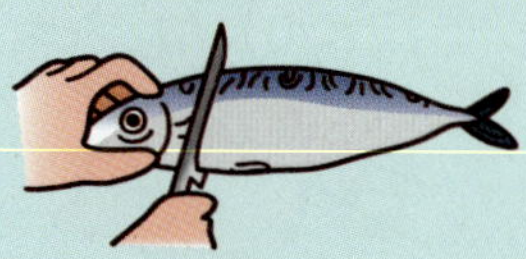	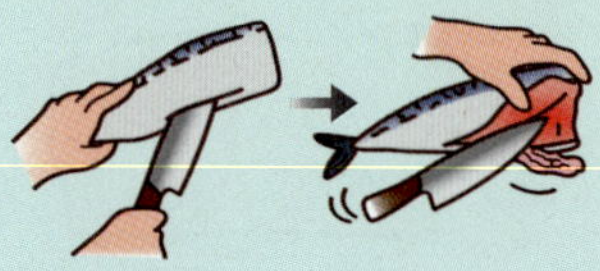	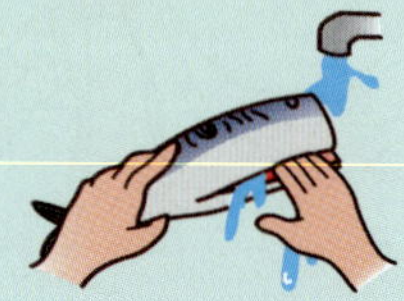
④ 뼈를 따라 꼬리 부위까지 자름	⑤ 등을 앞쪽으로 돌려 등지느러미를 따라 칼집을 넣어 줌	⑥ 꼬리 부분을 들어 칼을 넣어 뼈를 따라 머리 쪽으로 자름
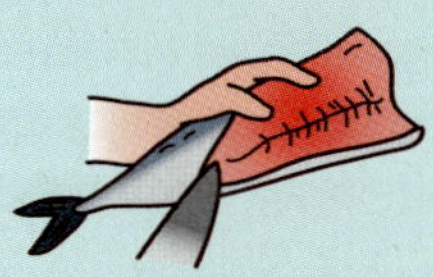	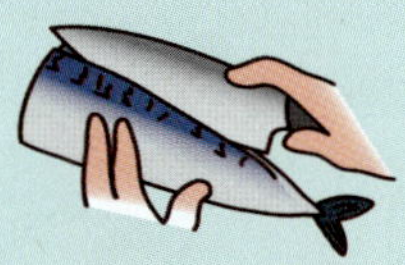	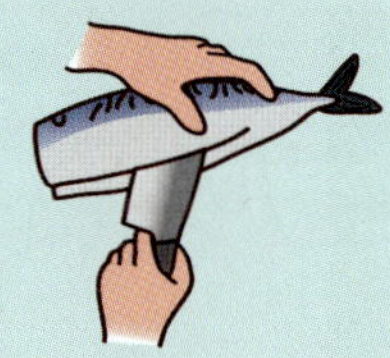
⑦ 윗부분과 뼈를 포함한 아랫부분으로 분리함 (두 장 뜨기 완성)	Tip 배뼈는 칼을 눕혀 도려 냄	가시는 족집게 등으로 뽑아냄
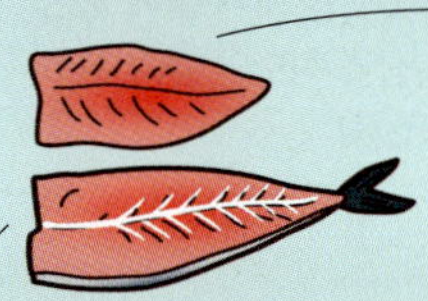	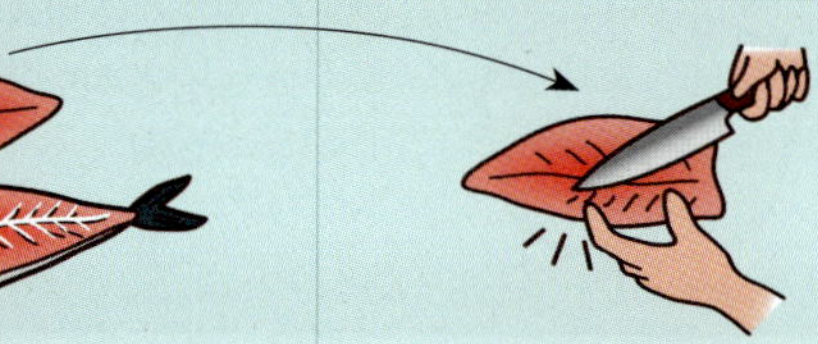	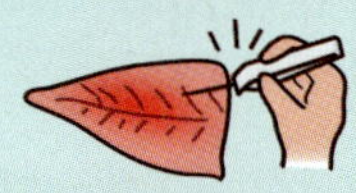
⑧ 배 부분도 동일하게 머리 쪽에서 꼬리 쪽으로 자름	⑨ 마지막으로 꼬리에서 머리 쪽으로 잘라 뼈를 분리함	⑩ 세 장 뜨기 완성
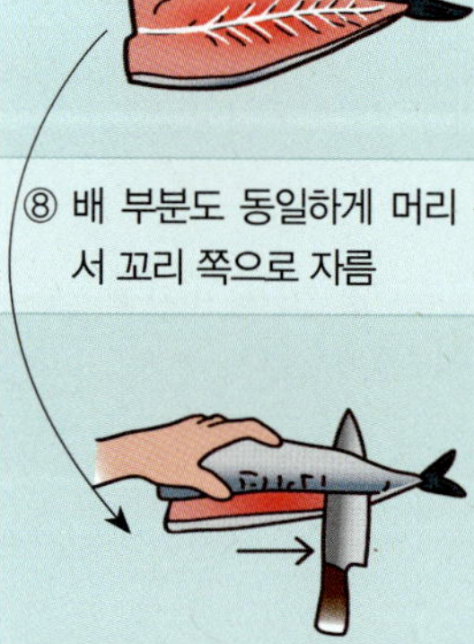	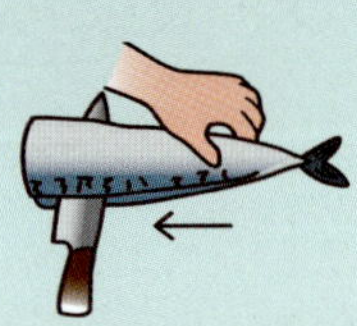	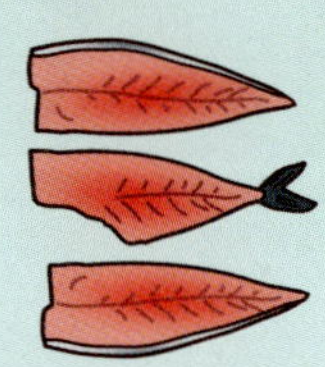

(계속)

표 3-4 | 식재료 다듬기의 예 -어패류-

새우		
① 등 쪽 두 번째 마디에 이쑤시개를 넣어 내장을 빼냄	② 가열하면 오그라지므로 배 쪽에 잔칼집을 넣어 줌	③ 새우 꼬리 쪽에 있는 삼각형의 물집을 잘라 냄
	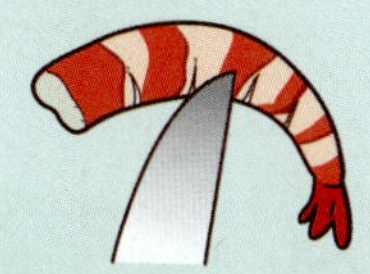	
오징어		
① 몸통을 들어 내장과 연결된 부분을 분리하여 내장을 떼어 냄	② 오징어 귀 뒷부분을 몸통 방향으로 쭉 잡아당김	③ 소금으로 문질러 가며 껍질을 벗김
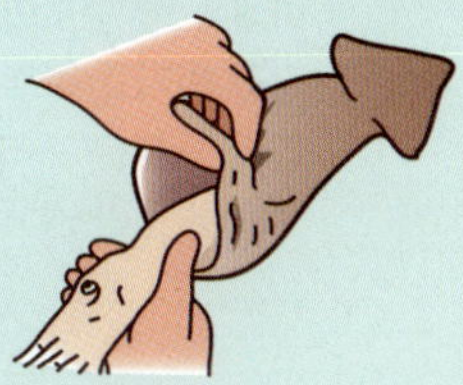	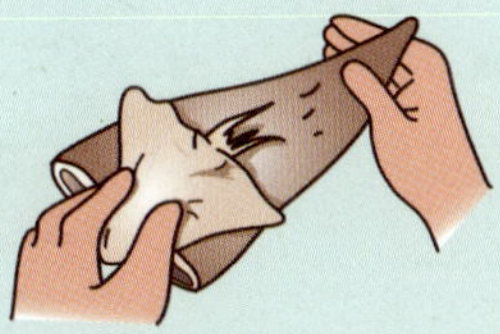	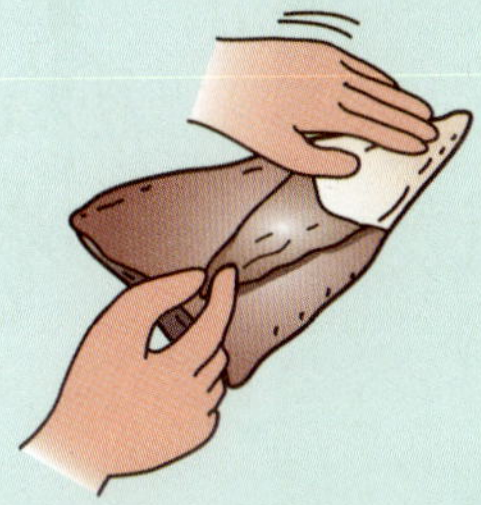
④ 오징어 몸통 안쪽에 있는 연골을 빼냄	⑤ 오징어의 반을 가르는 경우, 연골이 있던 곳에 칼집을 넣어 반으로 갈라 줌	⑥ 오징어의 눈 윗부분을 잘라 내장과 분리함. 양쪽 눈 사이에 칼집을 넣어 펼치고 눈과 입을 제거함
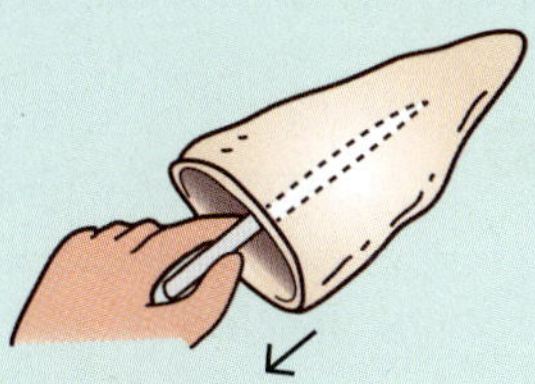	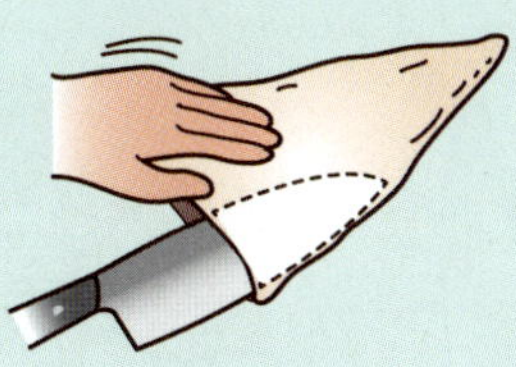	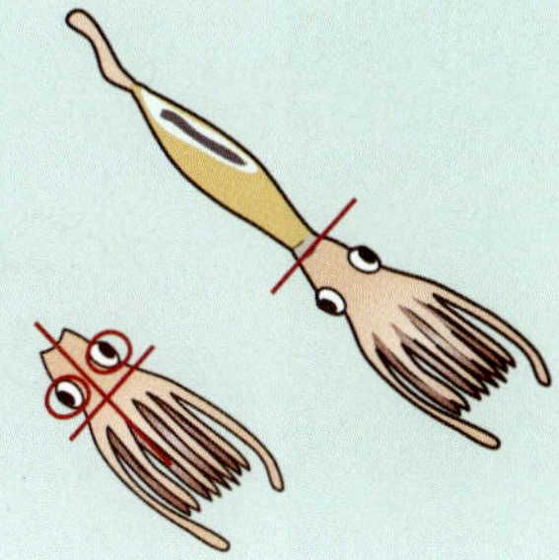

표 3-5 | 식재료 다듬기의 예 - 채소 · 버섯류 -

재료	그림	방법
시금치	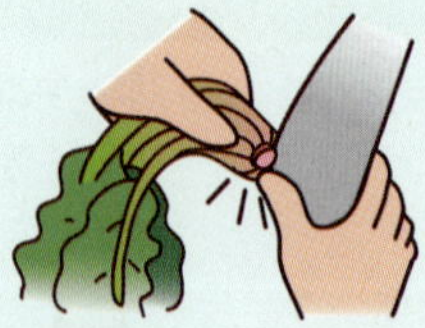 	뿌리의 지저분한 부분을 칼끝으로 긁어낸 뒤 열십자로 칼집을 넣어 뿌리부터 데침
양배추	 	양배추 잎을 떼어 낼 때에는 중앙의 심을 도려냄
아스파라거스	 	아래쪽 반 정도의 껍질을 벗기고 아주 질긴 밑동 부분(3~5cm 정도)을 잘라 냄
토마토		껍질 부분에 열십자(+)로 칼집을 넣어 끓는 물에 5~10초간 담금. 칼집을 낸 부분에 껍질이 일어나면 냉수에 담가 껍질을 벗김
버섯류	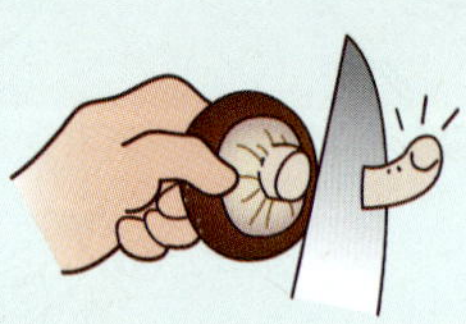 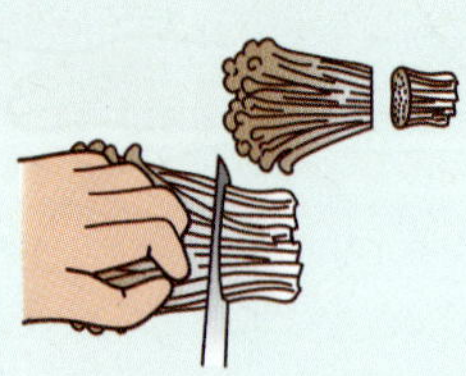	표고버섯은 기둥을 자름. 팽이버섯은 밑둥을 잘라 냄

2) 씻기

씻기는 조리를 위생적으로 하는 첫 단계로 식재료에 부착된 농약 등의 유해물, 오염물(벌레, 흙, 먼지, 분비물 등)을 제거하고 재료에 함유된 쓴맛, 떫은맛, 짠맛 등 좋지 않은 맛 성분이나 이취를 빼는 것이 목적이다.

씻기를 할 때는 식품 상태를 고려하여 세제, 살균제 등을 올바로 선택해야 한다. 세제를 이용한 경우에는 충분히 헹구어 유해 물질이 잔류하지 않도록 주의한다. 씻은 후 보관 장소나 도구는 청결히 하고, 씻기 전의 식품과 접촉이 없도록 한다. 또한, 수용성 영양소, 감칠맛 성분의 용출을 방지하기 위해 채소, 과일 등은 자르기 전에 통째로 씻는 것이 좋다.

스킬 UP **시든 채소를 생기 있게 되살리는 방법**

시든 채소를 따뜻한 물(50℃)에 1~2분간 담갔다가 다시 찬물에 담그면 채소의 식감이 살아난다. 50℃ 정도의 물에 담그면 열 충격으로 채소가 호흡하는 기공이 열리고 그 기공에서 순간적으로 물을 빨아들여 조직이 팽윤되기 때문이다.

지식 UP **채소류, 과일류의 살균 · 소독**

채소류와 과일류 등에 사용하는 식품용 살균제는 식품에 묻어 있는 식중독균을 사멸하여 식중독 발생을 예방하기 위해 사용한다. 식품용 살균제에는 다섯 종류(차아염소산칼슘, 차아염소산나트륨, 차아염소산수, 이산화염소수, 오존수)가 있으며, 식품 첨가물이라고 표시되어 있다. 가장 흔하게 쓰이는 염소계 살균제는 100~130ppm 농도로 희석하여 세척한 채소나 과일을 5분 담가 두었다가 깨끗한 물에 3회 이상 헹군다.

3) 불리기

불리기는 식품을 물 등의 액체에 담가 두는 작업을 말한다. 불리기의 목적은 다음과 같다.

- 팽윤 · 수화: 수분 함량이 20% 이하인 건조식품, 곡류, 두류 등은 가열 조리 전에 충분히 흡수, 팽윤시킬 필요가 있다. 수온이 높을수록 수분 흡수 속도는 빨라지고 침지 시간은

짧아진다. 팽윤·수화를 통해 열전도가 용이해지고 조리시간이 단축된다(표 3-6).

- 좋지 않은 맛 성분 제거: 식품 중의 쓴맛, 떫은맛은 알칼리성 무기염류, 알칼로이드, 유기염기, 폴리페놀 등의 성분으로 대부분이 수용성이므로 식품 그대로 또는 데친 후 물에 담가 두면 제거할 수 있다.
- 갈변·변색 방지: 연근, 우엉, 가지 등 채소와 사과 등 과일은 껍질을 벗기거나 칼집을 내면 조직 중의 성분이 산화 효소와 공기 중의 산소에 의해 산화되어 갈변 현상이 일어난다. 1% 소금물 또는 5% 식초물에 담가 두면 효소의 작용을 억제하여 식품의 변색을 방지할 수 있다.
- 짠맛 추출: 염장식품은 흐르는 물에 씻은 다음 물에 담가 소금기를 빼낸다.
- 감칠맛 침출: 물에 다시마 등의 식품을 담가 감칠맛 성분을 우려낸다.
- 질감 향상: 단단한 식품이 연화된다.

표 3-6 | 건조식품 불리는 방법과 중량 변화

식품	불리는 법	중량의 변화
건표고버섯	5~10℃ 물에 40분	5배
목이버섯	찬물에 30분	7배
건미역	찬물에 10분	10배
대두	충분한 물에 하룻밤	2.5배
당면	미지근한 물(30℃)에 30분 또는 찬물에 50분	3배
무말랭이	충분한 물에 15분	4배

스킬 UP 건표고버섯을 맛있게 불리는 방법

건표고버섯은 20℃의 물에서는 20분, 10℃의 물에서는 40분 전후로 흡수를 완료한다. 이렇게 물에 담가 불리는 동안 표고버섯 특유의 감칠맛 성분인 구아닐산이 물로 많이 용출된다. 따라서 뜨거운 물이나 미지근한 물이 아닌 10℃ 이하의 물에 담가 두는 것이 건표고버섯의 감칠맛을 최대한 남길 수 있다. 한편, 설탕을 넣은 물에 불리면 설탕용액의 삼투압이 높아 내부와의 농도 차가 적기 때문에 버섯 맛 성분의 용출은 늦추면서 물의 흡수가 빨라진다.

스킬 UP **조개의 모래를 제거하는 방법**

조개류는 모래 속에서 호흡할 때 모래와 찌꺼기 등을 들이마시므로 물에 담가 두면 이것들을 토해 낸다. 이것을 해감한다고 한다. 이때 조개는 호흡을 하므로 바닷물과 같은 농도의 소금물이 바람직하다. 대합이나 모시조개는 3%의 소금물에 담가 해감하고, 바지락은 하구의 해수와 담수의 경계에 서식하고 있어 맹물에 담가 해감해도 충분하다.

4) 썰기

칼, 요리가위 등으로 식품을 썰거나 자르는 작업은 조리 작업 중에서도 빈도가 높으며 기술적인 숙련을 요한다. 용도에 맞게 써는 것은 완성된 요리에도 영향을 미친다. 썰기는 형태나 크기를 다듬어 외관을 좋게 하는 목적 또는 불필요한 부분을 제거하고 식재료의 표면적을 증가시켜 가열 시간을 단축하고 조미료의 침투를 용이하게 하기 위한 목적을 갖고 있다.

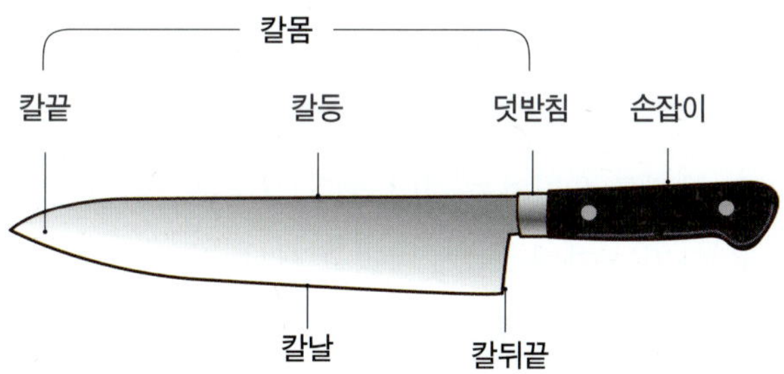

그림 3-1 | 칼의 구조와 명칭

조리의 효율성을 높이기 위해서는 조리용 칼을 용도에 맞게 올바르게 사용할 필요가 있다. 올바른 칼의 사용법은 다음과 같다(그림 3-1).

- 칼 손잡이를 손바닥으로 감싸듯이 잡는다.
- 칼은 되도록 칼 덧받침 뒤로 잡되, 손에 너무 힘을 주지 말고 가볍게 잡는다.
- 썰 재료를 잡은 손은 손가락의 첫 마디를 살짝 꺾어 칼몸의 옆 가운데 부분에 닿도

록 한다.

- 썰 재료를 잡은 손을 조금씩 비껴가면서 써는 재료의 두께를 조절한다.

칼을 잡는 법은 여러 가지가 있는데, 대표적으로 핑거포인트 그립, 핀치 그립, 해머 그립이 있다(그림 3-2). 썰기의 용도에 따라 잡는 법이 달라지기는 하나, 핀치 그립 방법을 가장 많이 활용한다.

① 핑거포인트 그립: 칼자루를 움켜잡고 검지손가락을 칼등에 얹어 잡는 방법으로 주로 칼끝 부분을 사용하여 섬세한 칼질을 할 때 사용하는 방법
② 핀치 그립: 검지손가락을 칼면에 데고 바짝 잡는 방법으로 칼날 뒷부분을 사용하여 고기를 썰거나, 무나 당근 같은 단단한 채소를 썰 때 사용하는 방법
③ 해머 그립: 엄지 외에 다른 손가락을 칼 손잡이에 거머쥐는 방법으로 주로 데바칼을 사용하여 딱딱한 식재료를 누르거나 토막을 낼 때 사용하는 방법

그림 3-2 | 조리용 칼 잡는 법

칼질을 할 때는 바른 자세를 유지하는 것이 좋다. 오른손잡이일 경우 몸의 오른쪽을 살짝 뒤로 비스듬히 하고, 다리는 자연스럽게 벌리고 서서, 칼이 도마에서 약간 사선이 되도록 해야 썰기 편하다. 몸은 도마에서 주먹 하나 정도의 간격을 둔다.

다양한 썰기의 종류는 표 3-7에 제시하였다.

표 3-7 | 썰기의 종류

통째 썰기
송송썰기
반달썰기
은행잎썰기
깍둑썰기
어슷썰기
나박썰기
골패썰기
막대썰기
채썰기
다지기
등분썰기
밤톨썰기
마름모썰기
돌려 깎기

5) 섞기

식품을 균일하게 혼합하는 작업으로 조리과정에서 빈번하게 사용된다. 섞기에는 재료의 혼합mixing, 폴딩folding, 교반blending, 반죽kneading이 있으며, 이러한 방법은 단독보다 병행하여 사용되는 경우가 많다. 섞기의 목적은 다음과 같다.

- 재료를 균질하게 한다.
- 재료, 맛을 혼합한다.
- 가열, 냉각 시 열전도를 균일하게 한다.
- 용해, 유화를 촉진한다.
- 거품을 내어 부피를 증대시킨다.
- 식품의 상태, 성질을 바꾼다(글루텐 형성, 점탄성 증가 등).

6) 갈기, 으깨기

식품에 외부의 힘을 가하여 조직이나 세포를 파괴시켜 분말이나 페이스트 상태로 만드는 방법이다. 수분 함량이 적은 건조식품을 믹서나 그라인더 등을 이용하여 분쇄하거나 수분 함량이 비교적 많은 식품을 갈거나 으깨는 등 마쇄하는 방법이 이용된다. 갈기, 으깨기의 목적은 다음과 같다.

- 재료의 분포를 균일화한다.
- 조직의 상태를 균일화한다.
- 딱딱한 식품을 식용 가능하게 하여 소화를 용이하게 한다.
- 효소 작용을 촉진시킨다(메주콩, 와사비 등).

7) 냉각 · 냉장

식품이나 조리된 식품의 온도를 내리는 방법이다. 냉각시킬 때는 식품 주위의 열전도율이 높고, 표면적이 크고, 온도 차이가 클수록 빨리 식으므로 식품을 소분하여 보관하는 것이 효과적이다. 냉장 온도는 약 0~10℃ 정도이며, 일반적으로 3~5℃ 사이의 온도를 유지한다. 냉장고 사용 시 내부의 위치에 따라 온도가 다르므로 저장하는 식품의 종류와 목적에 맞게 적절한 온도에서 보관해야 한다. 그러나 뜨거운 음식을 냉장고에 넣으면 냉장고의 내부 온도를 상승시켜 냉각 효과를 저하시키므로 미리 흐르는 물이나 냉수 등으로 충분히 식힌 후 냉장고에 넣어야 한다. 냉각·냉장의 목적은 다음과 같다.

- 미생물의 번식을 억제한다.
- 효소 작용 및 산화 작용을 억제한다.
- 채소의 변색을 억제한다(시금치 등 녹색채소를 데친 후 냉각).
- 차가움, 저온으로 인한 맛, 청량감 등 감각의 변화를 이용하여 맛을 향상시킨다.
- 젤 식품을 응고시킨다(젤리, 양갱 등).

8) 냉동

식품의 온도를 어는점 이하로 낮추어 저장하는 방법이다. 수산물, 빙과류, 냉동가공식품 등의 식품 저장법으로 널리 이용되며, 냉동 온도는 보통 −20~−5℃ 정도의 범위를 유지한다. 냉동의 목적은 다음과 같다.

- 저장성을 향상시킨다(신선도 유지).
- 식재료를 예비 조작하여 저장함으로써 조리가 간편하고 편리하다.
- 품질의 안정성(균일화)과 안전성(위생)을 확보할 수 있다.

9) 해동

냉동식품을 냉동 전의 상태 또는 식품으로서 양호한 상태로 되돌리는 방법이다. 일반적으로 육류나 어패류는 5℃ 이하의 저온(냉장고)에서 완만 해동을 하고, 채소, 과일, 조리식품은 급속 해동이 적합하다. 한편, 빵, 케이크류는 실온에서 자연 해동하는 것이 바람직하다.

한번 해동한 것은 자가 소화나 세균 번식으로 신선도가 떨어지므로 가능한 빨리 사용하는 것이 좋고, 일단 해동된 식품은 다시 냉동하지 않도록 한다. 일반적인 해동 방법은 다음과 같다.

- 냉장 해동(저온 해동): 2~5℃에서 완만히 해동시키는 방법이다(어육류, 가금류).
- 급속 해동: 냉동식품을 그대로 가열하거나 전자레인지를 이용하여 급속히 해동시키는 방법이다(반조리 또는 조리된 식품, 데친 채소 등).
- 자연 해동(실온 해동): 0℃에 가까운 온도에서 완만하게 해동하는 것으로 표면과 중심부의 온도 차이가 적어서 원래 상태로 회복되기 쉽다(빵, 케이크).

지식 UP 드립 현상

식품은 급속히 동결될수록 작은 크기의 얼음 결정이 형성되어 식품의 조직 파괴가 적다. 반면, 서서히 동결되면 얼음의 결정이 커지면서 조직이 파괴되어 해동 시 내부의 얼음 결정이 녹아 물이 되어 액즙이 외부로 유출되는 현상인 드립(drip) 현상이 생겨 식품의 질이 떨어진다.

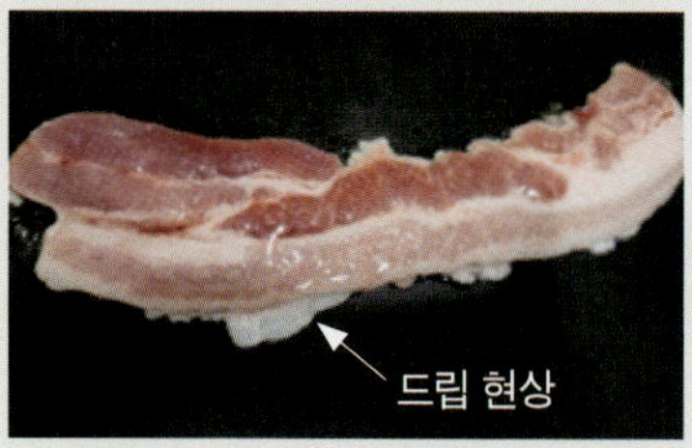

2. 조리의 본 조작

1) 무치기

무치기는 식재료에 조미료를 첨가하여 섞는 방법으로 샐러드 역시 채소, 과일, 육류, 어패류 등의 재료를 드레싱에 무치는 요리의 하나이다. 무치기를 할 때는 재료는 되도록 싱싱한 것을 사용하고 생채소를 쓸 때는 깨끗이 씻어야 한다. 미리 무쳐 놓으면 물이 많이 생겨서 맛이 변하고 모양도 나빠지므로, 미리 준비해 놓았다가 먹기 직전에 무치는 것이 좋다.

2) 굳히기

한천, 젤라틴, 전분 등의 응고성을 이용하여 재료를 젤상으로 응고하는 방법이다. 한천, 젤라틴, 펙틴 등을 첨가한 졸은 냉각에 의해 젤화되는 성질로 열 가역적이다. 열 가역적 젤은 열을 가하면 다시 졸로 변한다. 그러나 전분, 밀가루, 달걀 등을 넣어 만들어진 졸은 비가역적 젤로 다시 졸로 변하지 않는다.

3) 절이기

식재료를 소금, 간장, 된장, 술, 식초 등의 조미액에 절여 저장성을 높이는 방법이다. 절이기는 재료의 종류, 형태, 발효의 유무 등에 따라 다양한 종류가 있다. 대표적인 김치류는 소금의 삼투압에 의한 탈수, 유산균의 번식과 효소 작용으로 특유의 풍미를 형성한다. 절일 때 소금의 양은 겉절이의 경우 2~5%, 오랫동안 두고 먹는 김장김치의 경우는 10% 정도가 적당하다.

요약

- 비가열 조리 중 조리의 예비 조작으로는 다듬기, 씻기, 불리기, 썰기, 섞기, 갈기 · 으깨기, 냉각 · 냉장, 냉동, 해동이 있으며, 조리의 본 조작으로는 무치기, 굳히기, 절이기가 있다.
- 다듬기는 먹을 수 없는 부분의 제거, 썰기는 비가식 부분의 제거, 식품의 표면적 증가, 식품을 먹기 좋은 크기나 모양으로 다듬어 외관을 좋게 하는 것이 목적이다.
- 불리기는 수분 흡수로 인해 조직이 연화되고 열이 고르고 빠르게 전달되며, 좋지 않은 맛 성분의 제거, 식품의 산화에 의한 변색 방지, 조미 성분의 침투, 질감 향상이 목적이다.
- 섞기는 식품 재료, 온도, 조미료 등을 균일화하거나 식품의 유화, 기포 형성, 점탄성 증가 등이 목적이다.
- 냉각 · 냉장은 미생물의 번식 억제, 효소 작용 및 산화 작용 억제, 채소 변색 억제, 물성 변화 등이 목적이다.

연습문제

1 식품을 액체에 담그는 이유는?

① 영양소 흡수율의 증진 ② 조미 성분의 침투 억제 ③ 좋지 않은 맛 성분 제거
④ 수용성 비타민 용출 감소 ⑤ 채소나 과일의 변색 촉진

2 가식부량이 120g이고 폐기율 68%인 바지락의 구매 시 중량은?

① 300g ② 325g ③ 350g ④ 375g ⑤ 400g

3 냉각, 냉장 목적으로 옳은 것은?

① 효소 활성을 높인다.
② 저장성을 감소시킨다.
③ 채소의 변색을 촉진한다.
④ 젤 식품의 응고를 방지한다.
⑤ 미생물의 번식을 억제한다.

4 생채소를 소독할 때 차아염소산나트륨의 적정 농도는?

① 50ppm ② 100ppm ③ 150ppm ④ 200ppm ⑤ 250ppm

5 150g의 감자를 손질하여 135g이 되었을 때 감자의 폐기율은?

① 5% ② 8% ③ 10% ④ 15% ⑤ 20%

정답 1 ③, 2 ④, 3 ⑤, 4 ②, 5 ③

실습 1 전처리하기(다듬기, 불리기 등) 실습일: ______년 ______월 ______일

실습 목적

• 식재료를 조리할 수 있도록 전처리하는 과정인 다듬기와 불리기의 요령을 알 수 있다.

실습 재료

재료명	분량	비고	재료명	분량	비고
새우	4마리		건표고버섯	3개	
오징어	1마리		목이버섯	3개	
소금		껍질 제거용			

실습 도구

전자저울(최소 단위 0.1g 이하), 칼, 도마, 스텐볼, 이쑤시개(또는 산적꼬지)

실습 방법

〈새우〉 1. 흐르는 물에 씻은 다음 머리를 제거하고 껍질을 벗긴 후 등껍질 두 번째 마디에 이쑤시개를 넣어 내장을 빼낸다.
2. 배쪽에 잔칼집을 넣어 주고 꼬리 쪽에 있는 삼각형의 물집을 제거한다.

〈오징어〉 1. 몸통을 들어 내장과 연결된 부분을 분리하여 내장을 떼어 낸다.
2. 오징어 귀 뒷부분을 몸통 방향으로 쭉 잡아당겨 분리한다.
3. 소금으로 문질러 껍질을 벗기고 오징어 몸통 안쪽에 있는 연골(얇은 막 부분)을 빼낸다.
4. 오징어의 반을 가르는 경우, 연골이 있던 곳에 칼집을 넣어 반으로 갈라 준다.
5. 오징어의 눈 윗부분을 잘라 내장과 분리하고 양쪽 눈 사이에 칼집을 넣어 펼치고 눈과 입을 제거한다.

〈버섯〉 1. 건표고버섯은 기둥이 아래로 향하도록 볼에 담은 후 잠길 정도의 물(5~10℃)을 넣고 40분간 불린다.
2. 목이버섯은 볼에 담고 찬물을 잠길 정도로 넣고 30분간 불린다.

실습 결과

식재료	목측량(g)	전처리 전 실측량(g)	전처리 후 실측량(g)	폐기율(%)/불린 후 중량 변화
새우				
오징어				
건표고버섯				
목이버섯				

더 생각해 보기

1. 전처리한 새우, 오징어, 건표고버섯, 목이버섯을 활용한 음식의 조리방법을 생각해 본다.

실습 2 여러 모양 썰기

실습일: ______년 ______월 ______일

실습 목적

• 올바른 칼 사용법과 식재료의 썰기 종류와 방법을 설명할 수 있다.

실습 재료

재료명	분량	비고	재료명	분량	비고
무	1토막(5cm)		당근	1개	
오이	1개		대파	1대	
			달걀	1개	

실습 도구

칼, 도마, 15cm 자, 프라이팬, 볶음용 젓가락(또는 산적꼬지)

실습 방법

1. 준비된 채소를 다듬어 깨끗이 씻어 물기를 제거해 둔다.
2. 달걀은 흰자, 노른자로 분리하여 소금을 한 꼬집 넣고 저어준다. 기름을 둘러 약한불에서 황 · 백지단을 각각 부친다. 긴 젓가락을 사용하여 뒤집어 주고 익으면 채반에서 식힌 다음 넓이 1.5cm로 마름모썰기한다.
3. 여러 모양의 썰기를 한다.
   - 채썰기: 무는 5cm 길이로 준비하여 결 방향대로 통썰기한 후 옆으로 뉘어서 0.2cm 폭과 두께로 채썰기한다(0.2 × 0.2 × 5cm).
   - 골패썰기: 당근은 길이 5cm, 폭 1.5cm, 두께 0.2cm로 썬다.
   - 돌려깎기: 오이는 껍질 부분을 돌려깎아 길이 5cm, 폭 0.2cm, 두께 0.2cm로 채썬다.
   - 어슷썰기: 대파는 두께가 0.5cm 정도 비스듬히 길이 3~4cm 되도록 어슷썬다.
   - 마름모썰기: 황 · 백지단을 한 면이 2cm가 되도록 마름모로 썬다.

실습 결과

식재료	썰기 모양	평가
무		
당근		
오이		
대파		
달걀		

더 생각해 보기

1. 음식에 따라 어떤 모양으로 썰어진 채소가 들어가는지 알아본다.
2. 오늘 실습에 사용한 재료의 다른 모양썰기를 생각해 본다.

CHAPTER

4

가열 조리

1. 습열 조리법 | 2. 건열 조리법 | 3. 복합식 조리법 | 4. 초단파 조리법

1. 습열 조리법

1) 데치기와 삶기

충분한 물을 끓여 식품을 순간적으로 익혀 내는 데치기blanching와 물속에 식품을 넣고 익을 때까지 가열하는 삶기는 조리의 전처리 단계에서 많이 행해진다. 푸른잎 채소나 식품의 형태를 유지하고자 하는 면류 등은 끓는 물에 넣어 데치고, 달걀, 감자 등은 찬물에서부터 조리한다.

데칠 때는 데친 후의 조리과정을 감안하여 무르지 않게 데치는 것이 중요하다. 또한 데칠 때 물의 온도 변화를 줄이기 위해 소량씩 데치는 것이 좋다. 삶으면 식품의 조직이 연화되고 육류는 단백질이 응고되며, 건조식품은 수분 흡수가 촉진된다(표 4–1). 데치기와 삶기의 역할은 다음과 같다.

- 좋지 않은 맛 성분 제거: 고사리, 토란대 등
- 섬유질의 연화: 우엉, 무
- 전분의 호화: 곡류, 면류
- 단백질의 응고: 육류, 어류, 달걀
- 효소 작용 억제: 우엉, 연근
- 색의 유지: 시금치, 브로콜리 등 푸른잎 채소(클로로필)
- 색의 발색: 새우, 게(아스타신)

스킬 UP **마른 국수 삶는 법**

충분히 잠길 정도의 물(10배 정도)을 넣고 끓인 후 면을 냄비의 중심부에서 방사상으로 퍼지게 넣는다.

면이 엉키지 않도록 젓가락으로 저어준 후 중간 불에서 삶는다. 삶는 도중 끓어오르면 찬물 1컵을 넣는다.

면이 삶아지면 재빨리 체에 건져 찬물에 씻어 물기를 뺀다(탄력 있는 면발 유지).

표 4-1 | 건조식품 삶는 방법과 중량 변화

식품	삶는 방법	중량 변화
건고사리	찬물에 하룻밤 불린 후 끓는 물에 20분	4배
소면	끓는 물에 3분	3배
마카로니	끓는 물에 12분	2배

2) 끓이기

끓이기boiling는 식품을 끓는 물이나 육수, 조미액 등에 넣고 가열하는 조리법이다. 데치기가 조리의 전처리 단계라면 끓이기는 조리의 본 단계로 가열 도중 조미료를 첨가하여 조미하기도 한다.

끓이기는 물의 끓는점인 100℃의 일정한 온도를 유지하면서 조리할 수 있고 이용할 수 있는 식품의 폭이 넓은 것이 장점이다. 또한, 조리 도중 조미가 용이하며 대량 조리에도 적합하다. 그러나 대량으로 조리할 경우 냄비 속의 대류가 어려워 부분적으로 타기 쉽고, 대류로 인해 식재료의 모양을 살리기 어려운 단점이 있다.

3) 시머링

시머링simmering은 끓는점 이하(90℃ 내외)에서 은근하게 끓여 주는 방법으로 곰국이나 수프스톡을 만들 때 이용된다.

4) 포우칭

포우칭poaching은 70~80℃의 물에서 익히는 조리법으로 주로 생선이나 달걀 요리에 많이 이용된다. 셸로우 포우칭shallow poaching은 재료가 반 정도 잠기게 익히는 방법으로 생선조림, 솔모르네 등이 해당되며, 딥 포우칭deep poaching은 충분히 잠길 정도의 물에 익히는 방법으로 샤브샤브, 수란 등을 만드는 데 활용한다.

5) 찌기

찌기steaming는 구멍이 난 찜기 내부에서 만들어진 수증기의 기화열을 이용하여 식품을 균일하게 가열하는 방법이다. 주로 육류, 어패류, 채소 등의 재료를 그대로 찌거나 달걀찜, 푸딩과 같이 용기나 틀에 담은 액상, 만두와 같이 모양을 잡은 식품을 조리할 때 활용한다. 또한, 떡과 같이 수증기로 쌀가루의 전분을 호화시키는 조리에도 흔히 이용된다.

찌기는 맛이나 영양 성분의 손실이 적고 식품의 모양이 그대로 유지된다는 장점이 있다. 그러나 연료와 조리시간이 많이 소비되며, 찌는 도중에 조미를 할 수 없는 것이 단점이다.

2. 건열 조리법

1) 굽기

열원의 복사열을 이용한 직화구이와 오븐 내에 가열된 공기의 복사, 대류에 의해 조리하는 오븐구이가 있다. 직화구이는 열원의 위치에 따라 상단 직화구이(브로일링)와 하단 직화구이(그릴링)로 나뉜다. 오븐구이는 오븐 속에서 뜨거운 마른 공기가 음식의 주위를 에워싸서 조리하는 것으로 일반적으로 오븐 속의 공기 온도가 100℃ 이상이나 공기는 열전도율이 낮으므로 물에서 가열하는 때보다 가열 시간이 더 오래 걸린다(표 4-2). 식품의 표면을 150~250℃ 정도의 높은 열로 조리하기 때문에 식품 내의 수분이 감소되어 맛 성분이 농축되고 표면이 바삭바삭해지며, 마이야르 반응(12장 참고) 등이 촉진되어 먹음직스러운 갈색으로 변하면서 풍미가 증가한다.

표 4-2 | 굽기의 종류와 방법

가열법	종류	방법
직화구이	석쇠구이 (그릴링)	• 가스, 전기, 석탄, 나무, 숯 등의 열원을 사용 • 그릴을 사용하여 하단 직화굽기로 조리하는 방법
	철판구이 (브로일링)	• 가스, 전기버너 등의 열원을 사용 • 브로일러, 살라만다 등을 사용하여 상단 직화굽기로 조리하는 방법
오븐구이	베이킹	• 빵, 케이크 등을 오븐을 사용하여 조리하는 방법 • 복사와 대류에 의해 오븐 안의 재료를 익히는 방법
	로스팅	• 가금류나 육류 등을 덩어리째 오븐에서 조리하는 방법 • 복사와 대류에 의해 오븐 안의 재료를 익히는 방법

2) 볶기

볶기sauteing는 튀기기와 구이의 중간적 가열 방법이다. 프라이팬이나 중화팬(웍, wok)에 기름을 둘러 달군 후 식품을 고온에서 단시간에 조리한다. 볶기는 수용성 성분의 용출이 적으며 볶는 과정에서 식품의 수분이 빠져나오는 대신 기름이 흡수되므로 풍미가 증가한다.

3) 지지기와 튀기기

지지기pan frying와 튀기기deep frying의 열전달 매개체는 기름으로, 가열한 기름에 식품을 넣고 열전도에 의해 가열하는 조작이다. 식품 표면의 수분을 증발시키는 대신 기름을 흡수시켜 풍미가 증가한다. 옷을 입히거나 식품 그대로 조리하는 방법이 있으며, 지지기보다 튀기기를 할 때 기름의 사용량이 많다.

기름의 비열은 0.47kcal/g℃로 열용량이 적어 온도 변화가 일어나기 쉽고 온도를 관리하기 어렵다. 식품의 종류나 크기에 따라 튀김기름의 적당한 온도가 있으나 재료의 표면적이 넓거나 튀기는 양이 많으면 수분의 증발이 심하게 일어나 기화열을 빼앗겨 튀김 온도가 급격히 떨어지게 된다. 따라서 튀김을 잘하려면 두꺼운 냄비에 기름을 넉넉하게 사용하고 소량씩 튀겨야 한다.

기름을 사용하는 요리를 할 때는 발연점이 높은 기름을 사용하는 것이 좋다. 튀김 온도의 범위는 120~200℃로 튀김반죽을 떨어뜨려 보면 튀김 온도를 식별할 수 있다(12장 참

지식 UP 볶음류 · 튀김류의 기름 사용량

▷ 볶음 요리의 기름 사용량

종류	기름량(%)
뮈니에르	4~5%
볶음밥	5~6%
채소 소테(볶음)	3~5%
중화요리의 볶음류	10~15%

▷ 튀김 요리의 흡유량

종류	기름량(%)
옷을 입히지 않은 튀김류(재료 그대로)	3~8%
닭 튀김류	6~8%
튀김(덴푸라류)[1]	15~25%
프라이[1]	10~20%
당면 튀김	35%

1) 튀김(덴푸라류)은 튀김옷 재료로 밀가루, 달걀을 사용하며, 프라이는 기본 튀김옷(밀가루, 달걀)에 빵가루를 입혀 튀겨낸 것

자료: 여자영양대학(2022).

고). 튀기기는 고온 단시간 가열하므로 영양소 손실이 적지만, 튀기는 도중에 조미가 불가능하다.

3. 복합식 조리법

1) 브레이징

브레이징braising은 먼저 식품을 고온에서 구운 후 소량의 물(액체)을 첨가하여 뚜껑을 닫아 용기 내의 수증기로 익히는 조리법이다. 소량의 물로 조리하므로 노출된 음식 표면이 마르지 않도록 자주 국물을 끼얹어 준다. 덩어리 고기나 단단한 채소, 뿌리채소 등에 사용한다. 닭찜, 갈비찜 등이 있다.

2) 스튜잉

스튜잉stewing은 육류를 잘게 썰어 높은 열로 표면에 색을 낸 다음 재료가 잠길 정도로 소스를 넣고 낮은 온도에서 서서히 걸쭉하게 끓이는 조리법이다. 스튜, 카레 등이 있다.

4. 초단파 조리법

초단파 조리microwave cooking는 빛의 파장인 초단파가 식품을 통과하면서 식품 자체에 있는 물 분자들을 급속히 진동시켜 열이 발생하도록 조리하는 방법이다. 초단파를 이용한 조리기기에는 전자레인지가 있다. 수분은 초단파를 잘 흡수하지만 종이, 유리, 자기, 플라스틱 등은 투과하는 성질이 있으며, 금속은 반사하므로 금속류의 그릇은 초단파 조리기구에 적합하지 않다.

초단파 조리법은 고온으로 단시간에 가열되므로 영양소의 손실이 적고 조리식품의 재가열에 편리한 장점이 있지만, 온도 조절이 불가능하며 식품 표면에 갈색이 나지 않는 단점이 있다. 초단파 조리법을 활용할 때는 식품의 수분 감소량이 커서 뚜껑을 사용하는 것이 좋다.

지식 UP **광파오븐이란?**

광파오븐은 일반적인 오븐의 열선 외에 발열 시 강한 빛을 내는 광파 열원이 추가되어 있는 오븐으로 전자레인지와 에어프라이어 기능이 합쳐진 복합 오븐이라고 할 수 있다. 광파 열원의 특징은 발열 시 발생하는 빛이 대부분 원적외선이라는 점으로, 원적외선이 음식물을 투과하기 때문에 음식의 속을 익히는 데 도움을 준다. 따라서 광파오븐은 음식의 겉과 속을 함께 익히는 데 유리하다.

요약

- 습열 조리법은 물, 수증기, 조미액 등으로 가열하는 방법으로 데치기, 삶기, 끓이기, 시머링, 포우칭, 찌기 등이 있다.
- 건열 조리법은 물을 사용하는 대신 기름, 공기, 금속체, 전도체 등을 사용하여 열을 이동시키는 가열법으로 굽기, 볶기, 지지기와 튀기기가 있다.
- 굽기는 열원의 복사열을 이용한 직화구이와 오븐 내에 가열된 공기의 복사, 대류에 의해 조리하는 오븐구이가 있다. 직화구이는 상단 직화구이(브로일링)와 하단 직화구이(그릴링)로 나뉘며 오븐구이에는 베이킹, 로스팅이 있다.
- 복합식 조리법은 습열과 건열 조리를 겸해서 사용하는 조리법으로 브레이징(찜하기)과 스튜잉(조리기)이 있다.

연습문제

1 조리법과 조리열의 전달 매체를 옳게 연결한 것은?

① 굽기 - 물 ② 찌기 - 물 ③ 볶기 - 공기 ④ 삶기 - 물 ⑤ 데치기 - 수증기

2 건열 조리법으로 옳은 것은?

① 삶기 ② 볶기 ③ 끓이기 ④ 데치기 ⑤ 브레이징

3 튀기기에 대한 설명으로 옳은 것은?

① 가열 온도가 높아 영양소 손실이 많다.
② 표면만 튀길 음식은 저온에서 장시간 튀긴다.
③ 기름의 대류 작용으로 열이 식품에 전달되는 식품이다.
④ 200℃에서 튀기면 100℃에서 튀길 때보다 기름 흡유량이 많다.
⑤ 튀김옷을 얼음물로 반죽하면 점도가 높게 유지되어 끈적거리게 된다.

4 가열 조리법에서 열전달에 대한 설명으로 옳은 것은?

① 튀김은 복사에 의한 조리법이다.
② 전자레인지 조리는 열효율이 낮다.
③ 구이는 복사와 전도에 의한 조리법이다.
④ 끓이기와 삶기는 복사에 의해 열이 전달된다.
⑤ 기름은 물보다 비열이 크기 때문에 일정 온도 유지가 쉽다.

정답 1 ④, 2 ②, 3 ③, 4 ③

실습 1 다양한 가열 조리하기

실습일: ______ 년 ______ 월 ______ 일

실습 목적

• 음식을 조리할 때에 사용하는 가열 기구의 사용법을 알고 다양한 가열조리를 할 수 있다.

실습 재료

재료명	분량	비고	재료명	분량	비고
달걀	6개	조리법별 2개씩	소금	1ts	
식용유	1Ts		식초	2ts	

실습 도구

전자저울(최소 단위 0.1g 이하), 타이머, 칼, 도마, 냄비, 프라이팬, 국자, 계량스푼(Ts, ts)

실습 방법

달걀을 사용하여 삶기, 프라이, 포우칭을 해본다.

1. 삶기: 달걀 2개를 씻은 후 냄비에 담고 잠길 정도의 찬물을 넣어 달걀의 온도가 물의 온도와 비슷하도록 잠시 둔 다음 불을 켜고 찬물에서부터 삶고 끓으면 불을 약하게 줄여 약 10분간 삶는다. 삶은 후 찬물에 약 5분간 담가 둔다.
2. 프라이: 프라이팬에 식용유를 두르고 달걀 노른자가 터지지 않도록 깨서 달궈진 팬에서 부쳐 낸다. 소금간은 달걀의 0.5%로 조미한다.
3. 포우칭: 냄비에 물 1L를 담고 끓어오르면 식초를 넣고 저어 준다. 달걀을 깨뜨려 넣고 불을 약하게 한 상태에서 흰자가 노른자를 덮어지도록 모양을 잡아 2분 정도 익혀 건져 낸다.

실습 결과

구분	시식 후 감각 평가
가열 조리법 – 삶기	
가열 조리법 – 프라이	
가열 조리법 – 포우칭	

더 생각해 보기

• 달걀 이외의 식재료를 사용한 음식의 가열 조리법을 생각해 본다.

더 확인할 수 있는 조리원리

그 밖에 확인할 수 있는 조리원리: 조미(5장), 주찬용 식재료의 조리원리–난류(9장)

실습 2 다양한 가열 조리하기

실습일: ______ 년 ______ 월 ______ 일

실습 목적

• 음식을 조리할 때에 사용하는 가열 기구의 사용법을 알고 다양한 가열조리를 할 수 있다.

실습 재료

재료명	분량	비고	재료명	분량	비고
감자(중 사이즈)	4개		식용유	1L	
			소금	1ts	

실습 도구

전자저울(최소 단위 0.1g 이하), 타이머, 칼, 도마, 냄비, 찜기, 프라이팬, 전자레인지

실습 방법

감자를 사용하여 삶기, 찌기, 튀기기를 해본다.

1. 삶기: 껍질째 깨끗이 씻은 후 냄비에 담고 잠길 정도의 물을 붓고 소금을 넣고 중불에서 삶아 준다(약 25분 정도, 삶는 시간 확인).
2. 찌기: 감자는 껍질째 깨끗이 씻은 후 열십자로 칼집을 살짝 넣어 준 후 찜기에 물을 넣고 준비된 감자를 넣은 후 뚜껑을 덮고 강불에서 찌다가 물이 끓어오르면 중불로 줄여서 찜한다(감자의 크기에 따라 20~30분 정도, 찌는 시간 확인).
3. 튀기기: 감자는 껍질을 벗겨 길이 5~6cm 두께 1.5cm로 막대썰기하고 물에 담가 전분기를 뺀 후 채반에서 물기를 제거해 준다. 전분가루를 골고루 묻혀 준 다음 달궈진 튀김기름(180~190℃)에서 2~3분간 튀긴다(튀김 시간 확인).
4. 전자레인지: 손질한 감자를 뚜껑 있는 그릇이나 비닐봉지에 담아 약 10분간 조리한다.

실습 결과

구분	시식 후 감각 평가
가열 조리법 – 삶기	
가열 조리법 – 찌기	
가열 조리법 – 튀기기	
가열 조리법 – 전자레인지 조리	

더 생각해 보기

• 감자 이외의 식재료를 사용한 음식의 가열 조리법을 생각해 본다.

더 확인할 수 있는 조리원리

• 그 밖에 확인할 수 있는 조리원리: 조미(5장), 부찬용 식재료의 조리원리–서류(10장)

CHAPTER

5

조미

1. 조미의 기초 | 2. 조미료 | 3. 향신료

1. 조미의 기초

1) 조미의 목적

조미는 식품 고유의 맛을 두드러지게 하거나 향을 부여하는 것뿐만 아니라 식품의 탄력, 끈기, 광택, 보존성 등 조리 전반에 걸쳐 중요한 역할을 한다. 조미를 할 때에는 분자량이 큰 설탕을 제일 먼저 넣은 다음 소금을 넣고, 휘발성이 있는 식초, 간장, 된장 등의 순으로 넣어야 조미료의 침투가 잘 되어 맛이 좋다.

조미는 식품 자체가 가지는 맛에 부족한 맛이나 향을 첨가하거나, 식품의 맛을 강조 또는 억제시키고, 조미료와 식품 자체의 맛을 복합함으로써 한층 새로운 맛을 창출하는 데 목적이 있다.

2) 맛의 생리 현상

맛은 식품 고유의 여러 가지 맛 성분과 이들 맛 성분 상호 간에 일어나는 복잡한 작용에 의해 변화한다. 이러한 현상은 크게 맛의 대비, 억제, 상승, 변조 등으로 구분된다.

(1) 맛의 대비 현상

서로 다른 맛을 내는 물질이 혼합되었을 때, 주된 맛이 강화되는 현상이다. 단맛에 소량의 짠맛을 더하면 단맛이 강해지거나(예: 단팥죽+소금) 짠맛에 소량의 신맛을 더하면 짠맛이 강해지고(예: 소금간을 한 무생채+식초), 감칠맛에 소량의 짠맛을 더하면 감칠맛이 강해지는 현상(예: 다시국물+소금) 등이 있다.

(2) 맛의 억제 현상

서로 다른 맛을 내는 물질을 혼합하였을 때 주된 맛이 약화되는 현상이다. 일반적으로 쓴맛이나 신맛은 단맛, 짠맛에 의해 약해진다(예: 초절임에 설탕을 넣거나 소금을 넣으면 신맛이 약해지거나, 커피에 설탕을 넣으면 쓴맛이 약해짐).

(3) 맛의 상승 현상

같은 종류의 맛 성분을 두 종류 혼합하였을 때 각각 가지고 있던 맛보다 훨씬 강하게 느껴지는 현상이다. 감칠맛의 맛 성분인 글루탐산나트륨MSG과 이노신산인산염IMP을 1:1로 혼합하면 글루탐산나트륨 단독의 감칠맛보다 약 7.5배, 글루탐산나트륨과 구아닐산인산염GMP을 혼합하면 감칠맛이 약 30배 세게 느껴진다.

(4) 맛의 변조 현상

어떤 맛 성분을 맛본 후 다른 맛 성분을 맛보게 되면 처음 맛본 물질의 맛을 정상적으로 느끼지 못하는 현상이다. 짠맛, 쓴맛, 신맛을 맛본 후에 물을 마시면 단맛이 느껴진다.

3) 온도에 따른 맛

미각 수용성은 온도에 따라 변화한다. 음식의 맛은 온도에 따라 크게 달라지는데, 차가운 음식은 차게, 따뜻한 요리는 따뜻하게 먹는 것이 바람직하다. 일반적으로 요리가 맛있게 느껴지는 온도는 뜨거운 국물 음식은 60~70℃, 차가운 음식은 5~12℃ 정도이다. 맛에 따라 맛을 잘 느끼는 최적 온도에 차이가 있으므로 음식을 맛있게 먹기 위해서는 적절한 온도에서 제공하는 것이 중요하다(표 5-1).

표 5-1 | 맛을 잘 느끼는 최적 온도

맛의 종류	온도(℃)
단맛	20~50
쓴맛	40~50
신맛	25~50
짠맛	30~40
매운맛	50~60

2. 조미료

1) 조미료의 종류

조미료가 내는 맛에 따라 짠맛, 단맛, 신맛, 감칠맛, 매운맛을 내는 조미료로 분류할 수 있다(표 5-2).

표 5-2 | 맛의 종류에 따른 조미료의 종류

맛의 종류	조미료 종류
짠맛	소금, 간장, 된장, 고추장
단맛	설탕, 물엿, 꿀, 올리고당, 인공 감미료
신맛	식초
감칠맛	아미노산계 조미료(MSG), 핵산계 조미료(IMP, GMP), 천연 조미료(표고버섯, 다시마, 다시멸치 등)
매운맛	겨자, 와사비, 고춧가루, 후추, 카레가루
기타	마요네즈, 토마토케첩, 각종 소스, 술

(1) 소금

소금은 염화나트륨NaCl이 주성분으로 음식의 맛을 내는 기본 조미료이다. 인간의 체내 염분 농도는 약 0.9%로 맛을 평가하는 기준이 되기도 한다. 소금은 짠맛을 내는 데 사용되는 것 이외에 미생물의 발육을 억제하는 방부 작용과 탈수 작용으로 보존성을 높이고 채소, 과일의 갈변 방지, 해조류의 해감, 단맛의 상승 작용 등 다양한 역할을 한다.

(2) 간장

간장은 콩으로 메주를 쑤어 소금물에 담근 뒤에 그 즙액을 달여서 만든 장을 말한다. 예로부터 간장 담그는 일은 가정의 중요한 연중행사로 여겨 메주 만들기, 메주 띄우기, 장 담그기, 장 뜨기 등의 행사가 초겨울부터 이듬해 초여름까지 계속되었다. 간장은 제조 방법에 따라 재래식 간장과 개량식 간장으로 분류한다.

- 재래식 간장: 가을에 콩으로 메주를 쑤어 알맞게 발효시켜 소금물에 담가 햇볕이 잘 드는 곳에 30~40일간 우려 그 즙액을 체에 걸러 끓인 것이다(염도 18~20%).
- 개량식 간장: 단백질과 녹말을 가수 분해시키는 힘이 강한 황국균(누룩곰팡이, 코지균)을 써서 만든 개량 메주로 담근다.

간장은 농도에 따라 보통 국간장(청장), 진간장으로 구분하여 사용하는데, 각각 짠맛, 단맛의 정도가 다르므로 음식에 따라 쓰이는 용도가 다르다.

- 국간장(청장): 담근 후 1~2년 정도 숙성시킨 간장으로 맛이 깔끔하고 담백하여 국이나 찌개, 나물을 만들 때 사용한다.
- 진간장: 담근 후 4~5년 정도 숙성시킨 간장으로 맛이 깊고 풍부하여 조림, 육류의 양념, 약식 등에 주로 사용한다.

지식 UP 식품 유형에 따른 간장의 종류

식품 유형		설명
한식간장	재래 한식간장	한식 메주[1]를 주원료로 하여 소금물 등을 섞어 발효 · 숙성시킨 후 거른 액체를 가공한 것
	개량 한식간장	개량 메주[2]를 주원료로 하여 소금물 등을 섞어 발효 · 숙성시킨 후 거른 액체를 가공한 것
개량간장(양조간장)		대두, 탈지대두 또는 곡류 등에 황국균 등을 배양하여 소금물 등을 섞어 발효 · 숙성시킨 후 거른 액체를 가공한 것
산분해간장		단백질 또는 탄수화물을 함유한 원료를 산(HCl)으로 가수 분해한 후 거른 액체를 가공한 것(3일 정도에 완성)
효소분해간장		단백질 또는 탄수화물을 함유한 원료를 효소로 가수 분해한 후 거른 액체를 가공한 것
혼합간장		한식간장 또는 양조간장에 산분해간장 또는 효소분해간장을 적정 비율로 혼합하여 가공한 것

1) 한식 메주: 대두를 주원료로 하여 찌거나 삶아 성형하여 발효시킨 것
2) 개량 메주: 대두를 주원료로 하여 찌거나 삶은 후 선별된 종균을 이용하여 발효시킨 것
자료: 식품의약품안전처(2023).

지식 UP **총 질소 함량(%) (Total Nitrogen, TN)**

단백질이 아미노산으로 얼마나 잘 분해되었는가를 수치로 나타낸 것이다. 수치가 높을수록 아미노산이 풍부하여 잘 분해되었다는 것을 의미하며 간장의 풍미도 깊다. TN이 1.5% 이상이면 특선간장, 1.3~1.5%는 고급간장, 1~1.3%는 표준간장에 해당된다.

(3) 된장

된장은 간장을 걸러내고 남은 건더기를 숙성시켜 만든 장으로 10~15% 정도의 소금을 함유하고 있다. 된장의 발효에는 황국균, 효모, 젖산균 등의 미생물이 관여하며, 발효 과정 중 각종 효소에 의하여 단백질, 탄수화물, 지방 등이 가수 분해되어 생긴 아미노산, 당류, 유기산 등으로 인해 단맛, 감칠맛이 풍부하다. 된장의 종류는 크게 재래식 된장, 개량식 된장(양조된장), 막장, 청국장, 미소 등이 있으며 지역에 따라 그 명칭과 만드는 법이 다양하다.

- 재래식 된장
  - 막된장: 간장을 떠내고 건더기에 소금을 넣고 계속 발효시켜 만든 된장이다.
  - 토장: 메주와 소금물을 부어 익혀 간장을 떠내지 않고 계속 발효시켜 만든 된장이다.
- 개량식 된장(양조된장): 쌀, 보리, 콩 등을 원료로 하여 여기에 황국균을 배양한 누룩koji을 만들고, 이를 콩과 섞어 메주를 주먹 크기로 빚어 말린 후 잠길 정도의 소금물을 넣고 일정 기간 숙성시켜 만든 된장이다.

- 막장: 메주를 가루로 빻아 소금물로 질척하게 섞어 익히는 장으로 강원도와 경상도에서 잘 담근다. 충청도에서는 보리밥에 메줏가루, 고춧가루를 섞고 소금으로 간을 하여 담그고 경상도에서는 콩과 멥쌀을 섞어 만든 메주로 담근다.
- 청국장: 단시간에 발효·숙성시켜 만들어 먹는 것으로 콩을 삶아 60℃ 정도로 온도를 낮추어 나무상자나 소쿠리에 담아 볏짚을 덮고 45℃를 유지시키면서 2~3일간 띄워 점질이 생기도록 한다. 식기 전에 소금, 마늘, 고춧가루, 파를 넣고 찧어서 담는다.
- 미소: 곡물로 누룩을 만들고, 이를 이용하여 대두를 발효시킨 일본의 된장이다. 우리나라 된장에 비해 맛이 순하며, 짠맛이 덜하다. 주로 국으로 끓여 먹거나 분말로 만들어 즉석식품 제조에 이용된다. 1년 이상 숙성시켜 염도가 높은 적된장(아카미소)과 수개월 숙성시켜 염도 농도가 낮은 백된장(시로미소)이 있다.

지식 UP **청국장 vs 낫토**

청국장은 삶은 대두에 볏짚을 넣어 고초균이라 불리는 *Bacillus subtilis* 속에 포함된 여러 종류의 균이 자연 발효하여 만든 것이며, 일본식 낫토는 *Bacillus subtilis* 속에 포함된 균중 인공적으로 낫토균만을 접종해 발효시키는 점에서 차이가 있다. 청국장과 낫토는 발효과정에서 실 같은 점질 물질이 생기는 공통점이 있다.

(4) 고추장

고추장은 메줏가루에 밀가루, 찹쌀가루, 멥쌀가루, 보릿가루 등을 버무리고 고춧가루와 소금을 섞어서 발효시켜 만든 장이다. 일반적으로 제조 방법에 따라 재래식과 개량식으로 구분된다. 재래식 고추장은 발효 과정에서 생기는 누룩곰팡이 등의 야생 곰팡이와 고초균 등의 야생 세균을 이용하며, 개량식 고추장은 황국균을 순수 배양한 누룩koji을 사용하는 것으로 당화력과 단백질 분해력이 강하고 숙성 조건에 따른 맛의 변화가 없어 단시간에 대량 생산이 가능하다. 재료와 만드는 방법이 지방에 따라 다양하게 발달하였으며, 사용하는 곡류에 따라 찹쌀고추장, 보리고추장, 수수고추장, 팥고추장, 고구마고추장 등이 있다. 지역에 따라서는 해남, 순창, 진주의 고추장이 유명하다.

(5) 설탕

설탕의 단맛 물질은 자당sucrose으로 당밀 함유 여부에 따라 함밀당(비정제 원당)과 분밀당(정제당)으로 나뉘며, 분밀당을 원료로 정제하여 백설탕, 갈색설탕(황설탕)을 만든다(그림 5-1). 설탕은 단맛뿐만 아니라 여러 가지 기능을 가지고 있어 많은 식품에 이용된다(12장 참고). 설탕은 케이크와 과자를 부드럽게 하고 수분을 유지할 수 있게 해주며 난백 거품을 안정시키고 빵과 과자를 만들 때 비효소적인 갈변에 관여하여 풍미를 증진시킨다.

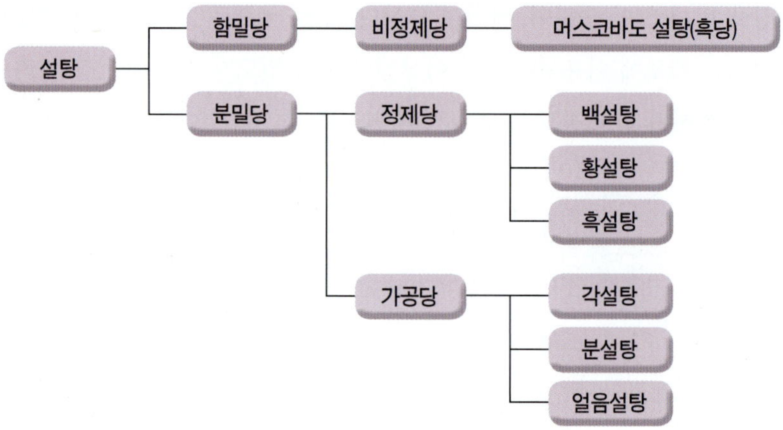

그림 5-1 | 설탕의 분류

지식 UP **백설탕, 황설탕, 흑설탕의 차이**

백설탕은 원당 99.9% 고순도 정제 과정을 거치면서 가장 먼저 생산되는 산물로 제과제빵에서 가장 많이 사용된다. 황설탕은 1차적으로 생산된 백설탕에 당밀을 첨가하거나 열을 가하여 갈변화한 것이다. 흑설탕은 원래 당밀을 제거하지 않은 비정제설탕이나, 최근에는 백설탕에 당밀과 캐러멜시럽을 넣어 가공해서 만든다. 황설탕보다 더욱 진한 사탕수수의 자연스러운 풍미와 단맛을 가진다.

(6) 식초

식초는 주로 초산이 주성분으로 소량의 휘발성 및 비휘발성 유기산, 당류, 아미노산, 에스테르 등을 함유하고 있어 독특한 방향과 신맛을 가진 발효식품이다. 식초는 음식에 신맛을 내거나 변색 방지, 살균 작용, 식재료의 색을 선명하게 하는 등의 역할(표 5-3)과 제조법에 따라 양조식초와 합성식초로 나뉜다.

- 양조식초: 곡류, 과실, 알코올 등을 원료로 천연 발효시킨 것으로 초산 외에 유기산류, 당, 아미노산, 에스테르 등이 함유되어 있어 감칠맛과 향기가 있다. 서양에서는 주로 과실을 원료로 발효한 술을, 동양에서는 곡류 등과 누룩을 원료로 발효한 곡주를 원료로 제조하므로 맛과 향이 다르다. 일반적인 식초의 산도는 3~4% 정도이며, 초산 함량을 높인 2배 식초, 3배 식초도 있다.
- 합성식초: 빙초산을 초산 함량이 3~5%가 되도록 희석한 것이다.

표 5-3 | 조리에서 식초의 역할

특징	예
색소에 영향 (10장 참고)	• 클로로필 → 황갈색(오이피클) • 안토시아닌 → 붉은색(생강초절임) • 플라보노이드 → 백색(콜리플라워)
효소에 영향	• 산화 효소 억제, 갈변 방지(우엉, 연근을 식초물 담금)
단백질 응고 촉진	• 열 응고 촉진(수란), 생선살의 탄력(생선 초절임)
살균 및 방부 작용	• 균의 사멸 및 번식 억제(초밥, 채소 초절임)
기타	• 비린내 제거(생선류), 점질 성분 제거(토란)

2) 조미비율

(1) 조미백분율

재료의 중량에 대한 조미료의 비율로 주로 염분과 당분의 비율을 퍼센트(%)로 나타낸 것이다. 조미백분율을 파악하면 조미료의 섭취량을 파악할 수 있으며, 일정한 조미를 할 수 있는 표본이 된다. 또한, 만들기 전에 맛을 예측할 수 있어 타인에게 정확히 전달할 수 있고, 외식에서 경험한 맛을 수량화하여 재현할 수 있다.

(2) 조미 대상

조미할 요리의 조리법에 따라 조미 계산이 달라진다. 조리법이나 식재료에 따른 조미 계산 기준은 다음과 같다.

- 국, 수프류: 국물의 중량(다시물이나 육수)
- 찌개, 전골류: 국물(다시)과 건더기 재료의 총 중량
- 조림, 찜류: 국물(다시)을 뺀 재료의 총 중량
- 구이, 볶음, 튀김류: 재료의 총 중량
- 폐기량이 있는 재료: 전처리 후의 가식부 중량
- 건조식품: 불린 후의 중량

(3) 조미비율 계산법

조미비율에서 염분은 소금, 당분은 설탕의 양을 나타낸 것이다. 음식의 짠맛은 소금뿐만 아니라 간장, 된장, 고추장을 사용하는 경우가 많다. 간장이나 된장, 고추장을 사용하는 경우는 소금의 양으로 환산이 필요하다.

① 염분 환산법

간장의 염분은 약 15%(100g 중 약 15g의 소금을 포함), 된장은 종류에 따라 다르지만 약 10~13%의 염분을 함유한다. 따라서 소금 대신 간장이나 된장을 사용할 때에는 간장의 경우 소금의 6~7배, 된장의 경우 소금의 8~10배를 사용하면 된다.

다시 말해, 간장에 함유된 염분은 간장 중량의 1/6이므로 간장 1Ts(18g)에 함유되는 염분은 3g이다. 간장의 염분 환산 계산 방법의 예는 다음과 같다.

15% 염분을 함유하는 간장

1ts (5mL = 6g) 6 × 15% = 0.9 ≒ 1g

1Ts (15mL = 18g) 18 × 15% = 2.7 ≒ 3g

간장 1ts = 소금 1g
1Ts = 소금 3g

② 조미비율 계산 방법

맛에는 짠맛, 단맛, 신맛, 쓴맛, 매운맛의 오미五味와 감칠맛과 지방맛이 있으나 그 중 짠맛은 모든 요리의 기본이 된다. 우리가 음식을 섭취할 때 맛있다고 느끼는 맛의 정도는 재료 중량 대비 0.8~1.5%의 염도일 때로 체내의 염도 0.9%와 흡사하다. 재료의 중량에 따라 소금을 가감함으로써 맛있는 요리를 만들 수 있다(그림 5-2). 염도 계산법은 다음과 같다.

$$\text{조미료의 중량} = \text{재료의 중량(g)} \times \frac{\text{조미(\%)}}{100}$$

조미비율 계산법

맑은장국(4인분)

고기국물	600㎖(600g)		
무		②	③
소금	국물의 0.6% 염분	(　　)g	(　　)
간장	① (　　)g	(　　)g	(　　)

소금:간장 = 3:1 염분 중량 비율

[계산 방법]

① 국물의 0.6% 염분 중량을 산출한다.

$$\text{조미료의 중량} = \text{재료 중량} \times \frac{\text{조미\%}}{100}$$

$$600 \times \frac{0.6}{100} = 3.6 \rightarrow \underline{3.6\text{g}}$$

② 소금:간장 = 3:1의 비율로 각 염분 중량을 산출한다.

$$\text{소금} \quad 3.6 \times \frac{3}{4} = 2.7 \rightarrow \underline{2.7\text{g}}$$

$$\text{간장} \quad 3.6 \times \frac{1}{4} = 0.9 \rightarrow \underline{0.9\text{g}}$$

③ 계량스푼으로 나타낸다.

소금 1ts = 4g이므로 약 2/3ts

간장 1ts = 1g(염분 중량) 약 1ts

정답 ① 3.6g, ② 소금 2.7g, 간장 0.9g, ③ 소금 약 2/3ts, 간장 약 1ts

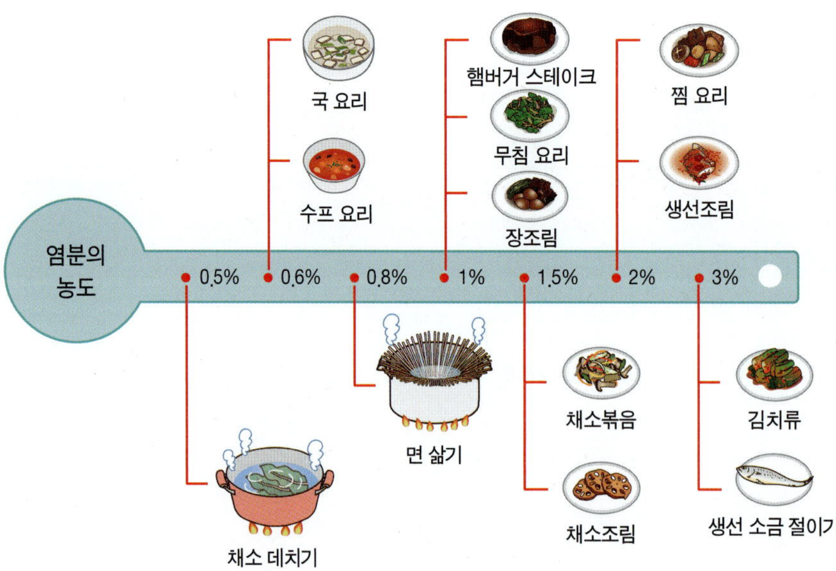

그림 5-2 | 조리법에 따른 염도

3. 향신료

1) 스파이스의 종류

스파이스spice는 주로 양념을 목적으로 사용되는 건조된 식물로, 향미가 강한 열대 식물의 꽃봉오리, 열매, 줄기, 뿌리 등을 건조시켜 사용한다.

표 5-4 | 스파이스의 종류에 따른 용도

명칭	사진	용도
커민(cumin)		생선, 육류 요리, 수프, 카레, 샐러드소스, 파이 등
카르다몸(cardamon)		카레, 피클, 빵, 케이크, 쿠키류, 밀크티 등
시나몬(cinnamon)		피클, 과일조림, 푸딩, 케이크류, 음료 등
코리앤더 시드 (coriander seed)		생선, 육류 요리, 소시지, 피클 등
월계수잎(bay leaf)		소스, 수프, 피클, 생선, 육류 요리

표 5-4 | 스파이스의 종류에 따른 용도(계속)

명칭	사진	용도
정향(clove)		육수, 소스, 피클, 육류 요리, 빵, 케이크 등 디저트
칠리파우더 (chili powder)		카레, 타코 등 멕시코 요리, 육류 요리 등
펜넬 시드(회향씨) (fennel seed)		인도 요리의 필수 스파이스 생선, 육류 요리, 빵 등
넛맥(nutmeg)		다진 고기 요리, 생선 요리, 달걀을 사용한 요리(푸딩, 커스터드, 에그노그 등)
팔각(star anise)		차, 디저트, 생선, 육류 요리 등
터메릭(turmeric)		카레, 단무지, 겨자의 착색제, 생선, 육류 요리 등
샤프란(saffron)		쌀 요리, 생선, 육류 요리 등

2) 허브의 종류

허브herb는 약초를 뜻하는 헤르바herba라는 라틴어에서 유래하였으며, 향이 좋은 식물의 잎, 줄기, 꽃, 뿌리 등을 말하며, 스파이스에 비해 더 섬세한 향미를 음식에 더해준다. 음식뿐 아니라 차, 의약용, 향수 등 건강과 미용에 이용된다.

표 5-5 | 허브의 종류에 따른 용도

명칭	사진	용도
파슬리(parsley)		요리의 장식용, 수프, 샐러드, 소스, 생선, 육류 요리
딜(dill)		빵, 생연어 등 생선 요리, 조개 요리
민트(mint)		과자(껌, 초콜릿 등), 차, 샐러드드레싱, 고기 요리, 피클류
바질(basil)		토마토 요리, 각종 소스, 수프, 달걀 요리, 샐러드 드레싱
레몬그라스(lemongrass)		수프, 스튜, 소스, 생선 요리
오레가노(oregano)		토마토소스, 파스타, 스튜, 소스, 달걀 요리

● 표 5-5 | 허브의 종류에 따른 용도(계속)

명칭	사진	용도
로즈마리(rosemary)		생선, 육류 요리, 수프, 스튜 등
타임(thyme)		육류 요리, 스튜, 소스
세이지(sage)		튀김, 수프, 생선, 육류 요리
마조람(majoram)		가금류, 육류, 생선 요리, 소시지, 스튜, 소스

요약

- 조미란 식재료나 음식에 양념을 하는 것으로 식품 자체가 가지는 맛에 부족한 맛이나 향을 첨가하거나 식품의 맛을 강조 또는 억제시킨다. 조미료와 식품 자체의 맛을 혼합함으로써 한층 새로운 맛을 창출한다.
- 맛은 식품 고유의 여러 가지 맛 성분 상호 간에 일어나는 복잡한 작용에 의해 변화한다. 서로 다른 맛을 내는 물질이 혼합되었을 때 맛의 대비, 억제, 상승, 변조 등의 현상이 나타난다.
- 강한 향기나 자극적인 맛을 지닌 식물의 종자, 줄기, 잎 또는 뿌리 등의 건조품이나 분말을 향신료라고 하며, 크게 스파이스와 허브로 분류한다. 향신료의 역할은 식품에 향기와 자극적인 맛을 주어 식욕을 증진시키며, 탈취, 착색, 방부, 약리효과 등이 있다.

연습문제

1 **설탕 → 소금 → 식초의 순으로 조미를 하는 이유는?**

① 분자량이 클수록 빨리 흡수되므로
② 분자량이 작을수록 빨리 흡수되므로
③ 조미의 강도가 큰 것부터 넣어야 하므로
④ 조미의 강도가 약한 것부터 넣어야 하므로
⑤ 분해속도가 빠른 것을 먼저 넣어야 하므로

2 **쓴맛이 있는 식품을 먹은 후 물을 마시면 물의 맛이 달게 느껴지는 현상은?**

① 맛의 대비 ② 맛의 변조 ③ 맛의 상승 ④ 맛의 억제 ⑤ 맛의 피로

3 **단팥죽에 소금을 약간 넣으면 단맛이 강하게 느껴지는 현상은?**

① 맛의 대비 ② 맛의 변조 ③ 맛의 상승 ④ 맛의 억제 ⑤ 맛의 피로

4 **스파게티면 100g을 물 1L를 이용하여 삶을 때 물의 염분 농도를 0.8%로 한다면 필요한 소금의 양은?**

① 0.8g ② 4g ③ 4.8g ④ 8g ⑤ 8.8g

정답 1 ②, 2 ②, 3 ①, 4 ④

실습 1 콩나물국

실습일: ________ 년 ________ 월 ________ 일

실습 목적

• 조미비율 계산법을 이해하여 다양한 염도의 콩나물국을 조리할 수 있다.

실습 재료

재료명	분량 (1인분)	비고	재료명	분량 (1인분)	비고	재료명	분량 (1인분)	비고
콩나물	100g		마늘	2개		물	600g	
소금	1.8g		파	10g				
소금	2.7g		붉은고추	2개				

실습 도구

전자저울(최소 단위 0.1g 이하), 계량컵, 계량스푼(Ts, ts), 염도계, 냄비(2개), 칼, 도마

실습 방법

1. 콩나물은 머리 껍질이나 꼬리를 손질한 후 깨끗이 씻는다.
2. 파와 마늘은 다지고 붉은고추는 송송 썰어 준다.
3. 냄비에 물(300g)과 콩나물 반(50g)을 넣고 끓인다. 다른 냄비에도 동일하게 물(300g)과 콩나물 반(50g)을 넣고 끓인다. 콩나물을 끓일 때는 비린내가 나지 않도록 뚜껑은 닫고 조리한다.
4. 콩나물국에 다진 마늘(0.5ts), 소금(1.8g)을 넣고(A), 다른 냄비에는 다진 마늘(0.5ts), 소금(2.7g)을 넣는다(B). 콩나물국을 끓이다가 마지막에 붉은고추와 다진 파를 넣고 콩나물국을 완성한다.
5. 염도계로 소금 1.8g 넣은 콩나물국(A)과 2.7g 넣은 콩나물국(B)의 염도를 측정하고, 시식 후 감각 평가한다.

실습 결과

구분	염도	시식 후 감각 평가
콩나물국(A)		
콩나물국(B)		

더 생각해 보기

소금 대신 콩나물국의 염도를 조절할 수 있는 방법을 생각해 본다.

더 확인할 수 있는 조리원리

그 밖에 확인할 수 있는 조리원리: 전처리(씻기, 다듬기, 썰기)(3장), 습열 조리(끓이기)(4장)

실습 2 두부된장국

실습일: ______년 ______월 ______일

실습 목적

• 조미비율 계산법을 이해하여 다양한 염도의 두부된장국을 조리할 수 있다.

실습 재료

재료명	분량 (1인분)	비고	재료명	분량 (1인분)	비고	재료명	분량 (1인분)	비고
두부	100g		된장	25g		파	10g	
양파	1/2개		고추장	3g		붉은고추	2개	
마늘	2개		소금	1g		물	600g	

실습 도구

전자저울(최소 단위 0.1g 이하), 계량컵, 계량스푼(Ts, ts), 염도계, 냄비(2개), 칼, 도마

실습 방법

1. 두부는 깍둑썰기하고, 양파는 먹기 좋은 크기로 썰어 준다.
2. 파와 마늘은 다지고 붉은고추는 송송 썰어 준다.
3. 냄비에 물(300g)과 두부 반(50g)을 넣고 끓인다. 다른 냄비에도 동일하게 물(300g)과 두부 반(50g)을 넣고 끓인다.
4. 두부를 넣은 후 다진 마늘(0.5ts), 소금(0.6g), 된장(12g, 2ts)을 넣고(A), 다른 냄비에는 다진 마늘(0.5ts), 소금(0.3g), 된장(12g, 2ts), 고추장(3g, 1/2ts)을 넣고 끓인다(B). 두부된장국을 끓이다가 마지막에 붉은고추와 다진 파를 넣고 완성한다.
5. 염도계로 소금과 된장을 넣은 두부된장국과 소금, 된장과 고추장을 넣은 두부된장국의 염도를 측정하고, 시식 후 감각 평가한다.

실습 결과

구분	염도	시식 후 감각 평가
두부된장국((A: 소금 + 된장)		
두부된장국(B: 소금 + 된장 + 고추장)		

더 생각해 보기

• 소금, 된장, 고추장 대신 두부된장국의 염도를 조절할 수 있는 방법을 생각해 본다.

더 확인할 수 있는 조리원리

• 그 밖에 확인할 수 있는 조리원리: 전처리(씻기, 다듬기, 썰기)(3장), 습열 조리(끓이기)(4장)

CHAPTER

6

식재료 이해

1. 식재료의 일반성분 | 2. 식재료의 특수 성분 | 3. 식재료의 선별과 저장

1. 식재료의 일반성분

1) 수분

수분은 식품의 구성 성분 중 가장 비율이 높은 성분으로 식품의 질감에 영향을 미친다. 과일류과 채소류는 수분 함량이 90% 정도로 높은 편이고, 마른 곡류나 두류는 10% 정도로 낮은 편이다. 육류는 약 60%, 어패류는 약 70% 정도의 수분으로 이루어져 있다. 조리 과정에서의 수분은 용매로서의 역할과 열의 전달 매체로서의 역할을 한다(2장 참고).

2) 탄수화물

단백질, 지방과 함께 필수 영양소인 탄수화물은 에너지원으로 주로 사용되며, 주식용 식재료인 쌀이나 밀가루, 부찬용 및 후식용 식재료인 채소나 과일 등에 존재한다. 탄수화물은 당 분자의 수에 따라 단당류, 이당류, 다당류로 분류된다(표 6-1).

표 6-1 | 탄수화물의 분류

분류	종류	특징
단당류	포도당 (glucose)	• 포도에 많이 들어 있어 포도당이라는 이름이 붙음 • 과일, 채소, 꿀 등에 존재함
	과당 (fructose)	• 과일에 많이 들어 있어 과당이라는 이름이 붙음 • 포도당과 마찬가지로 과일, 채소, 꿀 등에 존재함
	갈락토오스 (galactose)	• 자연식품에 존재하지 않으며, 포도당과 결합한 유당의 형태로 존재함
이당류	자당 (sucrose)	• 포도당과 과당이 결합된 형태로 과일, 사탕수수, 사탕무 등에 존재함 • 설탕, 서당이라고도 하며 조리 시 감미료로 사용됨
	맥아당 (maltose)	• 자연식품에 존재하지 않음 • 두 분자의 포도당이 결합된 형태로 전분이 가수 분해될 때 생성됨
	유당 (lactose)	• 포도당과 갈락토오스가 결합된 형태로 유즙에 들어 있음

분류	종류	특징
다당류	전분 (starch)	• 대부분의 식물성 식품에 함유되어 있으며 곡류나 감자류에 많음 • 조리 시 점도를 높이는 데 자주 사용됨
	덱스트린 (dextrin)	• 미숫가루, 루(roux) 등 전분을 건열로 가열하면 생성됨 • 조리 시 점도를 높이는 데 효과적임
	식이섬유 (dietary fiber)	• 셀룰로스, 펙틴과 같이 인체에서 소화되지 않는 다당류를 의미함 • 식물성 식품에 많이 함유되어 있으며 에너지는 없음
	글리코겐 (glycogen)	• 동물성 전분으로 포도당으로 구성되어 있음

3) 단백질

단백질은 다수의 각종 아미노산이 결합하고 있는 고분자 화합물이다. 단백질은 조리 과정 중 열, 산, 염기, 무기염류 등에 의해 변성denaturation 된다. 단백질 변성은 원래 상태에서 가지고 있던 2차, 3차, 4차 구조를 잃어버리고 활성이 없어지는 것으로(그림 6-1), 음식을 조리할 때 단백질이 변성되는 과정을 쉽게 볼 수 있다. 생달걀의 흰자는 거품을 내는 성질이 있지만, 가열하면 열에 의하여 단백질이 변성되기 때문에 거품을 내지 못한다. 또한 콩으로 두부를 만들 때 무기염류나 산을 첨가하면 단백질이 변성되어 응고물이 생성된다.

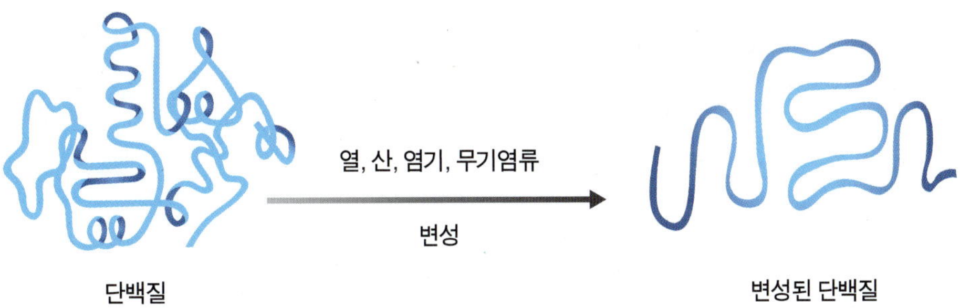

그림 6-1 | 단백질 변성

4) 지방

동식물성 식품에 널리 분포하는 중성 지질은 실온에서 액체인 경우 기름oil, 고체인 경우 지방fat이라 불린다. 중성 지질은 한 분자의 글리세롤과 세 분자의 지방산이 결합하고 있는 형태를 하고 있으며, 이때 결합된 지방산이 불포화지방산이 많으면 기름으로, 포화지방산이 많으면 지방으로 존재한다(12장 참고).

5) 비타민 및 무기질

비타민과 무기질은 인체의 성장과 건강 유지에 중요한 역할을 한다. 대부분의 비타민은 인체에서 합성되지 못하므로 식품을 통해 섭취해야 한다. 약 30여 종이 있으며 크게 기름에 녹는 지용성 비타민과 물에 녹는 수용성 비타민으로 구분된다. 비타민 C는 열에 약하고 수용성이기 때문에 채소 등을 오랫동안 끓이거나 삶아서 먹게 되면 비타민 C가 손실되므로 습열 조리보다는 건열 조리, 전자레인지를 활용한 초단파 조리 등이 비교적 영양 손실을 줄일 수 있는 조리방법이다.

무기질은 식품에 존재하는 다양한 무기 원소를 의미하며, 나트륨, 칼륨, 칼슘, 마그네슘 등은 체내에서 알칼리를 만드는 원소로 채소류, 과일류, 해조류, 감자류 등에 많이 들어 있고, 인, 황 등의 산성 원소는 곡류, 육류, 난류, 어류와 같은 식품에 많이 들어 있다. 무기질은 물에 씻거나 가열하는 과정에서 손실되는데, 엽채류를 물로 씻는 동안 칼슘, 나트륨, 마그네슘 등의 무기질이 용출되기도 한다.

2. 식재료의 특수 성분

1) 맛 성분

맛은 크게 단맛, 쓴맛, 신맛, 짠맛, 감칠맛, 지방맛으로 구분된다. 지방맛은 마요네즈나 참기름 등을 먹고 난 후 느껴지는 느끼한 맛으로 추가 인정되었다. 매운맛이나 떫은맛, 아린맛은 촉감이나 통감이 섞인 감각으로 혀가 느끼는 맛은 아니다. 단맛을 내는 대표적인 식품 성분으로는 설탕을 포함한 당류가 있다. 쓴맛을 내는 대표적인 식품 성분으로는 커피, 코코아, 녹차 등에 존재하는 카페인이 있으며, 신맛은 식초의 초산, 김치나 발효유제품의 젖산, 각종 과일 채소류의 아스코르브산 등의 유기산이 대표적이다. 짠맛을 내는 소금은 염화나트륨 성분 이외에 기타 염이 소량 포함되어 있으며, 감칠맛은 아미노산계 조미료MSG와 같은 조미료에서 느끼는 맛이다(5장 참고).

2) 냄새(향기) 성분

식품의 냄새(향기) 성분은 휘발성으로 이러한 성분이 후각의 점막에 용해되어 후각 신경을 자극함으로써 냄새를 느끼게 한다. 식물성 식품의 냄새(향기) 성분은 알코올류, 에스테르류, 황화합물, 알데하이드류 등이 있으며, 알코올류는 채소나 버섯류, 커피 등에 있는 주성분이고 에스테르류는 사과, 복숭아, 파인애플 등 과일 향기의 주성분이며, 황화합물은 채소류 중 엽채류와 근채류의 주요 향기 성분이다.

3) 색소

식품에 존재하는 색소는 식품의 신선도, 익은 정도 등의 기준이 되기도 한다. 식물성 식품과 동물성 식품에는 다른 종류의 색소가 포함되어 있다. 식물성 식품에 포함되어 있는 색소는 지용성인 클로로필, 카로티노이드, 수용성인 플라보노이드, 안토시아닌이다. 클로로필은 채소나 과일, 해조류 등에 포함되어 있는 녹색 색소이며, 카로티노이드는 오렌지색, 노란색, 주황색, 황색 색소로 당근에서 처음 분리되어 해당 이름으로 불리게 되었다. 플라보노이드는 무색, 노란색 색소이며, 안토시아닌은 과일이나 채소 등에 존재하는 빨간색, 자주색 색소이다(10장 참고). 이외에 동물성 식품의 색소는 혈색소인 헤모글로빈, 근육 색소인 미오글로빈이 대표적이다.

4) 효소

효소는 화학 반응을 촉진하는 고분자 단백질 물질로 식품에는 여러 종류의 효소가 함유되어 있다. 효소는 식품의 조리 및 저장 과정에서 맛, 향, 질감 등 품질 변화에 중요한 역할을 한다. 된장이나 김치 등의 발효식품은 효소를 이용하여 만든 음식이며, 사과나 감자를 깎아 놓으면 갈색으로 변하는 것은 효소 작용의 대표적인 예이다. 또한 파인애플이나 키위를 고기와 함께 재워 두면 과일 속에 있는 단백질 분해 효소에 의하여 고기가 부드러워진다. 효소마다 활성을 위한 최적 온도 및 산도가 있으므로 식품의 온도 및 산도를 조절함으로써 효소 작용을 촉진하거나 억제할 수 있다. 또한 효소의 작용은 철, 구리, 마그네슘과 같은 금속에 의해 촉진되거나 중금속에 의해 억제되기도 한다.

3. 식재료의 선별과 저장

1) 식재료 선별 방법

좋은 식재료를 구매하기 위해서는 적절한 식재료를 선별하는 것이 중요하다. 각 식재료별 선별법을 표 6-2에 제시하였다. 쌀은 날알이 작으면서 싸라기나 금이 간 쌀이 적고 쌀알의 중심부나 겉면에 백색부가 없는 것이 좋으며, 소고기 등 육류는 밝은 선홍색의 육색 및 광택이 좋은 것이 적절하다. 달걀은 표면이 깨끗하고 거칠거칠한 것이 좋으며, 껍질에 금이 가 있거나 깨진 것은 좋지 않다. 사과 등 과일류는 과실의 모양이 고르고 윤기가 나며 껍질이 두껍거나 쭈글쭈글하지 않은 것이 좋다.

지식 UP 식재료 선별 방법

더 자세한 주요 식재료 검수 도감은 QR코드로 확인하세요.

표 6-2 | 식재료 선별 방법

구분	식재료	선별방법	적절한 식재료	적절하지 않은 식재료
주식용 식재료	쌀	• 낟알이 약간 작으면서 싸라기나 금이 간 쌀이 적고 쌀알의 중심부나 겉면에 백색부가 없는 것 • 곰팡이가 생기거나 이물질이 섞여 있는 것은 피함		
주찬용 식재료	소고기	• 밝은 선홍색의 육색 및 광택이 좋은 것 • 육질의 색이 짙어지는 등의 변색이 되고 이취가 생성된 것은 적합하지 않음	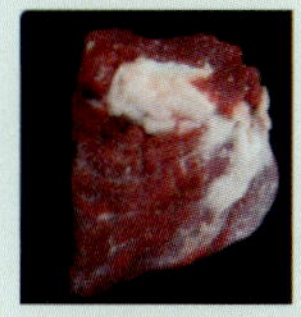	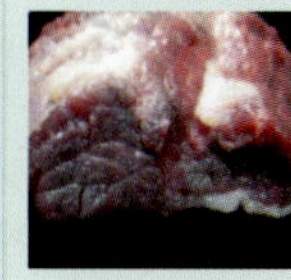
	달걀	• 표면이 깨끗하고 거칠거칠한 것 • 껍질에 금이 가 있거나, 깨진 것은 피함		
	고등어	• 몸통 색상과 눈동자가 맑고, 아가미 부분이 선홍색이며, 배가 단단하고 윤택이 나는 것 • 암모니아 냄새가 심하고 등쪽 청록색 물결무늬가 퇴색되거나 변색된 것은 피함		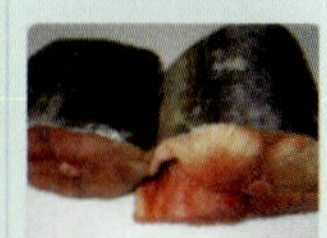
부찬용 식재료	시금치	• 뿌리와 줄기의 아래 부분은 붉은색이 선명한 것 • 황갈색으로 변색된 잎이 붙어 있거나 시들어 있는 것은 피함		
	물미역	• 모양이 고르며 마르지 않은 것 • 모양이 부서지거나 마른 것은 피함		
	표고 버섯	• 일정한 크기 및 절단면을 유지하여 규격이 동일한 것 • 잔부스러기 형태의 비규격품의 혼입률이 높은 것은 좋지 않음		
	감자	• 모양과 크기가 고르며 흙이 잘 제거되어 있고, 외피가 적당히 건조되어 물기가 없는 것 • 껍질이 말라 벗겨져 있거나 상처(긁힘)가 있는 것은 피함		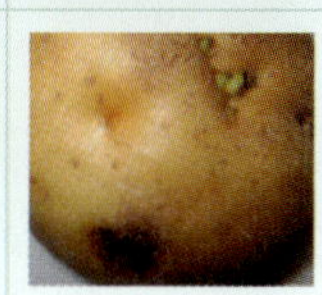

구분	식재료	선별방법	적절한 식재료	적절하지 않은 식재료
후식용 식재료	수박	• 과실의 모양이 고르고 검은 줄무늬가 뚜렷한 것 • 꼭지가 없거나 갈색으로 말라 비틀어진 것이나 병충해(벌레 먹음) 피해가 있는 것은 피함		
	사과	• 과실의 모양이 고르고 윤기가 나며 껍질이 두껍거나 쭈글쭈글하지 않은 것 • 과육 표면에 멍이 든 것은 피함		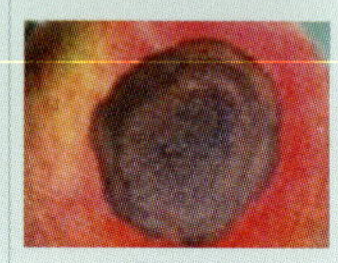

자료: 식품의약품안전처(2011).

2) 식재료 저장 온도 및 기간

조리의 기본은 좋은 식재료를 구매하고 조리 전까지 최상의 품질을 유지하도록 적절한 방법으로 저장하는 것이다. 식재료를 저장할 때는 식품의 형상이나 성분, 품질이 일정 기간 부패·변질되지 않도록 유지하는 것이 중요하며, 식재료의 품질을 최적으로 유지하면서 위생적으로 저장하기 위해서는 각 식재료에 맞는 저장 온도에서 올바른 방법으로 저장하는 것이 필요하다. 특히, 육류 및 어패류 등 주찬용 식재료는 제대로 저장하지 않거나 장기간 저장하면 세균의 증식으로 식중독 위험이 커질 수 있다. 각 식재료별 최적 저장 온도 및 최대 저장 기간을 표 6-3에 제시하였다.

표 6-3 | 식재료별 최적 저장 온도 및 최대 저장 기간

[냉장 저장]

구분		식재료명	최적 저장 온도	최대 저장 기간
주찬용 식재료	육류	갈은 소고기·돼지고기 절단 소고기·돼지고기 닭고기	3℃ 3℃ 2℃	2일 6일 7일
	어패류	생선 조개, 오징어, 낙지	1~2℃ 1~2℃	20일 5일
	난류	달걀	4℃	3주
부찬용 식재료	잎채소류(씻지 않은 상태)		7℃	7일

[냉동 저장]

구분		식재료명	최대 저장 기간
주찬용 식재료	육류	소고기 갈은 소고기 돼지고기 갈은 돼지고기 닭고기, 오리고기 절단된 가금류	6개월 3~4개월 4~8개월 1~3개월 12개월 4개월
	어패류	등푸른생선(고등어 등) 기타 생선	3개월 6개월

자료: 식품의약품안전처(2019).

3) 식재료 저장 방법

(1) 주식용 식재료 저장 방법

밥이나 빵, 면 등을 바로 먹지 않을 경우에는 장기간 저장하기 위하여 냉동법을 이용한다. 밥이나 면은 1회 분량씩 랩이나 용기에 담아서 냉동하도록 하며, 식빵은 1회 분량씩 랩으로 싸서 냉동 저장하도록 한다(표 6–4).

표 6–4 | 주식용 식재료 저장 방법

식재료	저장법		저장 기간
밥	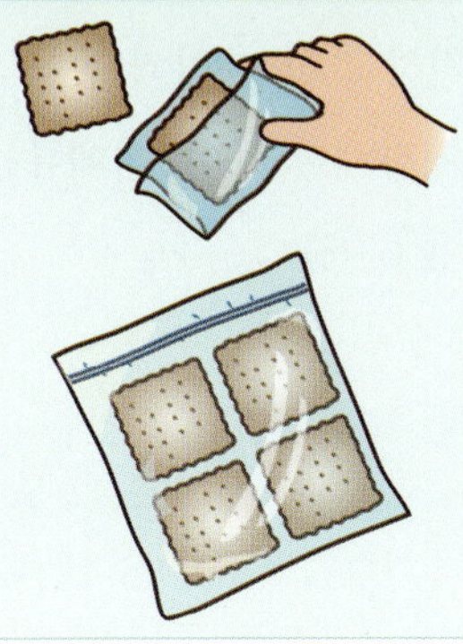	1회 분량씩 평평하게 편 후 랩에 싸서 냉동시킨다. 냉동 후 지퍼백에 담는다.	냉동고: 1개월

식재료	저장법		저장 기간
면		1회 분량씩 랩에 싼 후 지퍼백에 담아 냉동 저장한다.	냉동고: 2~3주
빵	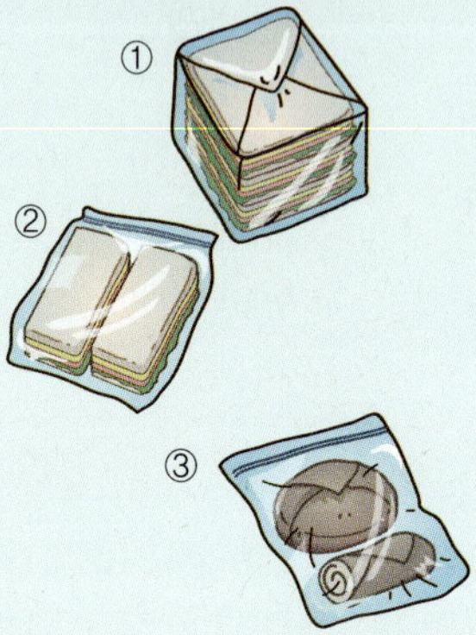	① 식빵: 1회 분량씩 랩으로 싸서 냉동 저장한다. ② 샌드위치: 채소 등의 수분이 많은 재료가 있는 경우를 제외하고 냉동 가능하다. ③ 기타 빵류: 한 개씩 랩으로 싸서 지퍼백에 담은 후 공기를 빼서 냉동 저장한다.	냉동고: 1개월

(2) 주찬용 식재료 저장 방법

얇게 썬 고기는 2~3일 정도는 냉장고에 저장해도 좋으나 그 이후 먹을 고기는 1회 분량씩 지퍼백 등에 넣어 냉동 저장한다. 다진 고기는 공기에 노출되는 부분이 많으므로 빠른 시일 내에 소비하는 것이 바람직하지만 냉동 시에는 1회 분량씩 평평하게 펴서 냉동 저장한다. 젓가락을 이용하여 4등분이나 6등분 선을 그어서 냉동하면 조리 시 분리하기 쉽다. 또한 베이컨은 한 장씩 돌돌 말아서 지퍼팩에 넣고 공기를 뺀 후 냉동 저장하도록 한다. 손질된 저민 생선류는 키친타월로 수분을 제거하고 한 마리씩 랩을 씌워서 냉동 저장한다. 생선류는 비늘과 내장을 제거한 후에 냉동 저장해야 하며, 어패류는 냉동 전에 해감을 한 다음에 물기를 제거한 후에 냉동 저장한다(표 6-5).

● **표 6–5** | 주찬용 식재료 저장 방법

식재료	저장법		저장기간
얇게 썬 고기	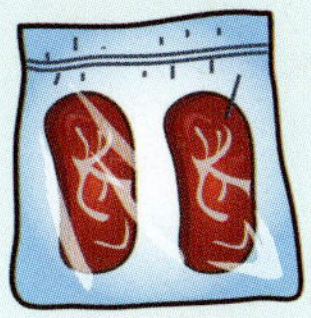	1회 분량씩 지퍼팩에 넣어 냉동 저장한다.	냉동고: 2주
다진 고기	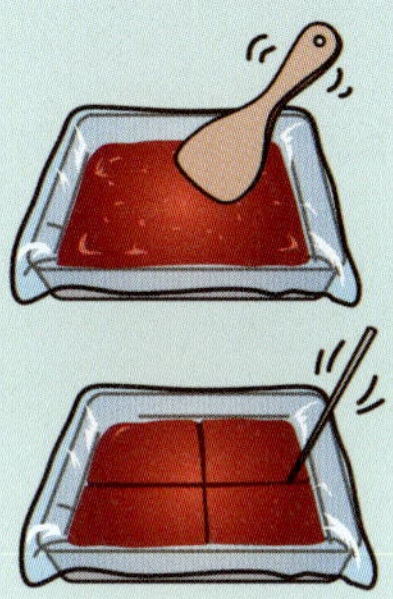	바트(쟁반)에 랩을 깔고 다진 고기를 평평하게 펴서 1회 분량씩 젓가락으로 4등분 혹은 6등분으로 선을 그어 냉동시킨다. 냉동 후 지퍼백에 넣어 저장한다.	냉동고: 1개월
베이컨		한 장씩 돌돌 말아 지퍼백에 넣어 공기를 뺀 후 냉동고에 저장한다. 5~6장을 1세트로 담아 저장하면 편리하다.	냉동고: 2~3주
소시지	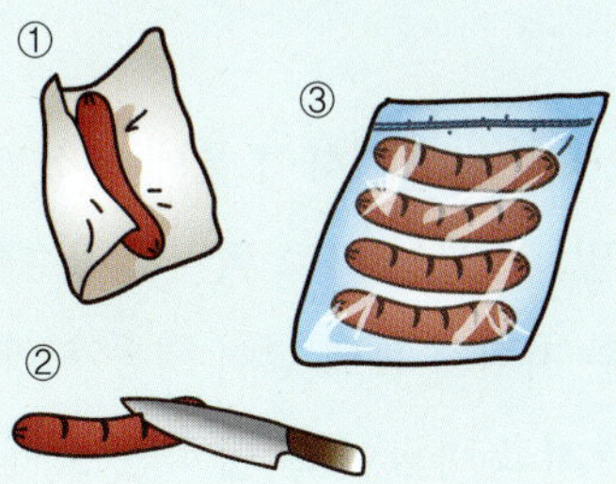	① 키친타월로 표면의 수분을 닦는다. ② 소시지에 칼집을 넣는다. ③ 지퍼백에 넣어 냉동고에 저장한다.	냉동고: 1개월

● **표 6-5** | 주찬용 식재료 저장 방법(계속)

식재료	저장법	저장기간
생선류	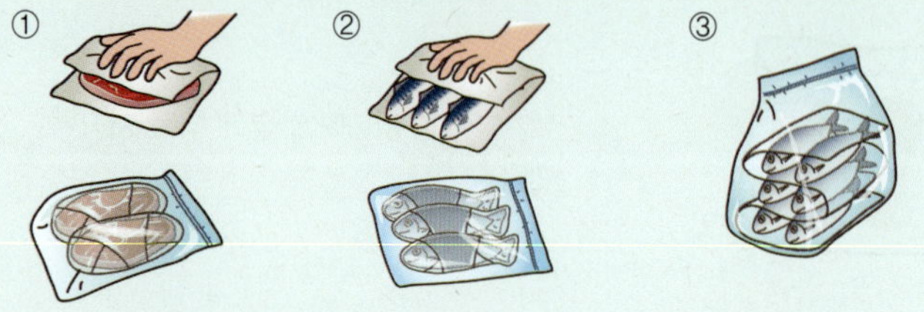 ① 저민 생선 저장: 키친타월로 수분을 제거한 후 1회 사용 분량씩 랩을 씌워 지퍼백에 넣어 냉동 저장한다. ② 한 마리 생선 저장: 비늘과 내장을 제거한 후 키친타월로 수분을 제거하여 한 마리씩 랩을 씌워 지퍼백에 넣어 냉동 저장한다. ③ 1회 사용 분량 저장: 여러 마리를 사이사이에 랩으로 포장 후 지퍼팩에 넣어 냉동 저장한다.	냉장고: 2~3주 냉동고 : 1~2개월
어패류	 ① 냉동 전에 반드시 해감을 시킨 후 물기를 제거하여 지퍼백에 담아 냉동시킨다. ② 조갯살만 냉동할 경우, 끓는 물에 살짝 데친 후 지퍼백에 담아 냉동 저장한다.	냉동고: 1개월

(3) 부찬용 식재료 저장 방법

양배추는 가운데 심을 도려내고 수분 손실을 방지하기 위하여 물에 적신 키친타월을 끼워 넣고 비닐봉지에 넣어 냉장고에 저장한다. 잎채소류는 바로 먹지 않을 때는 끓는 물에 살짝 데친 후 적당한 길이로 썰어 물기를 짠 후 지퍼팩 등에 넣어 냉동 저장하고, 마늘이나 양파는 바구니 또는 망 등을 이용하여 그늘지고 바람이 잘 통하는 곳에 저장한다. 무나 파는 상자에 세워서 서늘한 곳에서 저장하도록 한다(표 6-6).

표 6-6 | 부찬용 식재료 저장 방법

식재료	저장법		저장기간
양배추		양배추의 심을 도려내어 그 부분에 물에 적신 키친타월을 끼워 넣고 비닐봉지에 넣어 냉장고에 저장한다.	냉장고: 2주간
시금치		시금치의 잎 부분에 분무기로 물을 뿌려 깨끗한 종이(키친타월, 종이호일)로 싸서 냉장고의 채소 저장함에 저장한다.	냉장고: 1주간
잎 채소류	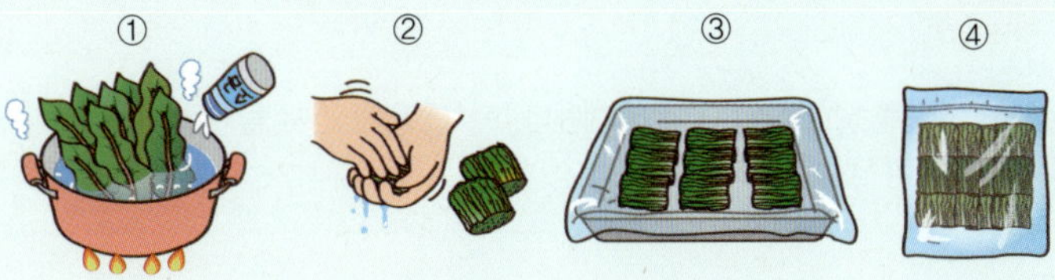 ① 끓는 물에 소금을 넣고 20초간 데친다(무르지 않게 삶기). → ② 적당한 길이로 썰어 물기를 짠다. → ③ 1회 사용 분량씩 지퍼백에 넣어 냉동고에 저장한다.		냉동고: 1개월
배추, 부추, 우엉, 당근		① 구입 후 남은 것: 랩에 싸서 냉장고에 저장한다. ② 통으로 구매한 것: 깨끗한 종이(키친타월, 종이호일)에 싸서 통풍이 잘되는 곳에 저장한다.	냉장고: 4~5일 서늘한 곳: 1개월
마늘, 양파		바구니 또는 망 등을 이용하여 통풍이 잘되고 그늘진 곳에 저장한다.	서늘한 곳: 1~2개월 (껍질을 벗겨 냉장 저장의 경우 2주간)

● **표 6-6** | 부찬용 식재료 저장 방법(계속)

식재료	저장법		저장기간
오이	냉장 저장의 경우 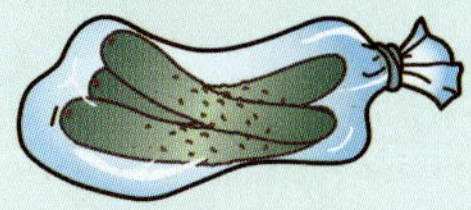	구매 후 물기를 닦아 비닐 주머니에 넣어 묶어서 냉장실에 저장한다.	상온: 3일 냉장고: 10일
	냉동 저장의 경우 	원통썰기 등으로 썰어 소금에 절여 물기를 짠 후 1회 분량씩 랩에 싸서 지퍼백에 넣어 냉동 저장한다.	
브로콜리	①  ②  ③  ① 끓는 물에 소금을 넣고 무르지 않게 데친다. → ② 체에 건저 물기를 뺀다 → ③ 지퍼백에 넣어 냉동고에 저장한다.		그대로 냉장 저장: 4~5일 데친 후 냉장 저장: 2~3일 냉동고: 1~2개월

요약

- 식재료의 일반 성분으로는 수분, 탄수화물, 단백질, 지방, 비타민 및 무기질이 있다. 탄수화물은 에너지원으로 사용되며, 쌀, 밀가루, 채소나 과일 등에 존재한다. 단백질은 열이나 산, 염기 등에 의해 변성되며 조리과정 중 단백질이 변성될 수 있다.
- 식재료의 특수 성분으로 맛 성분, 냄새(향기) 성분, 색소, 효소가 있다. 맛은 단맛, 쓴맛, 신맛, 짠맛, 감칠맛, 지방맛으로 구분되며, 냄새(향기) 성분은 알코올(채소, 버섯, 커피), 에스테르(사과, 복숭아, 파인애플), 황화합물(엽채류, 근채류) 등이 있다.
- 쌀은 낱알이 약간 작으면서 금이 가지 않은 것이 좋으며, 소고기 등 육류는 밝은 선홍색의 육색 및 광택이 좋은 것이 적합하다. 사과 등 과일류는 과실의 모양이 고르고 윤기가 나며 껍질이 두껍거나 쭈글쭈글하지 않은 것이 좋다.
- 식재료를 장기간 저장할 때는 적절한 방법으로 냉동 저장하도록 한다. 밥이나 면을 장기간 저장할 때는 랩이나 용기에 담아서 냉동 저장하고, 손실된 생선류는 키친타월로 물기를 제거하고 한 마리씩 랩으로 씌워서 냉동 저장한다.

연습문제

1 과일에 많이 들어 있는 단당류는?

① 과당 ② 유당 ③ 맥아당 ④ 식이섬유 ⑤ 갈락토오스

2 커피, 코코아, 녹차 등에 존재하는 쓴맛 성분은?

① 젖산 ② 초산 ③ 카페인 ④ 아스코르브산 ⑤ 아미노산계 조미료

3 채소나 해조류 등에 포함되어 있는 녹색 색소는?

① 클로로필 ② 미오글로빈 ③ 안토시아닌
④ 카로티노이드 ⑤ 플라보노이드

4 사과, 복숭아, 파인애플 등 과일 향기의 주성분?

① 락톤류 ② 알코올류 ③ 에스테르류 ④ 황화합물 ⑤ 알데하이드류

5 에너지원으로 사용되는 성분은?

① 수분 ② 색소 ③ 무기질 ④ 비타민 ⑤ 탄수화물

정답 1 ①, 2 ③, 3 ①, 4 ③, 5 ⑤

CHAPTER

7

주식용 식재료의 조리원리

1. 쌀

1) 쌀의 종류와 특성

주식으로 먹는 식재료는 나라에 따라 차이가 있다. 한국이나 중국, 일본은 쌀을 주식으로 이용하고, 미국이나 유럽은 밀을, 멕시코나 남미는 옥수수를 주식으로 이용한다. 우리나라에서 주식용 식재료로 널리 사용되는 쌀의 주성분은 탄수화물로 열량의 우수한 공급원이다. 쌀은 전 세계적으로 10만 가지 이상의 품종이 있는 것으로 알려져 있는데 품종에 따라 자포니카 쌀(단립종)과 인디카 쌀(장립종)의 두 종류로 크게 구분된다. 자포니카 쌀은 우리나라와 일본에서 주로 먹는 쌀로 알갱이가 둥글고 단단하며 점성이 있고, 인디카 쌀은 동남아시아, 유럽 등에서 주로 먹는 쌀로 얇고 긴 모양으로 찰기가 적은 것이 특징이다(그림 7-1).

자포니카 쌀

인디카 쌀

그림 7-1 | 쌀의 종류

쌀은 아밀로오스amylose와 아밀로펙틴amylopectin의 함량에 따라 멥쌀과 찹쌀로 구분된다. 멥쌀은 아밀로오스가 20%, 아밀로펙틴이 80% 정도 함유되어 있고 투명하며, 찹쌀은 100% 아밀로펙틴으로 구성되어 있으며 불투명하다(그림 7-2).

아밀로오스와 아밀로펙틴의 구조

• 아밀로오스

다수의 포도당이 α-1, 4결합으로 연결된 것

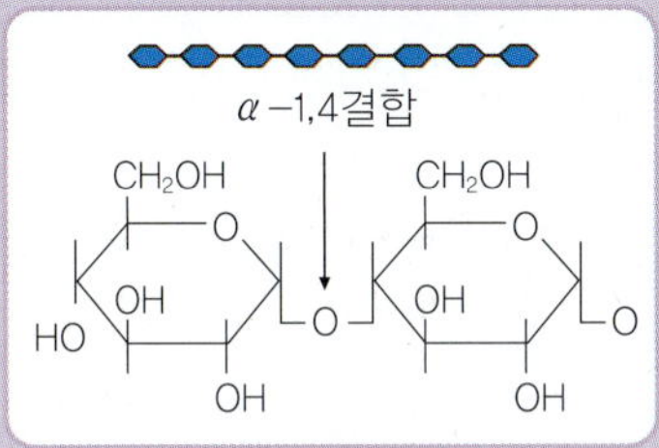

• 아밀로펙틴

아밀로오스와 같은 α-1, 4결합에 포도당 15~30개 마다 α-1, 6결합으로 연결된 것

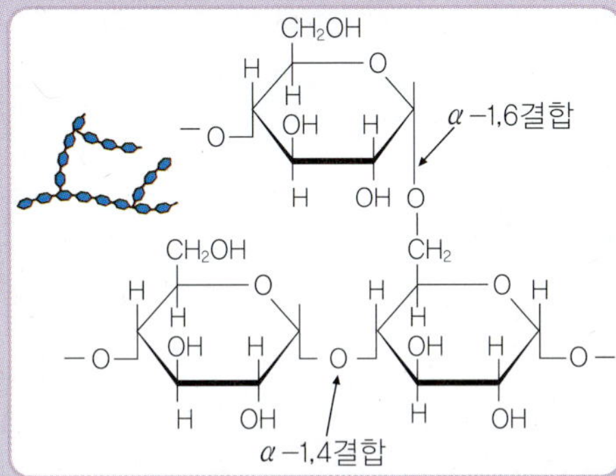

● 그림 7-2 | 아밀로오스와 아밀로펙틴의 구조

쌀은 왕겨, 외피, 배유, 배아로 이루어져 있다(그림 7-3). 왕겨는 겉껍질로 쌀의 왕겨만을 제거한 것이 현미이며, 추가적으로 외피와 배아를 제거하면 백미가 된다. 외피는 배유와 배아를 보호하는 부분으로 외피에는 섬유소와 철, 티아민, 리보플라빈, 니아신 등이 함유되어 있으며, 배유는 우리가 주로 먹는 부분으로 탄수화물 함량이 높고 단백질 함량이 낮다. 배아는 지질, 단백질, 비타민 등의 함량이 외피와 배유에 비하여 상대적으로 높다. 현미는 영양 면에서 우수하지만, 소화효소의 침투가 어렵고 소화율이 낮은 편이다.

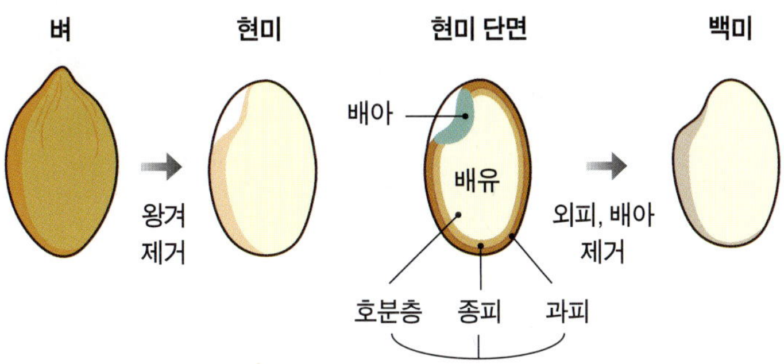

● 그림 7-3 | 쌀의 구조

쌀은 도정도에 따라 5분 도미, 7분 도미, 10분 도미로 구분되는데, 백미는 10분 도미에 해당한다(표 7-1). 쌀은 도정할수록 단백질이나 지방, 비타민과 무기질의 함량이 감소된다.

표 7-1 | 쌀의 도정도와 도정률

쌀의 종류	도정도(%)[1]	도정률(%)[2]
10분 도미(백미)	100	92.0
7분 도미	70	94.4
5분 도미	50	96.0
현미	0	–

자료: 이주희 외(2021).

[1] 현미에서 겨층을 벗긴 정도

[2] 현미 무게에 대한 도정된 쌀의 무게 비율

한편, 쌀에 있는 단백질은 오리제닌oryzenin이며, 아미노산 중 페닐알라닌은 풍부하지만 리신과 트립토판은 부족하다. 따라서 리신과 트립토판이 풍부한 콩을 섞어서 콩밥으로 먹으면 부족한 아미노산을 보충할 수 있다.

지식 UP 발아현미란?

현미가 발아하는 데 필요한 온도, 수분, 산소 등을 유지하여 인공적으로 싹을 틔운 쌀로 현미에 비해 소화가 잘되며, 백미처럼 밥을 지어도 찰기가 있고 부드럽다. 또한 싹이 난 현미에는 비타민, 아미노산, 효소 등 몸에 이로운 성분들이 생성된다.

2) 쌀의 조리원리

(1) 호화

쌀에 물을 넣고 가열하면 분자 간 결합이 절단되어 반투명의 콜로이드 상태로 변한다. 이러한 현상을 호화gelatinization, α화라고 하는데, 호화되면 점도가 증가하고 맛이 좋고 소화되기 쉬워진다(그림 7–4).

호화는 전분의 종류, 수분, 온도, 첨가물에 따라 영향을 받는다(표 7–2). 아밀로펙틴은 아밀로오스보다 호화되기 어렵기 때문에 찹쌀이 멥쌀보다 조리하는 데 시간이 더 소요된다. 수분이 많을수록 전분입자는 쉽게 호화되는데, 충분한 호화를 위해서는 30% 이상의 수분이 필요하다. 또한, 온도가 높을수록 호화가 빠르다. 산을 첨가하면 호화가 잘 일어나지 않고 전분 분자의 일부가 가수 분해되어 점도가 낮아지며, 지방은 호화를 억제한다. 이외에 당류는 50% 이상이 되면 호화를 억제한다.

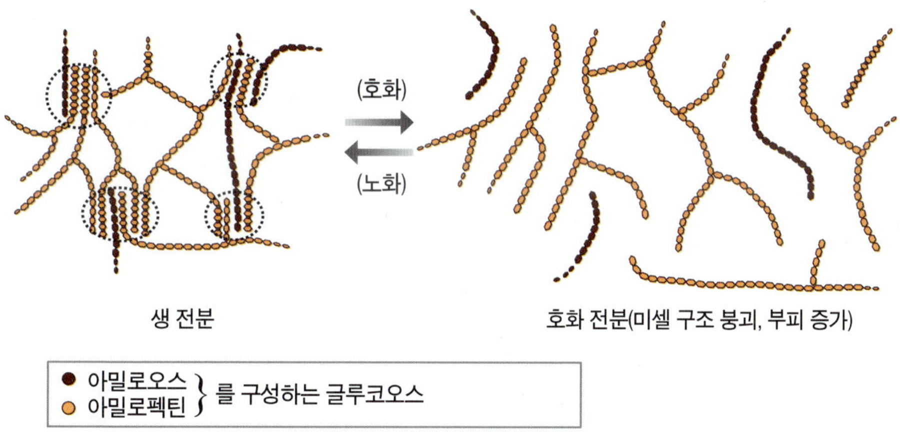

그림 7–4 | 전분의 호화와 노화

표 7–2 | 호화에 영향을 미치는 요인

구분	내용
종류	• 아밀로펙틴은 아밀로오스보다 호화되기 어려움 • 찹쌀이 멥쌀보다 호화시간이 더 걸림

구분	내용
수분	• 수분이 많을수록 호화 촉진함 • 충분한 호화를 위해 30% 이상 수분 필요함
온도	• 가열하는 온도가 높을수록 빠른 시간에 호화됨
교반	• 교반하면 호화 촉진됨 • 지나치게 교반하면 팽윤 입자를 붕괴시켜 호화 지연함
산	• 산을 첨가하면 호화가 잘 일어나지 않음 • 전분 분자의 일부가 가수 분해되어 점도가 낮아지므로 산을 첨가 후 묽어지는 것을 방지하려면 전분을 먼저 호화시킨 후에 산 첨가함
지방	• 전분 입자를 둘러싸서 물의 흡수를 방해하여 호화를 억제함
설탕	• 설탕의 농도가 30%까지는 점도를 증가시키나, 50% 이상 되면 호화를 억제하고 점도를 저하시킴 • 떡을 만들 때는 호화를 시킨 후에 설탕을 첨가하는 것이 적절함

(2) 노화

호화된 쌀(전분)이 시간이 지남에 따라 분자 구조가 다시 정렬되어 생 전분의 구조로 변화하는 것을 노화retrogradation, β화라고 한다. 노화가 진행되면 소화율이 떨어지고 딱딱해지며 맛이 좋지 않다. 노화는 전분의 종류, 수분, 온도, 첨가물에 따라 영향을 받는다(표 7-3). 아밀로오스가 아밀로펙틴보다 노화되기 쉬우므로 멥쌀떡이 찹쌀떡보다 빨리 굳는다. 수분이 30~60%일 때 노화가 가장 쉽게 일어나므로 노화를 방지하려면 수분을 60% 이상 또는 15% 이하로 유지하도록 한다. 또한, 노화는 0~5℃에서 가장 쉽게 일어나므로 0℃ 이하로 냉동 보관하거나 60℃ 이상으로 보관하도록 한다. 설탕은 친수성이 있어서 노화를 지연시킨다.

표 7-3 | 노화에 영향을 미치는 요인

구분	내용
종류	• 아밀로오스가 아밀로펙틴보다 노화되기 쉬움
수분	• 수분이 30~60%일 때 노화가 가장 쉽게 일어남 • 노화 방지를 위하여 수분을 60% 이상(예: 죽) 또는 15% 이하(예: 비스켓, 건빵)로 유지함

구분	내용
온도	• 0~5℃에서 노화가 가장 쉽게 일어남 • 노화 방지를 위하여 0℃ 이하로 냉동 보관(예: 냉동 밥, 냉동 떡)하거나 60℃ 이상(예: 보온 밥통)으로 보관함
설탕	• 설탕의 친수성으로 노화를 지연함(예: 떡, 양갱)
지방	• 지방은 노화를 억제함

(3) 호정화

호정화dextrinization는 쌀(전분)에 물을 넣지 않고 160~180℃로 가열할 때 전분이 저분자량의 탄수화물인 덱스트린으로 분해되는 현상으로 호정화를 이용한 식품에는 미숫가루, 토스트, 누룽지, 뻥튀기, 팝콘, 루 등이 있다. 호정화가 되면 물에 녹기 쉽고 효소의 작용을 받기 쉬워져서 소화가 잘 된다. 또한 점성이 약해지고 단맛이 증가한다. 빵을 구우면 전분이 분해되어 덱스트린을 형성하기 때문에 토스트한 빵이 더 단맛이 난다.

(4) 당화

당화saccharification는 쌀(전분)이 산이나 효소에 의해 가수 분해되어 맥아당이나 포도당과 같은 당으로 변하는 것으로 당화시켜 만든 식품에는 식혜, 엿, 조청 등이 있다. 당화되는 과정 중에 단맛이 증가한다. 식혜는 엿기름 속에 있는 당화 효소인 β-아밀라아제가 밥알에 있는 전분을 이당류인 맥아당으로 변화시켜 단맛이 나게 된다.

지식 UP α-아밀라아제와 β-아밀라아제의 차이는?

α-아밀라아제는 침과 췌장에서 주로 분비되며, 무작위로 α-1, 4 글리코사이드 결합을 분해하는 효소로, 전분을 분해하여 맥아당 및 덱스트린을 생성한다. β-아밀라아제는 두 번째 α-1, 4 글리코사이드 결합을 분해하고 맥아당을 생성하며 엿기름, 고구마 등에 존재한다. α-아밀라아제는 β-아밀라아제보다 작용 속도가 빠른 경향이 있다.

지식 UP **묵의 원리**

젤화(gelation)는 호화된 전분이 식어서 반고체 상태로 굳어지는 현상을 말하며, 젤화 식품으로 청포묵, 도토리묵, 메밀묵 등이 있다. 호화된 모든 전분이 젤화가 되는 것은 아니다. 아밀로오스 함량이 높을수록 젤이 잘 형성된다. 쌀, 고구마나 감자, 타피오카 전분은 아밀로오스보다 아밀로펙틴 함유량이 많아서 젤 형성이 어렵지만, 도토리나 메밀 전분은 젤 형성이 잘 된다. 젤은 전분의 농도가 높을수록 단단하게 형성되고, 산을 첨가하면 가수 분해가 일어나 아밀로오스의 사슬 길이가 짧아져서 젤 형성이 어렵다.

3) 쌀을 이용한 조리

(1) 밥

쌀로 밥을 지을 때는 물의 양을 조절하는 것이 중요하다. 물의 양이 많으면 밥이 질어지고, 적으면 된밥이 된다. 쌀의 건조도에 따라 물의 양에 차이가 있지만, 일반적으로 밥물은 쌀 부피의 1.2배, 중량의 1.4~1.5배(증발량 10% 포함)가 적당하며, 밥이 완성되면 쌀 중량의 2.2~2.4배 정도로 증가한다(그림 7-5). 또한, 물의 온도에 따라 흡수량이 달라지는데 온도가 높을수록 흡수량이 증가한다. 쌀은 30분 정도까지 흡수량이 급속도로 증가하고 2시간 정도가 지나면 최대 흡수량인 20~25%에 달하게 된다(그림 7-6).

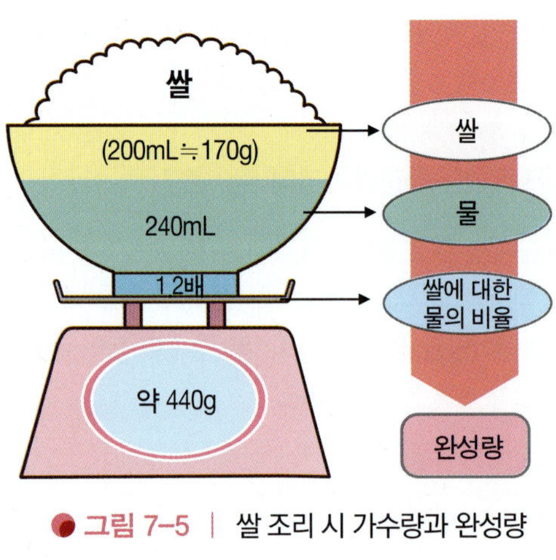

그림 7-5 | 쌀 조리 시 가수량과 완성량

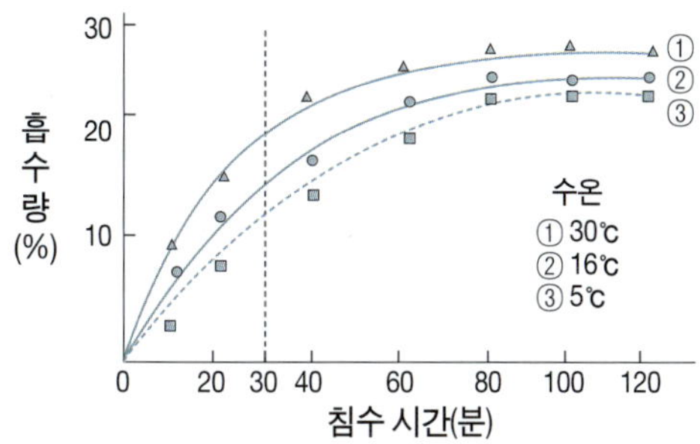

● 그림 7-6 | 쌀의 침수 시간에 따른 흡수량

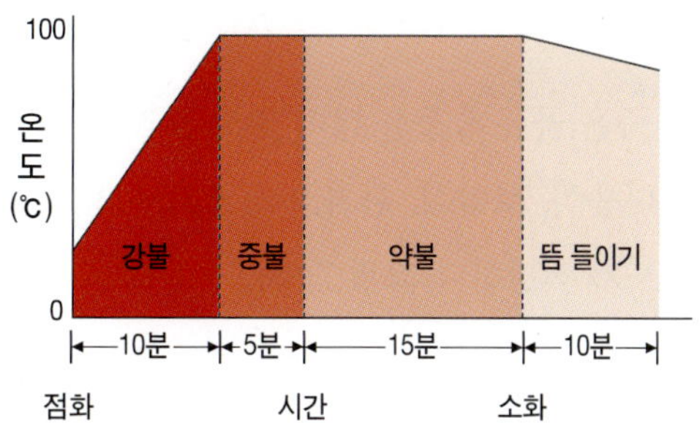

● 그림 7-7 | 밥의 가열 곡선

자료: 엔도 히토코 외(2011).

밥을 조리하는 데는 40분 정도의 시간이 소요되는데 초기 10분 동안에는 물이 흡수되어 호화가 시작되고, 그 이후 20분 정도가 지나면 완전히 호화가 일어난다. 초기 10분까지는 강한 불로 가열하지만 이후에는 중간 불로 가열하도록 한다. 그리고 마지막 10분은 쌀알의 중심부까지 호화가 진행되도록 하는 뜸 들이는 시기로 약한 불에서 가열하도록 한다(그림 7-7). 현미는 겨 껍질 사이로 물이 스며드는 데 오랜 시간이 필요하기 때문에 백미로 밥을 할 때보다 밥하는 시간이 2~3배 더 걸린다.

스킬 UP **전자레인지로 1인분 밥하는 방법**

쌀(1/2컵)을 씻은 후 20~30분 불렸다가 물(3/4~1컵)을 넣고 전자레인지에 4~5분 정도 돌린 후 2분 정도 뜸을 들인다. 뜸 들인 후 숟가락으로 밥을 골고루 섞은 후에 다시 4~5분 정도 전자레인지에 돌리면 맛있는 밥이 완성된다.

스킬 UP **밥을 맛있게 보관하는 방법**

밥이 식어서 딱딱해진 후에 냉동 보관하면 전자레인지에서 해동해도 맛이 없으므로 갓 지은 밥의 열기를 뺀 후 바로 냉동한다. 냉동 보관할 때는 수분이 증발하지 않도록 랩 등을 활용하여 잘 밀봉하고 전자레인지로 데울 때는 물을 조금 뿌리면 밥을 맛있게 먹을 수 있다.

(2) 죽

죽은 곡류에 물을 많이 넣고 오래 끓여 알갱이를 무르게 만든 음식으로 주식 대용이나 별미음식, 보양식, 환자식 등으로 이용된다. 일반적인 죽의 물 분량은 쌀 용량의 5~6배 정도가 적당하다(그림 7-8).

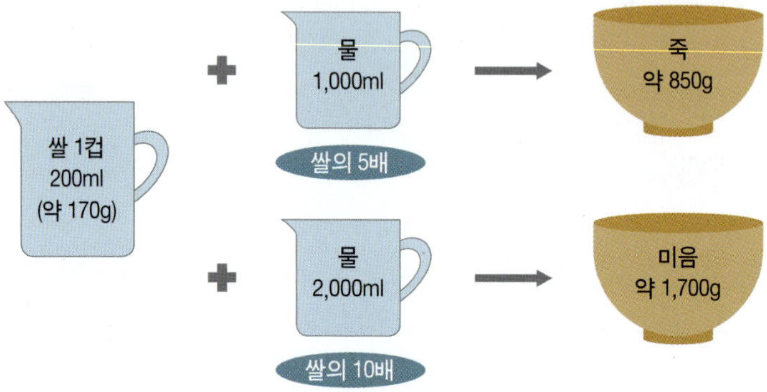

그림 7-8 | 죽과 미음 조리 시 가수량과 완성량

(3) 쌀국수

쌀국수는 쌀가루를 이용하여 만든 국수로 동남아시아나 중국 남부 등에서 주로 먹는다. 우리나라에서는 국물을 넣은 베트남식 쌀국수(퍼, phở), 태국식 볶음 쌀국수인 팟타이 등을 많이 먹는다. 쌀국수는 밀가루로 만든 면에 비하여 쫄깃하지는 않지만, 면이 단단한 특징이 있다. 또한 한국인의 입맛에 맞게 멸치육수, 김치를 활용한 쌀국수 컵라면이 개발되었다.

(4) 떡

떡은 곡류의 가루를 찌거나 삶아서 익힌 음식으로 대부분의 떡은 쌀을 주재료로 만든다. 쌀 단백질은 밀 단백질과 다르게 점성이 있는 글루텐이 없으므로 따뜻한 물로 반죽을 해야 쌀 전분이 호화가 되어 점성이 생길 수 있다. 만드는 방법에 따라 쌀가루를 시루에 안쳐서 김을 올려서 만드는 찌는 떡(시루떡, 백설기 등), 멥쌀가루나 찹쌀가루를 찐 후 끈기가 나도록 쳐서 만드는 치는 떡(절편, 인절미 등), 기름에 지지는 떡(화전, 부꾸미 등),

익반죽하여 둥글게 빚어 찌거나 삶아서 만드는 빚는 떡(송편 등), 부풀린 떡(증편 등)으로 나눌 수 있다(그림 7-9).

백설기(찌는 떡) 절편(치는 떡) 부꾸미(지지는 떡) 송편(빚는 떡) 증편(부풀린 떡)

그림 7-9 | 떡의 종류

2. 밀가루

1) 밀가루의 종류와 특성

밀은 쌀, 옥수수와 함께 세계의 주요 곡물로 빵, 국수 등 광범위하게 주식용 식재료로 활용되고 있다. 전세계적으로 재배되고 있는 밀은 대부분 보통밀이며, 5~7% 정도는 듀럼밀이다.

보통밀은 단백질 함량에 따라 단백질을 가장 많이 함유한 경질밀, 가장 적은 연질밀, 그 중간인 중간 경질밀로 구분된다. 경질밀을 제분한 밀가루를 강력분, 중간 경질밀을 제분한 것을 중력분, 연질밀을 제분한 것을 박력분이라고 한다. 듀럼밀을 제분한 것은 세몰리나semolina라고 부르며, 세몰리나는 파스타를 만드는 데 사용된다. 듀럼밀은 보통밀보다 단단하고 단백질 함량이 많아서 단단하고 탄력성 있는 반죽을 만들 수 있다.

밀가루의 주성분은 전분으로 약 70%를 차지하며 조리성에 크게 영향을 미치는 단백질은 약 8~15% 정도이다. 밀가루 단백질로는 가용성 단백질인 알부민albumin, 글로불린globulin과 불용성 단백질인 글리아딘gliadin, 글루테닌glutenin이 있다. 지질은 1~2% 정도이며, 배아에 가장 많이 함유되어 있다(그림 7-10).

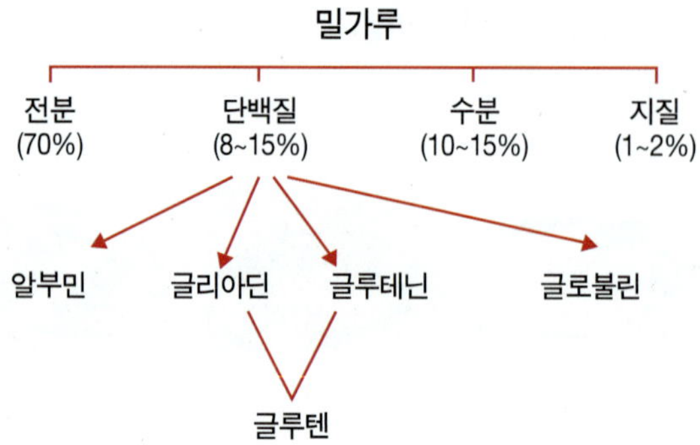

그림 7-10 | 밀가루의 성분

밀가루는 단백질 함량에 따라 강력분, 중력분, 박력분 등으로 구분되며(표 7-4), 단백질 함량이 높을수록 탄력성, 점성, 흡착성이 강하다.

표 7-4 | 밀가루의 종류 및 용도

종류	단백질 함량	용도
강력분	11% 이상	식빵, 하드롤
중력분	10%	우동, 만두피
박력분	8~9%	과자, 튀김옷, 케이크
세몰리나	13%	파스타, 마카로니

지식 UP 강력분과 박력분 구분 방법

강력분과 박력분은 색과 뭉쳐지는 정도로 구분할 수 있다. 박력분은 강력분보다 색깔이 하얗고, 강력분은 노르스름한 색을 띤다. 박력분은 연질밀로 만들어져서 부드럽고 입자가 작아서 손으로 뭉치면 잘 뭉쳐지지만, 강력분은 경질밀로 만들어져 입자가 거칠고 손으로 뭉치면 잘 뭉쳐지지 않는다.

지식 UP 부침가루와 튀김가루의 차이는?

튀김가루는 박력분에 부푸는 것을 도와주는 베이킹파우더를 첨가한 가루이며, 부침가루는 찰진 반죽을 만들 수 있도록 중력분에 소금이나, 후추, 옥수수 전분 등을 첨가한다.

2) 밀가루의 조리원리

밀가루에 물을 첨가하여 반죽하면 글리아딘과 글루테닌이 서로 엉켜서 점성과 탄력성이 있는 글루텐gluten이 형성된다(그림 7-11). 글리아딘은 둥근 모양으로 점성과 신장성이 있으며, 글루테닌은 긴 막대 모양으로 탄성이 있다. 글리아딘과 글루테닌의 분자결합은 그물망 같은 구조를 형성하며 안에 기포를 가둘 수 있으므로 빵을 만드는 데 중요한 역할을 한다.

그림 7-11 | 밀가루의 글루텐 형성

강력분은 박력분에 비하여 더 단단하고 질긴 반죽이 된다. 물을 첨가할 때는 물을 한 번에 넣기보다는 소량씩 나눠서 넣으면 글루텐 형성이 잘된다. 또한, 찬물보다 따뜻한 물을 사용하면 글루텐 생성 속도가 빨라지며 소금, 설탕, 유지, 달걀, 우유 등의 첨가물은 밀가루 반죽의 질에 영향을 미친다(표 7-5). 소금은 신장성 및 점탄성을 증가시키므로 국수 반죽 시 소금을 첨가하면 쫄깃하고 찰진 반죽을 만들 수 있다. 버터와 같은 유지는 글루텐 망상 구조 형성을 저해하고 글루텐 사이에 막을 형성하여 바삭하게 한다.

밀가루는 반죽 후 30분 정도가 지나면 신장 저항이 감소하여 길이가 늘어나는 힘이 커진다. 즉, 밀가루 반죽은 30분 정도의 휴지기를 거치면 반죽이 부드러워진다.

표 7-5 | 밀가루 반죽에 영향을 주는 요인

영향 요인	역할
밀가루 종류	강력분은 박력분에 비하여 질긴 반죽이 됨
물 첨가 방법	물을 소량씩 나누어서 넣으면 글루텐이 많이 형성됨
반죽 정도	반죽을 많이 치댈수록 글루텐 형성이 많이 됨. 그러나 너무 많이 치대면 글루텐이 늘어나고 가늘어져서 반죽이 물러질 수 있음

영향 요인	역할
온도	온도가 높으면 글루텐 생성 속도가 빨라짐
첨가물	• 소금: 글루텐의 망상 구조를 치밀하게 하여 점탄성을 증가시킴 • 설탕: 수분을 흡수하여 글루텐 형성을 저해함. 도우의 점탄성을 감소시키는 반면 신장성과 안정성을 증가시킴 • 유지: 글루텐의 망상 구조 형성을 저해하여 바삭함에 영향을 줌 • 달걀, 우유: 달걀과 우유의 지방이 반죽을 부드럽고 연하게 함

스킬 UP **바삭한 쿠키를 만드는 방법**

쿠키를 만들 때는 글루텐 형성을 억제하기 위하여 물, 달걀, 설탕, 유지를 먼저 섞고 마지막에 밀가루를 넣어 가볍게 섞는 것이 좋다.

지식 UP **밀가루를 체에 치는 이유는?**

가정에서 밀가루로 케이크 등을 만들 때는 밀가루를 체에 치는 것이 중요하다. 밀가루를 체에 치는 이유는 포장 안에서 눌려 있던 밀가루 입자를 분리하고 밀가루 사이에 공기를 넣어 주기 위해서이다. 포장 안 밀가루를 체로 치지 않고 그대로 사용하면 입자가 서로 뭉쳐서 밀도가 높고 촘촘한 덩어리를 형성한다.

한편 밀가루 반죽은 가수량에 따라 도우dough와 배터batter로 구분할 수 있다(표 7–6). 도우는 뭉칠 정도의 단단한 반죽으로 우동, 만두피, 식빵, 파이 반죽 등에 사용되고, 배터는 용기를 비스듬히 하면 흘러내릴 정도의 반죽으로 스펀지케이크, 튀김옷 등에 사용된다.

표 7–6 | 밀가루 반죽의 종류

구분	도우	배터
밀가루에 대한 물의 양(%)	45~60	100~400
반죽의 상태	점탄성이 있음	유동성이 있음
조리 예	우동, 만두피, 식빵, 파이 반죽	스펀지케이크 반죽, 크레페 반죽, 튀김옷

3) 밀가루를 이용한 조리

(1) 빵과 케이크

빵은 밀가루를 주원료로 하여 이스트, 설탕, 버터 등을 첨가해 반죽한 후 발효시켜 만든 음식이다. 대부분 밀가루로 만들지만 쌀, 옥수수 등 다양한 곡류의 가루로 만들기도 한다. 각 국가마다 다양한 종류의 빵을 만들어 먹는데, 밀가루 반죽을 찌거나 튀겨서 만든 중국의 만터우, 인도, 네팔, 파키스탄 등 남아시아인들이 즐겨 먹는 차파티나 로티, 물과 소금, 이스트를 넣고 반죽해 길다랗게 구운 이탈리아의 그리시니, 프랑스의 크로아상 등이 대표적이다(그림 7-12). 케이크로는 과일케이크, 스펀지케이크, 롤케이크, 버터케이크 등 종류가 다양하다.

그림 7-12 | 국가별 대표 빵의 종류

빵이나 케이크를 만들 때에는 팽창제를 사용하는데, 식빵은 이스트를 이용하여 부풀린 빵이며, 케이크는 이스트를 이용하지 않고 베이킹파우더 같은 화학 팽화제를 이용하여 부풀린다. 스펀지케이크는 난백의 기포성을 이용한 것으로 반죽 안에 있는 기포의 열팽창과 수증기 압력으로 팽화시켜서 만들며, 크림퍼프(슈크림)는 수증기압을 이용하여 수분만으로 부풀린 것이다(표 7-7).

표 7-7 | 팽창제 종류에 따른 빵과 케이크 종류

팽창제 종류	조리 예
이스트	식빵, 모닝롤
화학 팽화제(베이킹파우더)	파운드케이크, 머핀, 쿠키
공기나 기포	스펀지케이크, 엔젤케이크
수증기압	크림퍼프(슈크림)

지식 UP 베이킹소다, 베이킹파우더, 이스트 차이는?

베이킹소다와 베이킹파우더는 화학적 팽창제이다. 베이킹소다는 중탄산나트륨($2NaHCO_3$)이라는 물질로 식소다라고도 하며, 많이 사용하면 쓴맛이 난다. 베이킹소다를 넣은 반죽을 가열하면 탄산나트륨과 이산화탄소를 생성한다. 베이킹파우더는 쓴맛을 중화하기 위해 베이킹소다에 산 분말을 섞어서 제조한 것이다. 이스트(효모)는 생물학적 팽창제로 효모에 의해 발효되는 과정에서 발생하는 이산화탄소로 부풀리는 것으로 식빵, 찐빵 등에 사용된다. 이스트는 반죽이 부푸는 데 발효하는 시간이 필요하지만, 베이킹소다나 베이킹파우더는 별도의 발효 시간이 필요 없다.

$$\underset{\text{중탄산나트륨}}{2NaHCO_3} \xrightarrow{\text{가열}} \underset{\text{탄산나트륨}}{Na_2CO_3} + CO_2\uparrow + H_2O$$

(2) 면

면은 밀가루 등으로 만든 반죽을 밀어서 얇게 편 후 써는 등의 다양한 방법으로 가늘고 길게 뽑아낸 음식을 말한다. 국수, 자장면, 칼국수, 라면, 냉면, 우동, 소면, 파스타 등 다양한 종류의 면이 있다. 우동이나 소면 등은 중력분을 이용하고, 스파게티 등 파스타는 세몰리나를 이용하여 만든다. 라면은 밀가루에 달걀, 물, 소금 등을 넣고 반죽하여 면을 뽑은 후 익히고 튀긴 후 건조시켜서 만든다. 라면은 건조시켜 오래 보관이 가능하다.

파스타의 모양과 크기는 다양하다. 페투치네는 두툼하면서 넓고 길쭉한 면으로 생크림이나 버터, 파마산 치즈 등으로 만든 소스와 잘 어울리며, 조개 모양의 콘킬리에는 묽기가 중간 정도인 미트(고기)나 크림 소스와 잘 어울리며 속을 채우기에 적합하다. 펜네는 길쭉하고 기름지며 국물이 많은 소스와 잘 어울린다(그림 7-13).

그림 7-13 | 파스타의 종류

> **지식 UP 라면의 유탕면, 건면, 생면의 차이는?**
>
> 유탕면은 일반적으로 먹는 라면으로 면을 익히고 튀긴 후 건조시킨 면으로 수분이 적어 장기간 보관이 가능하며, 건면은 면을 익힌 후 기름에 튀기지 않고 열풍으로 자연 건조한 면으로 기름기가 적다. 생면은 익힌 후 유기산으로 살균한 면으로 수분이 많아 조리시간이 상대적으로 짧다.

(3) 수프 및 소스

수프나 소스를 만들 때 밀가루를 이용하여 루roux를 만들어서 농도를 조절한다. 루는 밀가루와 버터를 볶아서 만드는데, 밀가루에 물을 넣지 않고 가열하면 밀가루의 호정화 반응으로 용해성이 증가하여 수프나 소스를 만들 때 루를 이용하면 걸쭉하면서도 엉키지 않는 수프나 소스를 만들 수 있다. 대중적으로 많이 먹는 크림수프는 루에 우유를 넣고, 소금, 후추 등으로 조미하여 만든다. 화이트 루는 120~130℃, 블론디 루는 140~150℃, 브라운 루는 180~190℃에서 볶으며, 루를 만들 때는 박력분이 강력분보다 볶기 수월하고, 소스의 상태 변화도 적어서 더 적합하다.

(4) 튀김

튀김을 만들 때 밀가루를 이용하여 튀김옷을 만든다. 튀김옷은 튀김에 입히는 겉 부분으로 밀가루는 결착성이 있어서 튀김 만들 때 사용된다. 바삭한 튀김옷을 만들기 위해서는 밀가루의 종류, 반죽하는 물, 반죽 방법 등을 고려해야 한다. 튀김옷은 글루텐이 최소한으로 형성되도록 해야 바삭한 질감을 살릴 수 있다. 강력분보다는 박력분을 사용하는 것이 좋으며, 글루텐이 최소한으로 형성되도록 젓가락 등을 이용하여 가볍게 섞도록 한다.

스킬 UP **바삭한 튀김옷을 만드는 방법**

튀김을 바삭하게 튀기기 위해서는 박력분:달걀물(달걀:물 = 1:3)을 1:1.5~2의 비율로 튀김옷을 만들어 고온에서 단시간 튀긴다.

3. 잡곡류

1) 잡곡류의 종류와 특성

(1) 보리

보리는 쌀과 섞어서 잡곡밥뿐 아니라 맥주, 식혜, 된장, 고추장 등의 원료로 쓰인다. 보리는 단백질이나 지질의 함유량은 밀과 유사하지만, 전분의 함량은 밀보다 적다. 보리의 주성분은 대부분이 전분으로, 백미와 달리 비타민 등이 배유의 내피에 함유되어 있어 껍질을 벗겨내도 손실이 적다. 보리는 섬유소가 많아 소화율이 낮으므로, 소화율을 높이기 위하여 보리를 2등분하여 할맥을 만들거나 적당한 수분과 열을 가하여 납작하게 눌러 밥 짓기가 수월하게 압맥을 만들기도 한다(그림 7–14).

보리 할맥 압맥

그림 7–14 | 보리, 할맥, 압맥

(2) 옥수수

옥수수는 쌀, 밀과 함께 3대 곡물의 하나로 쪄서 먹거나 옥수수 통조림, 팝콘, 강냉이, 시리얼 등 다양하게 활용된다. 멕시코에서는 옥수수를 반죽해 만든 둥글고 납작한 형태의 토르티야를 주식으로 먹는다. 옥수수는 다른 잡곡에 비하여 탄수화물이나 지방, 단백질 함량이 높은 편이다.

지식 UP 옥수수만 먹게 되면?

옥수수에는 니아신이 들어 있기는 하지만 단백질과 결합해 있는 형태로 인체에서 흡수가 잘되지 않아서 옥수수만 먹으면 온몸이 붉게 일어나고 설사나 정신 착란을 일으키는 펠라그라(pellagra)라고 하는 니아신 결핍증에 걸릴 수 있다.

(3) 수수

수수는 서아프리카, 인도에서 주식으로 먹으며 찰수수와 메수수로 분류된다. 찰수수는 쌀과 섞어서 밥으로 지어 먹거나 수수부꾸미, 수수경단으로 이용되고, 메수수는 양조용 곡물로 사용된다. 수수는 외피가 단단하고 탄닌이 함유되어 있어 다른 곡류에 비하여 소화율이 떨어지는 단점이 있다.

(4) 메밀

메밀은 밥에 넣어 먹기도 하지만 까칠한 식감 때문에 주로 가루로 만들어 먹는다. 메밀은 글루텐 함량이 낮아 면으로 만들기 어렵기 때문에 메밀국수를 만들 때는 밀가루를 섞기도 한다. 메밀은 유럽에서는 수프나 팬케이크에 사용되고, 우리나라에서는 평양냉면, 막국수, 메밀국수, 메밀묵, 메밀전병 등의 재료로 사용된다.

(5) 기타 잡곡류

조는 차조와 메조로 나뉘며 차조는 메조보다 졌을 때 더 끈기가 있다. 조는 밥에 넣어서 먹거나 죽, 떡 등에 이용된다. 기장은 조와 형태가 비슷하지만 조보다 알곡의 크기가 크고 연한 노란색을 띠고 있으며 쌀과 섞어서 기장밥을 지어 먹거나 떡, 엿, 술의 원료로 이용된다. 율무는 율무밥이나 율무차로 이용된다. 퀴노아는 쌀보다 작은 크기의 잡곡으로 흰색, 붉은색, 갈색 등이 있으며 잡곡밥이나 샐러드 토핑 등으로 이용된다. 톡톡 씹히는 식감이 특징적이며, 사포닌을 함유하고 있어서 쓴맛이 나므로 조리 시에는 여러 번 씻도록 한다.

조

기장

율무

퀴노아

2) 잡곡의 조리원리

잡곡의 주성분은 탄수화물로 주로 전분으로 존재한다. 잡곡의 구성 성분은 쌀과 유사하여 잡곡의 조리원리는 쌀의 조리원리와 동일하므로 잡곡의 호화, 노화, 호정화, 당화, 젤화에 대한 내용은 쌀의 조리원리를 참고하도록 한다.

3) 잡곡을 이용한 조리

(1) 잡곡밥

잡곡밥은 쌀에 보리, 조, 기장, 수수 등 한 가지 이상의 잡곡을 섞어서 지은 밥이다. 잡곡밥을 조리할 때는 쌀과 잡곡의 비율이 중요하다. 잡곡의 양이 많으면 소화 불량을 유발할 수 있고 비타민이나 무기질의 흡수율을 낮출 수 있다. 일반적으로 쌀 70%에 잡곡 30% 정도를 섞는 것이 적당하다. 또한 잡곡의 종류에 따라 물에 불리는 시간이 달라지는데, 수수와 조는 30분 정도 불리고, 율무는 3~4시간 불리는 것이 적당하다.

(2) 면

막국수나 평양냉면 등 메밀을 이용한 다양한 국수가 있다. 메밀은 밀가루에 비하여 글루텐 함량이 낮기 때문에 메밀만으로 국수를 만드는 것이 쉽지 않다. 가공 기술이 발전하여 메밀가루만으로 반죽하여 국수를 만들기도 하지만, 대부분의 메밀국수는 밀가루를 섞어서 만든다. 메밀국수는 양념에 비벼 먹거나 육수를 넣어 먹는 막국수나 냉면으로 주로 먹지만, 쯔유 국물에 차가운 메밀국수를 넣어 먹는 일본의 소바 형태로도 많이 먹는다. 이 외에도 옥수수를 이용한 옥수수 국수 등이 있다.

(3) 음료 및 차

잡곡은 식혜, 미숫가루, 메밀차, 옥수수차 등 다양한 음료 및 차로 이용된다. 보리에 물을 부어서 싹을 발아시켜서 말린 엿기름 물에 밥을 넣고 따뜻하게 하여 발효시켜서 식혜를 만든다. 식혜는 단술이나 감주라고 부르기도 한다. 찹쌀이나 멥쌀, 보리 등 잡곡은 찌거나 볶아서 가루로 만들어서 우유나 물에 타서 미숫가루로 이용되며, 메밀은 볶아서 메밀차로, 옥수수는 옥수수차, 율무는 율무차로 이용된다.

요약

- 쌀은 품종에 따라 단립종인 자포니카 쌀과 장립종인 인디카 쌀로 구분되며, 구성성분에 따라 멥쌀과 찹쌀로 구분된다. 멥쌀은 아밀로오스(20%)와 아밀로펙틴(80%)으로, 찹쌀은 아밀로펙틴 100%로 구성되어 있다.
- 쌀은 왕겨, 외피, 배유, 배아로 나눌 수 있으며, 배유는 우리가 주로 먹는 부분으로 탄수화물 함량이 높다. 쌀은 도정할수록 단백질, 지방, 비타민의 함량은 감소하며 탄수화물의 함량은 증가한다.
- 호화는 쌀(전분)에 물을 넣고 가열하면 분자 간 결합이 절단되어 반투명의 콜로이드 상태로 변하며, 전분의 종류, 수분, 온도, 첨가물에 따라 영향을 받는다. 노화는 호화된 전분이 시간이 지남에 따라 분자 구조가 다시 정렬되며, 전분의 종류, 수분, 온도, 첨가물에 따라 영향을 받는다. 이외에 쌀(전분)은 조리과정 중에 호정화, 당화 현상이 진행된다.
- 밀가루에 물을 넣고 반죽하면 글리아딘과 글루테닌이 결합하여 망상 구조의 글루텐을 형성한다. 밀가루는 글루텐 함량에 따라 강력분(11% 이상), 중력분(10%), 박력분(8~9%)으로 구분되며, 강력분은 주로 제빵용, 중력분은 제면용, 박력분은 제과용으로 많이 쓰인다.

연습문제

1 호화에 관한 설명으로 옳은 것은?

① 교반하면 호화가 억제된다.
② 지방을 첨가하면 호화되기 쉽다.
③ 수분 함량이 적을수록 호화되기 쉽다.
④ 아밀로오스 함량이 많을수록 호화되기 쉽다.
⑤ 가열 온도가 낮을수록 빠른 시간에 호화된다.

2 호정화를 이용한 식품은?

① 밥 ② 죽 ③ 식혜 ④ 도토리묵 ⑤ 미숫가루

3 글루텐 형성에 관한 설명으로 옳은 것은?

① 소금을 첨가하면 글루텐 형성이 방해된다.
② 온도가 높으면 글루텐 형성 속도가 감소한다.
③ 물을 한꺼번에 넣으면 글루텐 형성이 잘된다.
④ 반죽을 많이 치댈수록 글루텐 형성이 잘된다.
⑤ 박력분은 강력분에 비하여 글루텐 형성이 잘된다.

4 맥주, 식혜, 된장 제조 시 원료로 이용되는 잡곡은?

① 조 ② 기장 ③ 보리 ④ 율무 ⑤ 옥수수

정답 1 ④, 2 ⑤, 3 ④, 4 ③

실습 1 약식

실습일: ______ 년 ______ 월 ______ 일

실습 목적

- 쌀의 호화 과정을 이해하고 찹쌀을 이용하여 약식을 조리할 수 있다.

실습 재료

재료명	분량 (4인분)	비고	재료명	분량 (4인분)	비고	재료명	분량 (4인분)	비고
찹쌀	3컵	불리기 전	물	600g		간장	1½Ts	
밤	10개		참기름	2Ts		소금	½ts	
대추	5개		꿀	4Ts				
잣	20g		흑설탕	3/4컵				

실습 전 준비 사항: 찹쌀은 4시간 이상 불려서 준비한다.

실습 도구

전자저울(최소 단위 0.1g 이하), 계량컵, 계량스푼(Ts, ts), 압력밥솥, 냄비, 칼, 도마

실습 방법

1. 불린 찹쌀의 물기를 제거한다.
2. 밤은 껍질을 깎은 후 마구썰기하고, 대추는 반으로 자른 후 씨를 뺀 후 과육을 돌돌 말아서 얇게 자른다.
3. 냄비에 물 3컵과 대추씨를 넣고 20분 정도 끓인 후 대추씨를 꺼내서 대추씨 우린 물을 준비한다.
4. 대추씨 우린 물 2컵에 꿀, 흑설탕, 간장, 소금을 넣고 섞는다.
5. 전기밥솥에 불린 찹쌀, 밤, 대추를 넣고 대추씨 우린 물(4번)을 넣은 후 잘 섞어 밥을 한다(영양밥 또는 잡곡밥 모드 활용).
6. 완료되면 잣과 참기름을 넣고 섞어서 약식을 완성한 후 시식 후 감각 평가한다.

실습 결과

구분	시식 후 감각 평가
약식	

더 생각해 보기

쌀의 호화 과정을 이용한 다양한 음식의 조리방법을 생각해 본다.

더 확인할 수 있는 조리원리

- 전처리(씻기, 다듬기, 썰기)(3장), 습열 조리(끓이기, 찌기)(4장), 조미비율(5장)

실습 2 칼국수

실습일: ______년 ______월 ______일

실습 목적

• 밀가루의 글루텐 형성 과정을 이해하고 밀가루를 반죽하여 칼국수를 조리할 수 있다.

실습 재료

재료명	분량(1인분)	비고	재료명	분량(1인분)	비고	재료명	분량(1인분)	비고
국물멸치	5마리		표고버섯	1개		국간장	1ts	
다시마(5×5cm)	2장		달걀	1개		소금	3g	
파	10g		마늘	2개		밀가루(중력분)	100g	반죽
애호박	1/4개		후춧가루	약간		물	50g	반죽
당근	1/4개		물	800g		소금	2g	반죽

실습 도구

전자저울(최소 단위 0.1g 이하), 계량컵, 계량스푼(Ts, ts), 믹싱볼, 냄비, 칼, 도마, 위생팩

실습 방법

1. 믹싱볼에 밀가루(100g)와 소금(2g)을 넣고 물(50g)을 조금씩 넣어 가면서 가루가 없어질 때까지 반죽한 후 반죽이 완성되면 위생팩에 10~20분 정도 넣어 둔다.
2. 물(400g)에 국물멸치, 다시마, 표고버섯을 넣고 20분 정도 끓인 후 건더기를 제거하여 칼국수 육수를 만든다.
3. 도마에서 밀가루 반죽(1번)을 밀대로 얇게 편 후 일정한 두께로 썰어 칼국수 면을 만든다.
4. 애호박과 당근은 손질한 후 채를 썰고 육수에 넣은 표고버섯을 꺼내서 채썬다.
5. 파와 마늘은 다진다.
6. 칼국수 육수(2번)에 채썬 채소(애호박, 당근, 표고버섯)와 칼국수 면(3번)을 넣고 끓인다.
7. 끓고 있는 칼국수에 다진 파, 마늘을 넣고 달걀을 풀어서 넣은 후 국간장과 소금으로 간을 맞춰 완성한 후 시식하여 감각 평가한다.

실습 결과

구분	시식 후 감각 평가
칼국수	

더 생각해 보기

• 밀가루 반죽의 탄력성에 영향을 주는 요인에 대하여 생각해 본다.

더 확인할 수 있는 조리원리

• 전처리(씻기, 다듬기, 썰기)(3장), 습열 조리(끓이기)(4장), 조미비율(5장)

CHAPTER

8

주찬용 식재료의 조리원리 I

1. 육류 | 2. 어패류

1. 육류

1) 육류의 종류와 특성

(1) 육류의 종류

① 소고기

소고기는 고기의 색이 진하고 맛이 풍부하며, 양질의 동물성 단백질을 함유한 영양가 높은 식품이다. 부위에 따라 특성이 달라 부위별로 적절한 조리법을 사용해야 한다. 결합 조직이 많은 부위는 장시간 물에 끓이는 국, 탕, 스튜 등으로 조리하고, 결합 조직이 적어 연한 부위는 스테이크, 구이 등으로 조리한다(그림 8-1, 표 8-1).

그림 8-1 | 소고기의 부위별 명칭

표 8-1 | 소고기의 부위별 특징과 조리 예

부위	특징	조리의 예
목심	근육이 모여 있고 결합 조직이 존재하여 약간 질김	스테이크, 구이, 장조림, 불고기
양지	결합 조직이 많아 육질이 질김	국, 탕, 스튜, 장조림
등심	육질이 곱고 연하며 근내지방(마블링)이 있어 풍미가 좋음	전골, 스테이크, 구이, 불고기
갈비	육즙과 골즙이 섞여 있어 맛이 농후함	탕, 찜
채끝	운동성이 없어 조직이 연하고 지방이 적당히 섞여 있음	로스구이, 샤브샤브, 불고기

부위	특징	조리의 예
안심	운동성이 없어 조직이 연하고 지방이 적음	스테이크, 구이, 로스트
우둔	지방이 적고 살코기가 많음	산적, 장조림, 불고기, 육회
설도	결이 약간 거칠고 질김	산적, 편육, 불고기
앞다리	색이 진하고 지방과 근막이 많아 연한 부위와 질긴 부위가 섞여 있음	장조림, 불고기, 육회
사태	색이 진하고 근육이 모여 있어 쫄깃함	탕, 찜, 장조림, 육회

지식 UP **'국내산' 소고기와 '한우'의 차이점**

'국내산'은 원산지를 의미하는 것이고 '한우'는 품종을 의미한다. 한우는 우리나라 품종의 소이므로 한우이면 국내산이다. 하지만 국내산에는 외국 품종의 육우나 젖소도 포함되므로 국내산 소고기가 한우인 것은 아니다. 육우고기는 육용종, 교잡종, 젖소 수소, 송아지를 낳은 경험이 없는 젖소 암소로부터 생산된 고기나 검역 계류장 도착일로부터 6개월 이상 국내에서 사육된 수입 생우로부터 생산된 고기를 말한다. 젖소고기는 송아지를 낳은 경험이 있는 젖소 암소로부터 생산된 고기를 말한다.

② 돼지고기

돼지고기는 소고기에 비해 지방이 많고 결합 조직이 적어서 연하다. 하지만 소고기와 달리 보수력이 약하여 상온에서 오래 보관하면 다량의 육즙이 생겨 조리 시 손실이 많아지게 된다. 돼지고기는 스튜나 탕보다는 구이로 많이 이용된다(그림 8-2, 표 8-2).

그림 8-2 | 돼지고기의 부위별 명칭

● 표 8-2 | 돼지고기의 부위별 특징과 조리 예

부위	특징	조리의 예
목심	살코기 속에 지방이 적당하며 연함	구이, 수육
등심	등쪽의 두터운 지방층에 덮여 있고 고기의 결이 고움	폭찹, 스테이크, 구이
안심	갈비의 안쪽에 붙어 있으며 지방이 약간 있고 고기가 연함	구이, 스테이크, 탕수육
앞다리	지방이 적고 육질이 섬세함	불고기, 찌개, 수육
갈비	살집이 두껍고 지방과 단백질이 적절히 섞여 있어 연함	바비큐, 숯불구이, 찜
삼겹살	복부에 근육과 지방이 세 겹으로 되어있음	구이, 베이컨
뒷다리	지방이 적고 살이 두꺼움	튀김, 불고기, 장조림, 햄(가공육)

③ 닭고기

닭고기는 전 세계적으로 가장 많이 먹는 육류이다. 닭이 부화한 후 3개월 미만인 것을 영계, 3~5개월인 것을 비육닭, 5개월 이상인 것을 성장닭이라고 한다. 닭은 무게에 따라 무게가 적게 나가는 닭은 삼계탕으로, 중간인 닭은 프라이드치킨으로, 많이 나가는 닭은 백숙이나 닭볶음탕으로 주로 이용된다. 가슴살과 같이 단백질이 많은 부위는 장시간 조리하면 근육 단백질이 수축되어 퍽퍽해지므로 단시간에 조리하도록 한다. 하지만 다리살은 질기므로 장시간 조리해야 한다(그림 8-3, 표 8-3).

● 그림 8-3 | 닭고기의 부위별 명칭

● 표 8-3 | 닭고기의 부위별 특징과 조리 예

부위	특징	조리예
가슴살	지방이 적어 열량이 낮고 맛이 담백함	구이, 찜, 샐러드, 튀김
안심	지방이 거의 없고 단백질이 많아 담백함	찜, 볶음, 샐러드, 튀김
다리살	탄력이 있고 육질이 단단함	구이, 튀김, 훈제, 조림
날개살	지방, 콜라겐 함량이 많고 맛이 부드러움	구이, 튀김, 조림

④ 기타 육류 제품

육류를 가공한 소시지, 베이컨, 햄 등이 구이, 볶음 등으로 다양하게 이용되고 있다. 소시지는 육류를 다져 소금 등 간을 한 후 식용 포장재 안에 넣고 가열하여 만든 가공품이다. 베이컨은 삼겹살을 소금에 절여 숙성시키거나 훈연시킨 가공품으로 훈연한 것은 독특한 풍미를 지니고 있다. 또한, 대표적인 육류 가공품인 햄은 돼지고기의 넓적다리살 등을 소금에 절인 후 훈연하여 만들거나 돼지고기에 다른 식품 또는 식품첨가물을 첨가한 후 훈연 또는 열처리한 것으로 본인햄, 본리스햄, 로인햄, 숄더햄, 프레스햄 등이 있다. 본인햄은 뼈를 포함한 고기를 정형하여 만든 햄이고, 본리스햄은 뼈를 제외하고 고기만을 정형하여 만든 햄이다. 로인햄은 돼지고기의 등심 부위를 이용하여 만든 햄을 말하며, 숄더햄은 어깨 부위를 이용하여 만든 햄이다. 프레스햄의 경우, 고기를 갈아서 밀가루, 소금 등의 첨가물을 넣고 압착하여 만든 햄이다.

스킬 UP 맛있는 고기를 고르는 방법

소고기는 선홍색인 것, 지방이 광택 있고 유백색인 것, 결이 곱고 촘촘한 것, 탄력이 있는 것이 좋다. 돼지고기의 경우, 회색빛이 도는 분홍색인 것, 광택과 탄력이 있는 것, 지방이 흰색인 것, 지방과 붉은살의 경계가 뚜렷한 것이 좋다.

지식 UP 대체육이란?

현대에는 종교적 또는 사회문화적인 이유, 동물복지 등 윤리적인 이유, 친환경적인 이유로 육류 섭취를 줄이고 대체육을 섭취하는 사람들이 증가하고 있다. 국내에서는 2000년 콩고기 제품 출시를 시작으로 주로 두류를 이용한 대체육이 판매되고 있다. 조직화한 대두 단백은 육류의 질감과 유사하여 대체육으로 활용하기 좋다. 콩고기 외에도 쌀, 밀, 깨 등을 활용한 식물성 대체육, 균류 단백질 식품, 배양육, 곤충 단백질 식품, 해조류 단백질 식품 등 다양한 연구가 수행되고 있다.

(2) 육류의 특성

① 육류의 조직

육류는 근육 조직, 결합 조직, 지방 조직으로 구성되어 있다. 우리가 주로 먹는 부위는 근육 조직이다. 육류 단백질은 액틴actin, 미오신myosin과 같은 근원섬유 단백질이 절반을 차지한다. 근육이 수축하면 액틴과 미오신이 결합한 액토미오신actomyosin 상태가 되며, 근육이 이완하면 액틴과 미오신이 결합하지 않은 상태가 된다. 결합 조직에는 콜라겐collagen, 엘라스틴elastin, 레티큘린reticulin이 함유되어 있다. 운동을 많이 하거나 연령이 증가할 경우 결합 조직이 발달하게 된다. 근육 조직 내의 지방은 고기의 맛, 질감, 풍미를 향상시킨다. 암컷이 수컷보다 지방 함량이 많으며, 연령이 높을수록 지방 함량이 많다. 또한, 운동량이 적은 부위가 지방 함량이 많다.

② 육류의 색소

근육의 색소는 미오글로빈myoglobin으로 적자색을 띤다. 미오글로빈은 글로빈 1개와 철을 포함하는 헴heme 1개로 구성되어 있다. 미오글로빈이 산소와 결합하면 선홍색의 옥시미오글로빈oxymyoglobin이 되었다가 산소와 분리되면 다시 미오글로빈으로 돌아온다(그림 8-4). 고기를 장기간 저장하면 산소가 분리되고 철이 2가에서 3가로 산화되면서 적갈색의 메트미오글로빈metmyoglobin이 된다. 육류를 계속 가열하면 글로빈 단백질이 변성되어 분리되고 헴 색소가 헤마틴hematin으로 산화되어 회갈색이 된다.

육류로 햄이나 소시지를 만들 때에 아질산염을 첨가하는데, 아질산염이 미오글로빈과 반응하여 선홍색의 니트로소미오글로빈nitrosomyoglobin으로 변화된다. 햄이나 염장육을 가열하면 더욱 안정된 니트로소미오크롬nitrosomyochrome이 된다.

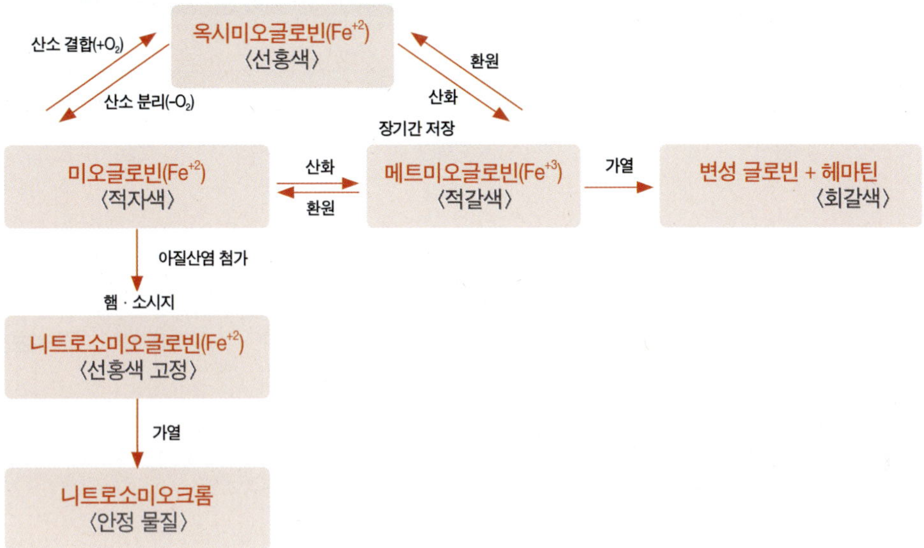

그림 8-4 | 육류의 색 변화

③ 육류의 사후 경직과 숙성

육류가 도살된 후 부드럽던 육질이 굳는 현상을 사후 경직rigor mortis이라고 한다. 이때 액틴과 미오신이 결합하여 액토미오신을 형성하게 되고 근육이 수축하여 질기고 단단해진다. 도살 직후 pH는 7.0~7.4이나 도살 후에는 글리코겐이 분해되어 젖산이 생성되면서 pH가 6.3 이하로 감소하게 되고 근섬유의 보수성이 낮아진다. 근육은 pH 5.5에서 최대 사후 경직에 도달한다.

경직 후의 고기는 단단하여 그대로 먹을 수 없으나, 숙성aging 과정을 거치면 고기에 있는 자체 효소인 카텝신cathepsin에 의해 자가 소화가 진행되어 근육이 서서히 부드러워진다. 육류를 숙성시키면 보수성이 증가하고 액토미오신이 분해되어 연화된다. 또한 숙성 과정에서 생성된 이노신산(IMP)이나 각종 아미노산 등은 육류의 맛에 기여한다(그림 8-5). 동물에 따라 사후 경직과 숙성 시간에는 차이가 있는데, 소고기의 경우 4℃에서 사후 경직은 12~24시간, 숙성은 10일 정도가 걸린다(표 8-4). 사후 경직 중인 육류는 보수성이 낮아져 고기가 질기므로 숙성이 된 후 육류를 조리하는 것이 좋다.

● 표 8-4 | 육류의 사후 경직과 숙성 시간

종류	사후 경직(4℃에서)	숙성(4℃에서)
소	12~24시간	10일
돼지	12~24시간	3~5일
닭	6~12시간	2일

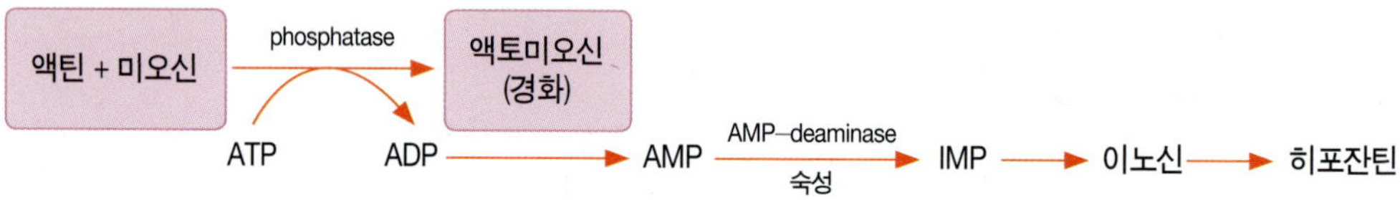

● 그림 8-5 | 사후 경직 및 숙성에 따른 ATP 분해

지식 UP 건식 숙성과 습식 숙성

보통 드라이에이징이라고 불리는 건식 숙성(dry aging)은 온도, 습도, 통풍을 유지시키면서 육류를 공기에 2~4주간 노출한 상태로 숙성시키는 방법이며, 습식 숙성(wet aging)은 육류를 진공 포장하여 수분 증발을 차단한 상태로 숙성시키는 방법이다. 건식 숙성을 통해 풍미가 더욱 진해지나, 건식 숙성을 한 육류는 수분 손실량이 커서 가격이 상대적으로 비싸다.

2) 육류의 조리원리

(1) 조리에 의한 육류의 변화

① 색의 변화

육류를 가열하면 적자색의 미오글로빈이 변성 글로빈과 회갈색의 헤마틴이 된다. 이는 육류를 구울 때 나타나는 색으로 가열 정도에 따라 레어rare, 미디움medium, 웰던well-done으로 조리할 수 있다(표 8-5).

● 표 8-5 | 가열 정도에 따른 육류의 상태

가열 정도	내부 온도	내부색	표면색	특징
레어(rare)	55~65℃	선홍색	엷은 회갈색	육즙이 많고 고기수축이 거의 없음
미디움(medium)	65~70℃	연분홍색	회갈색	육즙과 고기수축이 중간정도임
웰던(well-done)	70~80℃	회갈색	회갈색	육즙이 적고 퍽퍽함

② 풍미의 변화

육류를 가열하면 아미노산, 핵산 분해물의 생성과 함께 맛 성분이 증가하여 풍미가 좋아지고, 저급 탄소화합물, 함황 화합물과 같은 향기 성분이 증가한다. 또한, 내부에 함유된 휘발성 물질이 없어지고 당이 캐러멜화되어 지방과 단백질이 분해 및 변성 등을 일으키게 되고 육류의 풍미가 변화한다. 육류를 건열 조리법로 가열하면 비효소적 갈변 반응인 마이야르 반응도 일어나는데, 이는 아미노산과 환원당이 화학 반응을 일으켜 색이 갈색으로 변하고 특별한 풍미가 발생하는 반응이다.

③ 단백질의 변화

가열 온도가 높을수록 근원섬유단백질이 변성 및 응고하여 수축률이 높아져 단단해지기 쉽다. 그러나 결합 조직 중 콜라겐은 물과 함께 가열(약 65℃) 시 수용성의 젤라틴으로 변화되어 연해진다. 하지만, 결합 조직 중 혈관과 인대에 들어 있는 엘라스틴은 가열해도 변화하지 않는다.

④ 중량의 감소

육류를 가열하면 근육 단백질의 보수력이 낮아져 육즙이 빠져나가고 지방이 녹아 중량이 감소한다. 스테이크의 경우, 가열 전에 비해 가열 온도와 시간에 따라 60~70%로 감소된다.

(2) 육류의 연화법

① 기계에 의한 연화

근섬유를 짧게 끊어 주는 방법으로 근섬유 길이 방향의 직각으로 자르거나 칼집을 내어 근섬유를 짧게 끊어 준다. 고기를 갈거나 두드리는 방법도 기계에 의한 연화에 해당된다.

② 효소에 의한 연화

단백질 분해 효소를 사용하여 근섬유의 주성분인 단백질을 가수 분해시키는 방법이다. 파인애플의 브로멜린bromelain, 파파야의 파파인papain, 무화과의 피신ficin, 키위의 엑티니딘actinidin 등이 육류를 연화시킨다.

③ 조미료에 의한 연화

육류를 조리할 때 소금을 첨가하면 단백질의 수화력을 증가시켜 고기가 연해진다. 또한, 식초를 첨가하여 단백질의 등전점(pH 5~6)보다 낮아지도록 하면 육질을 부드럽게 할 수 있다. 설탕을 첨가할 경우에는 단백질의 보수성을 증가시켜 고기가 연화된다. 배즙이나 사과즙을 첨가하는 경우에도 고기가 연화되는데, 이는 과일에 함유된 당 때문이다.

3) 육류를 이용한 조리

(1) 구이

직화로 굽거나 프라이팬, 철판을 가열하여 굽는다. 서양 조리법인 브로일링broiling과 로스팅roasting이 구이에 해당된다. 브로일링은 브로일러나 바비큐 장비를 사용하여 고기를 직접 불에 굽는 직화구이 방법이다. 고기 표면이 열에 응고되어 육즙이 빠져나오는 것을 막을 수 있다. 로스팅은 팬에 기름을 칠한 후 고기를 덩어리째 팬에 넣어 오븐에서 굽는 방법이다. 로스트비프 등을 예로 들 수 있다.

우리나라에서 많이 이용하고 있는 구이로는 숯불갈비와 불고기가 있다. 숯불갈비는 갈비를 간장, 설탕, 파, 마늘 등을 넣어 양념한 후 석쇠에 굽는 방법이고, 불고기는 양념한 후 불고기판이나 프라이팬에 굽는 방법이다. 키위를 갈아 넣으면 효소가 단백질을 분해하여 질감을 부드럽게 할 수 있다.

(2) 전과 적

전과 적은 팬에 넉넉하게 기름을 두르고 지져 내는 조리법이다. 전은 재료를 썰거나 다져 모양을 만든 후 밀가루와 달걀물에 묻혀 기름에 지진다. 적은 고기를 양념한 후 꼬챙이에 꿰어 불에 굽거나 번철에 지진다.

(3) 튀김

튀김은 기름에 넣어 고온 단시간 조리하는 방법으로 영양 성분의 용출을 줄일 수 있다. 탕수육, 돈가스, 프라이드치킨 등이 있다. 돈가스는 서양의 포크커틀릿을 일본식으로 바꾼 요리이다.

(4) 탕과 국

고기는 핏물을 제거한 후 찬물에서부터 넣어 끓여야 맛 성분이 잘 우러나온다. 약간의 소금을 넣어 끓이면 염용성 단백질이 용출되어 국물맛이 좋아진다. 곰탕, 설렁탕, 사골국 등이 있다.

서양의 육수인 스톡과 브이용도 탕과 국의 일종이다. 스톡은 송아지뼈, 닭뼈, 생선뼈 등을 우려낸 국물로 수프나 소스를 만들 때 기본 육수로 사용된다. 브이용은 고기와 채소를 넣고 끓인 맑은 국물로 수프, 스튜, 브레이징 등에 사용된다.

(5) 조림

재료를 양념한 국물과 함께 가열하여 익히는 조리법이다. 장조림을 만들 때는 찬물에서부터 고기를 넣고 삶아 결합 조직을 부드럽게 만들어야 한다. 고기가 익은 후에 간장과 설탕을 넣어야 고기의 수분이 빠져나와 질겨지는 것을 막을 수 있다.

(6) 찜

고기를 소량의 물에 넣어 푹 익힌 후 양념과 채소를 넣어 중간 불에서 가열한다. 소고기 사태찜, 돼지갈비찜, 닭찜 등이 있다. 서양 요리에서는 오소부코, 코크오뱅 등을 예로 들 수 있다.

(7) 편육

편육은 고기를 삶아 낸 후 국물을 제거하고 고기만 먹는 음식이므로 고기의 맛 성분이 빠져나가지 않도록 조리해야 한다. 끓는 물에 고기를 넣어 표면의 단백질을 응고시키고 불을 약간 줄여 삶는다. 젤라틴은 식으면서 굳기 때문에 고기가 식은 후 썰어야 모양이 흐트러지지 않는다. 이때 고기의 결과 직각 방향으로 썰어야 연하게 먹을 수 있다. 소고기 양지육, 소고기 사태, 돼지머리 등이 이용된다.

(8) 수비드

수비드sous-vide는 음식을 팩에 넣어 진공상태로 포장한 후 50~65℃의 저온에서 24~72시간 가열하여 수분을 보존하면서 조리하는 방법이다. 육류의 단백질 변성 온도보다 낮은 온도로 가열하여 질겨지지 않도록 조리한다.

2. 어패류

1) 어패류의 종류와 특성

(1) 어패류의 종류

① 어류

어류는 서식지에 따라 바다에 사는 해수어와 강, 호수에 사는 담수어로 구분된다. 해수어는 살코기가 흰색인 흰살 생선과 살코기가 적색인 붉은살 생선으로 나뉜다. 흰살 생선은 깊은 바다에 살고 운동량이 적으며 지방 함량이 5% 미만으로 적다. 반면 붉은살 생선은 바다 표면에 살고 운동량이 많으며 지방 함량이 5~20%로 많다.

지방 함량이 적은 생선으로 대구, 가자미, 조기, 도미 등이 있으며, 지방 함량이 많은 생선으로 고등어, 꽁치, 장어, 참치 등이 있다. 지방이 적은 생선은 어선, 어채, 어만두, 생선전으로, 지방이 많은 생선은 구이로 조리하는 것이 좋다.

② 연체류, 조개류, 갑각류

연체류는 몸에 골격이 없고 부드러우며 근육이 발달되어 있다. 낙지, 문어, 오징어 등이 포함된다. 조개류에는 대합, 전복, 굴, 모시조개, 소라 등이 있고, 갑각류에는 단단한 외피로 싸여 있는 게, 새우, 가재 등이 있다.

③ 기타 어패류 제품

어류를 이용한 가공식품류인 어묵은 생선살을 으깨어 소금, 설탕, 녹말 등을 넣어 반죽한 것을 찌거나 굽거나 튀긴 것이다. 형태별로는 찐어묵, 구운어묵, 튀김어묵 등이 있다. 맛살은 명태 같은 어육을 가공하여 게살 맛이 나게 만든 일종의 어묵이다.

(2) 어패류의 특성

① 어패류의 색소 및 맛 성분

어류의 색소는 헤모글로빈hemoglobin, 미오글로빈myoglobin, 사이토크롬cytochrome, 카로티노이드carotenoid 등이다. 오징어 먹물주머니는 멜라닌melanine으로 인해 검은색을 띠며, 갈치는 구아닌guanine과 요산의 혼합물로 인해 은색을 띤다. 가재, 게, 새우 껍질은 아스타잔틴astaxanthin으로 인해 청색과 회색을 띠는데, 가열 시 붉은색의 아스타신astacin으로 변한다.

어패류의 맛 성분으로는 유리 아미노산, 베타인betaine, 뉴클레오티드nucleotide, 유기산 등이 있다. 연체류와 갑각류는 유리 아미노산을 많이 함유하고 있으며, 베타인 함량이 높아 감칠맛을 낸다. 어류는 사후에 시간이 지나면 근육 내의 ATP가 분해되어 IMP가 생성되는데 IMP는 감칠맛을 내는 물질이다. 호박산succinic acid, 젖산lactic acid과 같은 유기산도 감칠맛을 낸다.

② 어패류의 사후 변화

어류는 육류에 비하여 빠른 속도로 육질이 변화하고 사후 1~2시간 내에 경직 현상이 일어난다. 어육의 pH는 죽은 직후 7.0~7.5 이며, 경직이 일어나면 6.0~6.6으로 감소한다.

사후 경직이 끝나면 자가 소화에 이어 바로 부패가 일어난다. 일반적으로 붉은살 생선이 흰살 생선보다, 담수어가 해수어보다 자가 소화가 빨리 시작된다. 자가 소화 이후 pH가 중성이 되면 세균이 번식하기 좋은 환경이 되며, 세균에 의해 트리메틸아민옥사이드TMAO가 해수어의 비린내 주요 성분인 트리메틸아민TMA으로 환원된다. 자가 소화가 진행되면 선도가 빠르게 저하되고 미생물이 번식하여 악취와 유독 물질이 생성되고 부패가 일어난다.

스킬 UP 신선한 생선 고르는 방법

- 근육의 살이 단단하고 탄력이 있으며, 색이 선명하고 광택이 있는 것이 좋다. 선도가 떨어지면 살이 뼈와 잘 분리되며, 광택이 없어진다.
- 복부를 손으로 눌렀을 때 단단하고 팽팽한 것이 좋다. 신선하지 않은 어류는 손자국이 남아 있고 내장이 밀려 나온다.
- 비늘은 단단하고 배열이 고른 것을 선택한다. 선도가 저하되면 비늘이 떨어지고 표피에 점액 물질이 분비된다.
- 아가미는 선홍색이고 단단한 것이 신선하다. 선도가 저하된 어류의 아가미는 회색으로 변한다.
- 안구는 맑고 외부로 돌출되어 있는 것을 고른다. 신선하지 않은 어류의 안구는 흐리고 음푹 들어가 있다.

2) 어패류의 조리원리

(1) 조리에 의한 어패류의 변화

① 염에 의한 변화

소금을 첨가하면 탈수가 일어나 어패류의 육질이 단단해지고 탄력성이 증가한다. 생선에 2~6%의 소금을 첨가하면 염용성 단백질인 액틴과 미오신이 용출되어 액토미오신으로 결합하게 된다. 액토미오신은 수분을 흡착하기 때문에 높은 점도의 졸sol이 형성되며, 액토미오신 사이에 망상 구조가 발달되면 탄력 있는 젤gel이 되어 굳는다. 이 성질을 이용하여 어묵을 만든다.

② 산에 의한 변화

생선에 식초를 첨가하면 단백질이 변성 및 응고하여 살이 단단해진다. 또한, 식초에 의해 염기성 성분인 트리메틸아민이 중화되어 비린내가 제거된다. 식초는 pH를 낮추기 때문에 살균 효과도 얻을 수 있다.

③ 가열에 의한 변화

생선을 가열하면 단백질이 응고되고 지방이 용출되어 풍미와 텍스처가 변화한다. 또한, 근육 단백질이 응고 및 수축하여 살이 단단해지고 중량이 감소한다.

결합 조직 단백질인 콜라겐을 물과 함께 가열하면 콜라겐이 수용성의 젤라틴으로 변하여 용출된다. 결합 조직이 많은 가자미 등의 생선조림은 냉각하면 젤라틴이 젤화된다. 생선 껍질의 콜라겐을 건열로 가열할 경우에는 콜라겐이 수축하여 껍질이 줄어들거나 찢어지게 되므로 생선을 굽기 전 껍질에 칼집을 넣어 주는 것이 좋다.

생선살을 프라이팬에서 구우면 팬에 달라붙는 열 응착성이 나타난다. 미오겐 단백질은 펩타이드 결합을 하고 있는데, 가열에 의해 이 결합이 끊어지면 다른 물질과 결합할 수 있는 활성기가 노출되면서 프라이팬의 금속과 반응하기 때문이다. 따라서 미오겐이 많은 생선과 육류는 금속에 강하게 달라 붙는 열 응착성이 있다. 열 응착성은 50℃에서 발생하기 시작하며, 온도가 높아질수록 강해진다. 생선살이 프라이팬에 달라붙지 않도록 구우려면 프라이팬을 가열하여 생선살이 한번에 단단해지도록 한다. 또한, 프라이팬에 기름을 바르면 기름막이 단백질과 금속의 반응을 줄여 준다.

(2) 생선 비린내 제거법

생선 조리 시에는 비린내의 원인 물질인 트리메틸아민을 제거하거나 약화시키는 것이 중요하다. 비린내를 제거하기 위해서는 아래와 같은 방법을 활용하도록 한다.

- 세척: 트리메틸아민은 수용성이므로 생선을 물로 씻는다.
- 소금: 소금을 사용하여 탈수 작용에 의해 수용성 트리메틸아민을 제거한다.
- 우유: 우유에 담가 두면 카세인 단백질이 트리메틸아민을 흡착한다.

- 산: 레몬즙, 식초 등을 첨가하여 염기성 성분인 트리메틸아민을 중화한다.
- 알코올: 청주, 맛술 등을 넣으면 알코올이 비린내 성분과 함께 휘발한다.
- 향신 채소: 강한 향신 채소(쑥갓, 깻잎, 미나리 등)를 사용하여 비린내를 감소시킨다.
- 양념: 파, 마늘, 생강, 양파 등 양념을 사용하여 비린내를 덜 느끼게 한다.

스킬 UP 오징어를 조리하면 말리는 이유

오징어를 가열하면 돌돌 말리는 이유는 오징어의 껍질이 가지는 성질 때문이다. 오징어 껍질은 4층의 구조로 되어 있으며, 1, 2층은 간단히 벗겨지나 3, 4층은 벗기기가 힘들다. 4층의 껍질은 콜라겐으로 강한 열 수축성이 있으며 세로 방향으로 배열되어 있기 때문에 열 수축을 일으키면 위아래로 말리게 된다. 오징어 조리 시 칼집이 겉으로 나오게 예쁘게 말리도록 하려면 오징어의 안쪽에만 칼집을 격자로 넣는다. 한편, 오징어 근육은 가로로 평행하게 근섬유가 발달되어 있어 건오징어는 가로로 잘 찢어진다.

3) 어패류를 이용한 조리

(1) 회

활어를 썰어 간장, 초고추장, 고추냉이 등과 함께 날것으로 섭취한다. 레몬즙을 곁들이면 pH가 등전점 부분까지 낮아져 단백질이 응고되고 살이 단단해진다. 활어회는 살아 있는 생선의 살을 얇게 썰어 바로 먹는 회로 씹힘성이 있고, 숙성회는 살아 있는 생선을 손질한 후 저온에서 1~4일 숙성하여 먹는 회로 단백질이 이노신산으로 분해되어 감칠맛이 있다.

(2) 구이

소금구이는 자체의 맛을 살리는 조리법으로 가능한 한 선도가 높은 생선을 선택하는 것이 좋다. 양념구이는 타지 않도록 낮은 온도에서 양념을 조금씩 바르면서 굽는다. 지방 함량이 낮은 흰살 생선은 소금구이에 적합하고, 지방 함량이 높은 붉은살 생선은 양념구이에 적합하다. 생선 껍질에 칼집을 넣어 조리하면 모양이 변화되는 것을 막을 수 있다.

(3) 전

생선살이 흐트러지지 않도록 포를 뜬 후 소금과 후추로 간을 한다. 생선살에 소금을 뿌리면 단백질이 응고되어 생선살이 흐트러지지 않게 된다. 밑간한 생선살을 밀가루, 달걀 순으로 묻혀 팬에 기름을 두르고 지진다. 주로 민어, 대구, 동태 등의 흰살 생선을 사용한다.

서양 조리법으로는 뫼니에르meunière가 있다. 뫼니에르는 생선살을 포 뜬 후 밀가루를 묻히고 버터를 녹인 팬에 구워 소스를 뿌린다.

(4) 튀김

생선튀김에는 튀김반죽을 입혀 튀기는 방법과 입히지 않고 튀기는 방법이 있다. 튀김반죽의 밀가루는 글루텐 함량이 적은 박력분을 사용하는 것이 좋다. 튀김 온도가 낮을 경우 기름이 스며들어 눅눅해지고 풍미가 저하되므로, 170~180℃로 조리하는 것이 적당하다. 지방 함량이 낮은 흰살 생선이 튀김에 적합하다.

(5) 조림

생선조림을 계속 가열하면 젤라틴이 용해되고 생선살이 잘 부서지게 된다. 생선조림이 식으면 젤라틴이 굳어 젤 상태가 되는데 다시 가열하면 녹는다. 흰살 생선은 비린내가 덜하므로 최소의 양념을 사용하고, 붉은살 생선은 비린내가 강하므로 강한 양념을 사용하는 것이 좋다.

(6) 찌개와 수프

생선찌개는 생선살이 흩어지지 않도록 국물이 끓을 때 넣는다. 비린내가 적은 대구, 우럭, 생태 등의 흰살 생선이 찌개로 적절하다. 이 외에도 글리코겐이 많이 함유된 조개, 꽃게, 오징어와 같은 해물도 국물 맛을 좋게 할 수 있다.

어패류를 이용한 수프에는 부야베스bouillabaisse, 클램 차우더clam chowder 등이 있다. 부야베스는 생선과 해산물에 토마토, 마늘, 양파, 감자 등을 넣고 끓인 생선스튜이다. 클램 차우더는 조개살을 다진 후 크림, 베이컨, 양파, 샐러리, 감자, 당근을 넣고 끓인다.

요약

- 육류의 색소는 미오글로빈으로 산소와 결합하면 선홍색의 옥시미오글로빈이 되며, 고기를 장기간 저장하면 적갈색의 메트미오글로빈이 된다. 육류를 가열하연 글로빈 단백질이 변성되어 분리되고 헴 색소가 헤마틴으로 산화되어 회갈색을 띤다.
- 사후 경직은 육류가 도살된 후 부드럽던 육질이 굳어지기 시작하는 현상으로 근육이 수축하여 질기고 단단하게 된다. 경직 후 고기가 숙성 과정을 거치면 자가 소화가 진행되어 근육이 서서히 부드러워진다. 어패류의 사후 경직 시간은 1~2시간으로 육류에 비해 짧으며, 사후 경직이 끝나면 자가 소화에 이어 바로 부패가 일어난다.
- 육류를 조리하면 색이 변화되고, 아미노산 등 맛 성분이 증가하여 풍미가 좋아진다. 또한, 육질이 단단해지고, 중량이 감소한다.
- 육류를 연화하기 위해서는 기계적으로 근섬유를 짧게 끊어 주거나, 단백질 분해 효소가 있는 파인애플, 키위 등을 첨가하거나 설탕, 배즙 등을 첨가하는 방법을 활용할 수 있다.
- 생선 비린내는 세척하기, 소금 첨가하기, 우유에 담그기, 산 첨가하기, 알코올 첨가하기, 향신채소 사용하기, 양념 사용하기 등의 방법을 이용하여 제거할 수 있다.

연습문제

1 육류의 색소에 대한 설명 중 옳은 것은?

① 미오글로빈이 산화되면 갈색의 옥시미오글로빈이 된다.
② 미오글로빈을 가열하면 선홍색의 메트미오글로빈이 된다.
③ 옥시미오글로빈에서 산소가 분리되면 선홍색의 미오글로빈이 된다.
④ 미오글로빈을 아질산염과 반응시키면 갈색의 니트로소미오글로빈이 된다.
⑤ 미오글로빈을 가열하면 헴 색소가 헤마틴으로 산화되어 회갈색으로 변한다.

2 육류의 사후 경직 시 일어나는 현상으로 옳은 것은?

① ATP가 증가된다.
② 근육의 pH가 높아진다.
③ 보수성이 낮아지고 연해진다.
④ 글리코겐이 분해되어 젖산이 생성된다.
⑤ 액토미오신이 액틴과 미오신으로 분리된다.

3 키위에 들어 있는 단백질 분해 효소는?

① 피신(ficin)
② 파파인(papain)
③ 액티니딘(actinidin)
④ 브로멜린(bromelin)
⑤ 알리네이스(allinase)

4 선도가 저하될 때 증가하는 해수어의 비린내 성분은?

① 히스티딘　② 피페리딘　③ 사이토크롬
④ 트리메틸아민　⑤ 트리메틸아민옥사이드

5 어류의 신선도가 저하될 때 나타나는 변화로 옳은 것은?

① 눈알이 돌출된다.　② 표피에 점액물질이 분비된다.
③ 살이 뼈와 잘 분리되지 않는다.　④ 아가미의 색이 선홍색으로 변한다.
⑤ 휘발성 염기질소의 양이 감소한다.

정답 1 ⑤, 2 ④, 3 ③, 4 ④, 5 ②

실습 1 햄버그스테이크

실습일: ______년 ______월 ______일

실습 목적

• 가열에 의한 육류의 변화를 이해하고, 햄버그스테이크를 조리할 수 있다.

실습 재료

재료명	분량 (2인분)	비고	재료명	분량 (2인분)	비고	재료명	분량 (2인분)	비고
소고기	100g		달걀	1개		마늘	2쪽	
돼지고기	100g		식용유	2Ts		버터	15g	
양파	1/2개		소금	2g		우스터소스	2Ts	
샐러리	50g		후춧가루	2g		토마토케첩	2Ts	
빵가루	60g		[소스] 양파	1/2개		설탕	1Ts	

실습 도구

전자저울(최소 단위 0.1g 이하), 계량컵, 계량스푼(Ts, ts), 프라이팬, 볼, 칼, 도마

실습 방법

1. 소고기(100g)와 돼지고기(100g)를 다진다.
2. 양파(1/2개), 샐러리(50g)를 다진 후 팬에 살짝 볶는다.
3. 달걀(1개)을 풀어 놓는다.
4. 양파(1/2개)는 채썰고, 마늘(2쪽)은 편으로 썬다.
5. 볼에 다진 소고기(1번), 돼지고기(1번), 볶은 양파(2번)와 샐러리(2번), 빵가루(60g), 달걀(2Ts), 소금(2g), 후춧가루(1g)를 넣고 치대어 동글납작하게 2개를 빚어 낸다.
6. 팬을 달구어 식용유(2Ts)를 두른 후 빚어낸 고기를 중불에서 앞뒤로 노릇하게 익힌다.
7. 팬에 버터(15g), 채썬 양파를 넣어 볶다가 편 마늘(4번), 우스터소스(2Ts), 토마토케첩(2Ts), 설탕(1Ts), 후춧가루(1g), 물(4Ts)을 넣어 소스를 끓인다.
8. 접시에 햄버그스테이크를 담고 소스를 뿌린다.

실습 결과

구분	시식 후 감각 평가
햄버그스테이크	

더 생각해 보기

1. 햄버그스테이크의 가열 후 크기 및 두께의 변화에 대해 생각해 본다.

확장하기

- 콩을 이용하여 만든 대체육 햄버그스테이크를 구입하여 조리한 햄버그스테이크와 색, 맛, 질감, 전반적인 품질을 비교해 본다.

더 확인할 수 있는 조리원리

- 전처리(다듬기, 씻기, 썰기)(3장), 건열 조리(볶기, 지지기)(4장), 육류의 연화법(8장)

실습 2 오징어볶음

실습일: ________년 ________월 ________일

실습 목적

- 콜라겐의 열에 의한 수축 원리를 이해하고, 오징어볶음을 조리할 수 있다.

실습 재료

재료명	분량 (2인분)	비고	재료명	분량 (2인분)	비고	재료명	분량 (2인분)	비고
오징어	1마리		[양념] 마늘	2쪽		설탕	20g	
양파	1/3개		생강	5g		참기름	2ts	
풋고추	1개		소금	1g		참깨	1ts	
홍고추	1개		고추장	45g		후춧가루	2g	
대파	1토막		고춧가루	3Ts				
식용유	1Ts		간장	1ts				

실습 도구

- 전자저울(최소 단위 0.1g 이하), 계량스푼(Ts, ts), 프라이팬, 볼, 칼, 도마

실습 방법

1. 오징어(1마리)는 내장을 제거하여 세척한 후 껍질을 벗긴다.
2. 오징어 안쪽에 격자 무늬로 칼집 낸 후 오징어 세로 방향의 1 × 5cm 길이로 채썬다.
3. 풋고추(1개), 홍고추(1개)는 어슷썰어 씨를 제거한다.
4. 대파(1토막)는 어슷썰고, 양파(1/3개)는 1cm 두께로 채썬다.
5. 마늘(2쪽), 생강(5g)은 다진다.
6. 고추장(45g), 고춧가루(3Ts), 간장(1ts), 설탕(20g), 다진 마늘(5번), 다진 생강(5번), 소금(1g), 참기름 2ts, 참깨 1ts, 후춧가루 2g을 넣어 양념장을 만든다.
7. 팬에 식용유(1Ts)를 두르고 가열한 뒤 양파(4번)를 넣어 살짝 볶다가 오징어(2번)를 넣어 볶는다.
8. 7번에 양념장(6번)을 넣고 볶다가 썰은 풋고추(3번), 홍고추(3번), 대파(4번)를 넣어 볶는다.
9. 접시에 담아 낸다.

실습 결과

구분	시식 후 감각 평가
오징어볶음	

더 생각해 보기

1. 연체류의 맛 성분에 대해 생각해 본다.

확장하기

- 오징어를 4가지 경우로 전처리한 후 가열하여 오징어가 말리는 모양을 확인해 본다.
  - 세로 방향 × 안쪽 칼집, 세로 방향 × 바깥쪽 칼집, 가로 방향 × 안쪽 칼집, 가로 방향 × 바깥쪽 칼집

더 확인할 수 있는 조리원리

- 전처리(다듬기, 씻기, 썰기)(3장), 건열 조리(볶기)(4장)

CHAPTER

9

주찬용 식재료의 조리원리 Ⅱ

1. 난류

1) 난류의 종류와 특성

(1) 난류의 종류

난류에는 달걀, 메추리알, 오리알, 타조알 등 여러 종류가 있지만, 이 중 달걀이 가장 많이 소비되고 있으므로 달걀을 중심으로 살펴본다. 달걀은 무정란과 유정란 등의 일반란, 비타민, 요오드 등의 특정 영양소가 강화된 영양란, 껍질을 제거한 액란, 훈제란 등의 가공란이 있다.

지식 UP **흰 달걀과 갈색 달걀**

흰 달걀과 갈색 달걀은 닭의 품종에 의한 특성 차이다. 일반적으로 깃털이 흰색인 닭 품종은 흰 달걀을 낳고, 갈색인 닭 품종은 갈색 달걀을 낳는다. 달걀 껍질 색의 차이는 있지만 품질, 맛, 영양 성분에는 차이가 없다.

(2) 달걀의 특성

① 달걀의 구조 및 저장에 의한 변화

달걀은 난각egg shell, 난각막shell membrane, 달걀 흰자난백, egg white, 달걀 노른자난황, egg yolk로 구성되어 있다(그림 9-1). 달걀을 저장하면 기실이 커지고 달걀의 비중이 작아진다. 또한, 된 난백이 묽은 난백으로 변하고, 난백 계수, 호 단위(Haugh Unit, HU), 난황 계수가 작아진다. 달걀 흰자와 노른자의 pH는 증가한다(표 9-1).

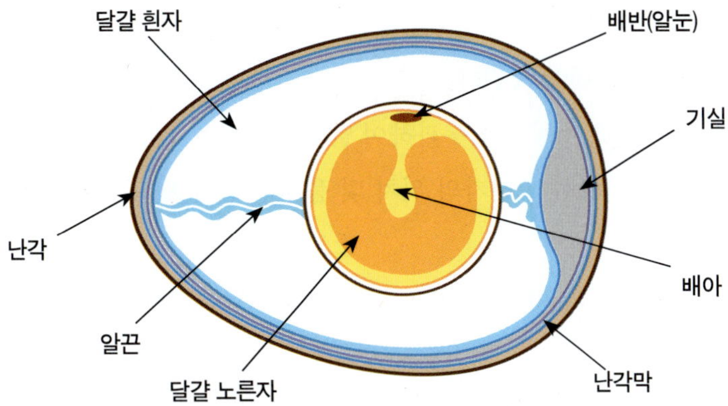

그림 9-1 | 달걀의 구조

표 9-1 | 달걀의 구성 및 저장에 의한 변화

구성	특징	저장에 의한 변화
난각 (10%)	• 약 93%가 탄산칼슘($CaCO_3$)으로 구성되어 있음 • 산란 시 분비된 점질물이 건조되어 표면에 생긴 큐티클 층으로 내부를 보호하는 역할을 함 • 난각막은 외막과 내막으로 나뉘어 기실을 만듦	• 기실이 커지고 비중이 작아짐
달걀 흰자 (60%)	• 대부분이 수분이며, 약 11%의 단백질을 함유하고 있음 • 단백질 중 오브알부민(ovalbumin)이 50% 이상으로 가장 많고, 그밖에 오보글로불린(ovoglubulin), 오보뮤신(ovomucin), 아비딘(avidin) 등을 함유하고 있음 • 된 난백이 약 60%, 묽은 난백이 약 40%를 차지함	• 된 난백이 묽은 난백으로 변함 • 난백 계수, 호 단위가 작아짐 • pH가 증가함
달걀 노른자 (30%)	• 노른자가 흰자보다 지질과 단백질이 많고 수분이 적어 열량이 높음 • 인지질 형태의 레시틴이 많음 • 수중 유적형(O/W)의 유화액으로 레시틴이 유화제로 작용함	• 난황 계수가 작아짐 • pH가 증가함

② 달걀의 품질 평가

• 크기 분류법: 달걀의 무게에 따라 분류할 수 있다. 달걀의 무게가 68g 이상이면 왕란, 60~68g 미만이면 특란, 52~60g 미만이면 대란, 44~52g 미만이면 중란, 44g 미만이면 소란으로 분류한다.

- 외관 검사법: 신선한 달걀은 껍질이 까끌까끌하고 광택이 없으나, 저장하면서 껍질이 매끄러워지고 광택이 생긴다.
- 투시법: 어두운 곳에서 광선을 투과하여 달걀의 내부를 관찰한다. 기실의 크기, 달걀 흰자의 맑은 정도, 달걀 노른자의 위치 및 움직임 등을 평가하여 A, B, C, D 등급으로 판정한다.
- 비중법: 신선한 달걀의 비중은 1.08~1.09이며, 저장하면서 수분이 증발되어 비중이 감소한다.
- 할란 검사법: 달걀을 깨뜨려 달걀 흰자, 달걀 노른자의 품질을 검사한다(표 9-2).

표 9-2 | 할란 검사법의 종류

종류	방법
난백 계수	• 달걀을 평평한 곳에 깨뜨린 후 된 난백의 가장 높은 부분의 높이를 평균 직경(최장 직경과 최단 직경의 평균치)으로 나눈 값 • 신선한 달걀은 0.14~0.17이고 오래된 달걀은 0.1 이하임
난황 계수	• 달걀을 평평한 곳에 깨뜨렸을 때 달걀 노른자의 높이를 직경으로 나눈 값 • 신선한 달걀은 0.36~0.44이고 오래된 달걀은 0.3 이하임
호 단위	• 된 난백의 높이와 달걀 중량을 계산식에 적용하여 달걀의 품질을 평가하는 방법 • HU는 72 이상이 A등급, 62~72 미만이 B등급, 40~60 미만이 C등급, 40 미만이 D등급임 $HU = 100 \log(H-1.7W^{0.37}+7.6)$ H: 된 난백의 높이(mm), W: 달걀 중량(g)

2) 난류의 조리원리

(1) 열 응고성

달걀을 가열하면 단백질이 변성되어 응고된다. 달걀의 주요 단백질 성분인 알부민은 가열 시 응고하는 성질을 가지고 있다. 달걀의 열 응고성은 흰자와 노른자가 다른 특성을 보인다. 달걀 흰자는 60℃ 전후에서 응고하기 시작하여 65℃에서 완전 응고되고, 달걀 노른자는 65℃ 전후에서 응고하기 시작하여 70℃에서 완전 응고된다. 이러한 응고 온도 차이로 반숙과 완숙을 조리할 수 있다. 달걀의 열 응고성을 이용한 조리의 예로 삶은 달걀,

달걀찜, 커스터드푸딩 등이 있다.

달걀의 열 응고성에는 가열 온도 및 시간, 희석도, 염 농도, 설탕 농도, pH가 영향을 미친다(표 9-3).

표 9-3 | 달걀의 열 응고성에 영향을 미치는 요인

요인	특성
가열 온도 및 시간	• 고온에서 가열하면 응고 시간이 짧아지고 응고물은 단단하면서 질겨짐 • 저온에서 가열하면 응고 시간이 길어지고 응고물은 부드러워짐
희석도	• 달걀에 물을 많이 희석할수록 응고성이 감소하고 응고 온도가 상승하며 질감이 부드러워짐 • 달걀 1개(60g)에 적절한 물의 양은 200g 이하로 200g 보다 많을 경우 단백질 농도가 낮아져 응고가 잘 되지 않음
염 농도	• 염을 첨가하면 달걀의 응고가 촉진되고 응고물이 단단해짐
설탕 농도	• 설탕을 첨가하면 단백질을 연화시켜 응고성이 감소됨 • 응고 온도가 높아지고 응고물은 매끄럽고 부드러워짐
pH	• 산을 첨가하면 낮은 온도에서 응고되어 응고물이 단단해짐 • 등전점인 pH 4.8에서 용해도가 최소가 되어 응고가 잘 일어나며, pH가 등전점에서 멀어지면 응고가 잘 일어나지 않음

지식 UP 온천란의 응고 상태

달걀은 흰자가 노른자보다 낮은 온도에서 응고한다. 달걀을 65~68℃에서 20~30분 정도 익히면 흰자는 약간 무른 반숙이 되지만 노른자는 거의 응고되지 않는다. 이런 응고 상태의 달걀을 온천란이라고 한다 (그림 9-2).

온도	65~68℃
가열 시간	20~30분
형태	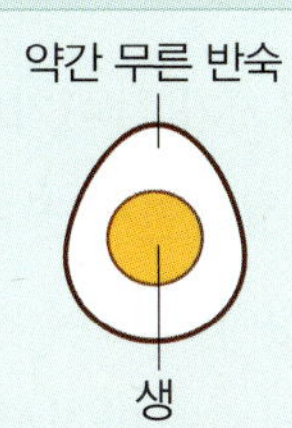

그림 9-2 | 온천란의 응고 상태

자료: 스즈끼 카즈유키(2008).

(2) 유화성

유화성은 서로 섞이지 않는 두 액체가 잘 섞이게 하여 유화액 형태로 만드는 성질이다(그림 9-3). 달걀은 유화성을 가지고 있으며, 유화성은 노른자가 가장 크고, 전란, 흰자 순이다. 달걀의 유화성은 노른자에 함유되어 있는 인지질인 레시틴에 의해 생긴다. 레시틴은 친수기와 소수기를 모두 가지고 있어 기름과 수용액을 섞을 때 천연 유화제의 역할을 한다. 유화제는 액체에 분산된 다른 액체의 표면 장력을 감소시켜 작은 방울들로 쪼개고 유화액이 잘 만들어지도록 한다. 수중 유적형oil in water, O/W 유화액과 유중 수적형water in oil, W/O 유화액이 있다(그림 9-3). 달걀의 유화성을 이용한 음식으로 마요네즈, 케이크, 아이스크림 등이 있다.

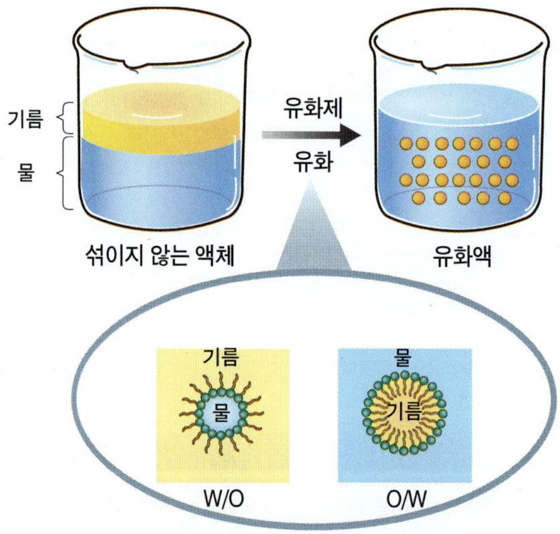

그림 9-3 | 유화와 유화액 종류

(3) 기포성

달걀 흰자를 계속 저어 주면 공기가 들어가서 기포가 형성된다. 기포는 교반으로 인해 변성된 흰자의 단백질이 막을 형성하면서 공기를 둘러싼 콜로이드 분산이다. 흰자의 단백질인 오보글로불린은 표면 활성이 강하여 저어 주면 기포가 생긴다. 또한, 오보뮤신은 점도를 높여 기포막을 형성하고 거품을 안정시킨다. 기포성은 음식을 팽창시켜 가볍고 부드러운 질감을 준다. 기포성을 이용한 음식으로 스폰지케이크, 머랭, 마시멜로 등이 있다.

기포성에 영향을 미치는 요인으로 달걀의 선도, 온도, 첨가물 등이 있다(표 9-4).

표 9-4 | 달걀의 기포성에 영향을 미치는 요인

요인	특성
달걀의 선도	• 신선란은 달걀 흰자가 되직하고 점도가 높아 기포력이 떨어지나 기포는 안정성이 있음
온도	• 온도가 높아지면 기포력이 좋으나 안정성은 낮음 • 30℃ 전후에서 기포력과 안정성이 좋음
설탕	• 기포막을 부드럽게 하고 기포를 섬세하게 만드는 작용을 함 • 점성을 증가시켜 기포성이 감소하나 안정성은 증가함
소금, 우유, 지방	• 소량의 소금은 기포 형성에 도움을 주나 너무 많이 첨가하면 방해됨 • 우유, 지방은 기포 형성을 방해함

(4) 녹변 현상

달걀을 15분 이상 가열하면 달걀 흰자의 함황 단백질에서 황화수소(H_2S)가 형성된다. 달걀을 삶으면 외부의 압력이 높고 내부의 압력이 낮기 때문에 달걀 흰자에서 생성된 황화수소가 달걀 노른자 쪽으로 이동하여 달걀 노른자의 철(Fe)과 반응하면 황화 제1철(FeS)이 형성된다. 황화 제1철은 검푸른색을 나타내므로 노른자 표면이 검푸른색으로 변하는 녹변 현상이 나타난다. 녹변 현상은 가열 시간이 길수록, 가열 온도가 높을수록 잘 일어나며, 오래된 달걀일수록 잘 일어난다. 달걀을 삶을 때, 15분 이내로 가열한 후 즉시 냉수에 담가 두면 녹변 현상을 막을 수 있다.

3) 난류를 이용한 조리

(1) 달걀찜

달걀을 물에 희석하여 중탕으로 익힌 음식으로 가열 온도, 가열 시간, 물의 희석량, 첨가물의 종류에 따라 달라진다. 가열 온도가 높고 가열 시간이 길수록 단단해진다. 달걀 농도를 20% 정도로 희석하고 90℃에서 가열하면 부드러운 질감의 달걀찜을 조리할 수 있다. 달걀찜에 설탕을 넣으면 단백질의 응고를 방해하여 더 부드러운 질감의 달걀찜이 만

들어진다. 일본식 달걀찜으로는 자완무시가 있다. 자완무시는 달걀을 풀어 육수를 넣은 후 표고버섯, 은행, 백합뿌리, 가마보코, 새우, 닭고기 등의 재료를 넣고 찜통에 찐 요리다.

(2) 삶은 달걀

달걀을 100℃ 끓는 물에서 12분간 가열하면 완숙을 만들 수 있다. 신선한 달걀일수록 pH가 낮아 껍질이 잘 벗겨지지 않는데, 신선한 달걀은 오래된 달걀에 비해 흰자의 점성이 높아 흰자 껍질 내막에 강하게 달라붙기 때문이다.

달걀을 삶은 즉시 찬물에 담그면 껍질이 쉽게 벗겨지고 녹변 현상도 방지할 수 있다. 찬물에 담그면 껍질이 수축되면서 껍질과 흰자가 분리되고, 달걀 내부의 수증기가 껍질과 흰자 사이 공간으로 이동 및 흡수되어 밀착을 막아주기 때문이다. 또한, 달걀 내부보다 외부의 압력이 낮아져 가열 시 발생한 황화수소가 껍질쪽으로 이동되면서 노른자에 있는 철과 만나지 않게 되므로 검푸른 황화 제1철 발생으로 인한 녹변 현상을 방지할 수 있다.

(3) 달걀프라이

프라이팬에 기름을 두르고 달걀을 깨서 익힌다. 뒤집지 않고 한쪽 면만 익히는 써니 사이드 업sunny side up, 뒤집어 익히는 오버over가 있다. 익히는 정도에 따라 이지easy, 미디움medium, 하드hard로 조리할 수 있다.

지식 UP **달걀프라이 종류**

써니 사이드 업은 태양이 떠오르는 것과 같다는 의미로 한쪽 면의 흰자만 익히는 방법이다. 오버 이지, 오버 미디움, 오버 하드는 모두 양쪽 면의 흰자를 익히지만 노른자를 익히는 정도는 다르다. 오버 이지의 노른자는 생이고, 오버 미디움의 노른자는 반숙이며, 오버 하드의 노른자는 완숙이다.

(4) 스크램블 에그

스크램블 에그scrambled egg는 달걀에 우유나 크림과 같은 액체를 섞어 기름을 두른 프라이팬에 붓고 저어 주면서 익힌다. 촉촉하고 부드러운 스크램블 에그를 만들려면 프라이팬의 온도가 너무 높아지지 않도록 조절해야 한다.

(5) 수란

수란은 85℃의 물에 달걀을 깨뜨려 넣고 익힌 음식이다. 달걀 흰자가 응고되고 노른자는 응고되기 전까지 3~5분 동안 익힌다. 식초나 소금을 첨가하면 달걀 흰자의 응고를 돕는 역할을 한다. 오래된 달걀은 묽은 난백이 물에 퍼지므로 신선한 달걀을 사용하는 것이 좋다. 서양조리법에서는 포치드 에그poached egg라 한다.

(6) 오믈렛

달걀을 섞은 후 기름을 두른 오믈렛 팬에 부어 저어 주면서 타원형의 모양을 만든다. 겉은 익고 속은 부드럽게 조리한다. 거품이 없는 플레인 오믈렛plain omelet과 거품이 많은 포미 오믈렛foamy omelet이 있다.

(7) 커스터드

커스터드custard는 달걀에 우유와 설탕을 넣어 섞은 후 가열하여 만든다. 85~90℃ 중탕으로 가열하면 부드러운 커스터드가 되고, 180℃ 전후에서 오븐으로 가열하면 구운 커스터드가 된다.

(8) 수플레

수플레soufflé는 달걀 흰자 거품을 낸 후 달걀 노른자와 과일, 채소, 생선, 고기, 치즈, 초콜릿 등의 재료를 섞어 오븐에 구워 낸 프랑스 요리이다. 부재료에 따라 식사용으로 사용하기도 하고 디저트로 사용하기도 한다.

(9) 머랭

머랭meringue은 달걀 흰자에 설탕을 넣어 단단한 상태가 될 때까지 거품을 낸 혼합물이다. 일반적으로 팽창제나 가벼운 질감을 주기 위한 용도로 사용되며, 스펀지케이크, 파이, 푸딩, 쿠키 등을 만들 때 이용된다. 머랭쿠키는 달걀 흰자 거품을 낸 후 설탕을 넣어 오븐에서 90~100℃로 구워 만드는데, 설탕을 많이 첨가할수록 구우면 아삭한 질감을 나타낸다.

2. 두류

1) 두류의 종류와 특성

두류는 양질의 단백질과 지방의 중요한 급원식품으로 강낭콩, 녹두, 동부, 대두, 땅콩 등이 있다. 강낭콩, 녹두, 동부, 팥과 같이 전분 함량이 많고 단백질이 많은 두류는 수프나 샐러드, 앙금 등으로 많이 이용되고, 대두 같이 전분 함량이 적고 단백질과 지방이 많은 두류는 두부나 된장 등의 제조에 이용된다(표 9-5). 두류는 잡곡밥, 콩자반, 콩국수 등의 조리에 이용될 뿐 아니라, 두유나 두부 등의 가공식품이나 된장, 간장 등의 발효식품을 제조할 때도 이용된다. 이 외에도 대두와 녹두는 싹을 내어 콩나물이나 숙주나물 등으로 이용된다.

표 9-5 | 영양 성분에 따른 두류의 분류

영양 성분에 의한 구분	종류	조리 및 가공품
전분 함량이 많고 단백질이 많은 두류	강낭콩, 녹두, 동부, 팥	콩밥, 수프, 샐러드, 앙금
전분 함량이 적고 단백질과 지방이 많은 두류	대두, 땅콩	대두제품(두부, 된장 등), 땅콩버터

(1) 두류

① 대두

대두는 껍질색에 따라 황대두, 흑대두, 청대두로 분류된다. 황대두는 콩조림, 두부, 된장, 낫토 등에 주로 이용되고, 흑대두는 콩밥, 콩조림, 콩떡, 한방 약재 등으로 이용된다. 청대두의 경우, 콩조림, 두부, 된장, 미숫가루 등으로 이용된다.

② 팥

팥은 전분이 대부분이다. 비타민 B_1이 많이 함유되어 있어 팥밥을 섭취하면 쌀밥에서 부족한 비타민을 공급할 수 있다. 주로 떡의 소와 고물로 이용되며, 팥죽, 양갱 등으로 이용된다.

③ 녹두

녹두는 청포묵, 빈대떡, 떡소, 떡고물 등으로 이용된다. 녹두의 싹을 틔워 숙주나물로도 이용된다.

④ 완두

완두는 대부분이 전분이다. 밥에 넣어 조리하거나 떡, 수프, 제과에도 이용된다. 완숙 직전의 청완두는 수분이 많고 단맛이 있어 통조림으로 이용된다. 미숙한 풋완두의 경우, 비타민 C가 다량 함유되어 있어 꼬투리째 데쳐서 채소로 이용된다.

⑤ 강낭콩

대부분이 전분으로 되어 있다. 밥에 넣어 먹거나 떡소, 떡고물, 제과 · 제빵의 앙금, 양갱 등의 원료로 이용된다.

⑥ 동부

팥보다 길이가 길고 종자의 눈도 더 길다. 밥에 넣어 조리하거나 떡의 소, 제과 등에 이용된다.

⑦ 땅콩

땅콩은 다량의 지방과 단백질을 함유하고 있다. 제과, 땅콩버터, 땅콩기름, 마가린 등으로 이용되며, 볶아 먹거나 쪄서 먹기도 한다.

(2) 두류제품

두류를 이용한 대표적인 제품으로는 간장, 된장, 고추장, 청국장 등의 장류와 두류를 가공 처리한 두유, 두부, 유부, 유바 등이 있다(그림 9-4). 본 장에서는 4장 조미에서 다룬 간장, 된장, 고추장, 청국장을 제외한 두유, 두부, 유부, 유바를 살펴본다.

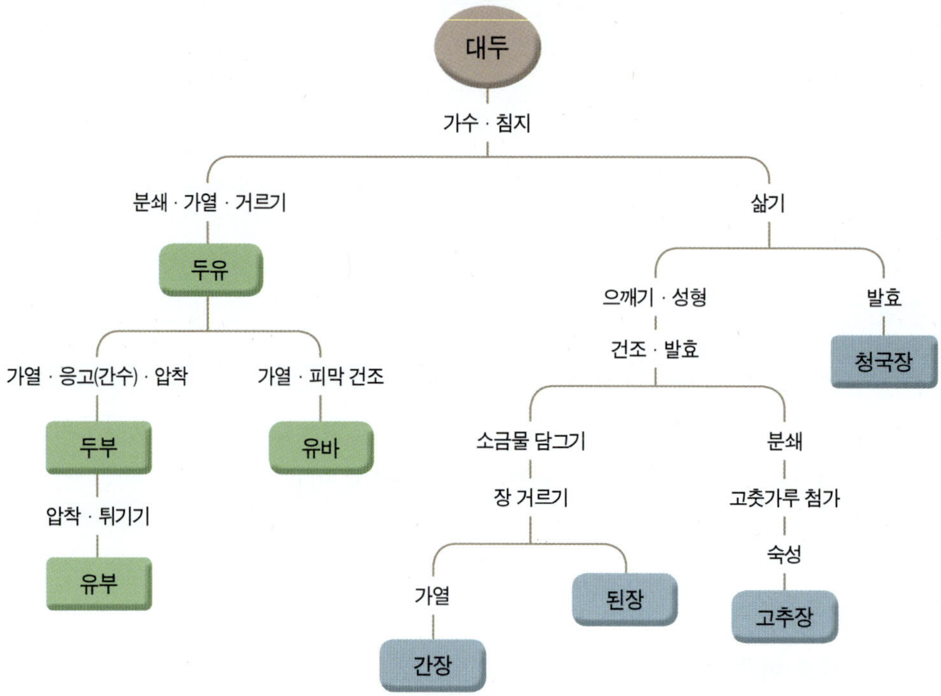

● 그림 9-4 | 대두제품의 분류

① 두유

대두를 불린 후 물과 함께 마쇄하여 끓이고 걸러서 만든다. 두유를 만들고 남은 고형분이 비지이다. 두유는 유당이 함유되어 있지 않아 유당 불내증이 있는 사람에게 우유 대용품으로 이용된다. 또한, 우유 알레르기가 있는 사람의 우유 대용품으로도 이용되고 있다. 주로 음료로 이용되며, 콩국수를 만들 때 간편하게 두유를 사용하기도 한다.

② 두부

대두 속에 들어 있는 단백질을 추출하여 염화칼슘, 황산칼슘, 염화마그네슘 등의 응고제로 응고시킨 것으로 고형 함량에 따라 연두부(6~15%), 두부(15~20%), 경두부(20% 이상)로 분류된다. 두부는 단백질과 지방이 풍부하고 특유의 맛을 지니고 있어 찌개, 전, 구이 등 조리에서 다양하게 이용된다.

③ 유부

일반 두부를 압착하여 수분 함량을 낮춘 후 얇게 썰어 튀긴 식품이다. 먼저 110~120℃의 기름에서 튀겨 수증기가 증발하지 못하도록 막을 형성하고, 다시 180~210℃의 기름에서 튀겨 수증기에 의해 유부를 부풀게 한다. 유부는 질기고 기름진 질감을 지닌다. 조리 시 뜨거운 물을 부어 주거나 살짝 데쳐서 사용한다. 기름을 제거해 느끼함을 줄일 수 있고, 기름이 산화되면서 형성된 냄새도 제거할 수 있다. 유부는 국이나 전골, 우동에 넣거나 유부초밥에 사용된다.

④ 유바(푸주)

두유를 끓이면 단백질이 풀어지고 엉키면서 표면에 엷은 단백질막이 생기는데, 이를 걷어서 건조한 식품이다. 수분이 증발하면 얇고 단단한 고형의 단백질막이 형성되며, 담백한 맛과 쫄깃한 질감을 낸다. 일본에서는 유바, 중국에서는 푸주라고 불린다. 미지근한 물에 불려서 조림, 튀김, 냄비 요리 등에 사용한다.

2) 두류의 조리원리

(1) 기포성

대두와 팥의 껍질에 함유되어 있는 사포닌은 기포성이 있어 삶을 때 거품이 생긴다. 사포닌은 장을 자극하여 설사를 유발한다. 사포닌을 제거하기 위해서는 대두나 팥을 삶은 물은 버리고 다시 새로운 물을 붓고 삶도록 한다. 대두를 끓일 때 소량의 기름을 넣으면 거품이 끓어 넘치는 것을 막을 수 있다.

(2) 흡수성

두류는 대부분 건조된 상태로 보관된다. 조리시간을 단축하고 콩에 함유되어 있는 사포닌, 탄닌 등의 불순물을 제거하기 위해 조리 전에 콩을 불리는 것이 좋다. 일반적으로 20℃에서 5~7시간 정도 불린다. 콩을 물에 담가 놓으면 물이 콩 무게의 약 90%까지 흡수된다.

콩의 흡수성은 물의 온도나 첨가제에 따라 차이가 있는데, 물의 온도가 높을수록 물이 흡수되는 속도가 빨라진다. 또한 베이킹소다, 탄산칼륨, 탄산나트륨을 첨가하면 물의 흡수 속도가 빨라진다. 하지만 다른 콩류와 달리 팥은 껍질이 단단하여 물이 잘 흡수되지 않으므로 물에 불리기보다는 바로 삶는 것이 좋다.

(3) 용해성 및 응고성

대두를 물에 불린 후 갈면 글리시닌glycinin과 레규멜린legumelin이 약 90%까지 용출된다. 두유에 염류와 같은 응고제를 넣고 가열하여 글리시닌이 젤 형태로 변하면 물을 제거하고 압착하여 두부를 만든다. 응고제로 황산칼슘이나 염화마그네슘 등을 사용하며, 대두의 1~2% 정도가 적당하다. 글리시닌은 응고제의 칼슘 이온(Ca^{2+}), 마그네슘(Ma^{2+}) 이온에 의해 중화되면서 용해도가 감소하여 침전하게 되며, 등전점인 pH 4~5 정도에서 잘 응고된다. 응고제의 양이 많고, 가열 온도가 높을수록 단단하게 응고된다. 이러한 원리를 이용하여 두부를 만든다.

3) 두류를 이용한 조리

(1) 죽 및 수프

두류를 이용한 대표적인 죽으로 팥죽이 있다. 팥을 끓인 후 윗물을 버리고 다시 물을 넣어 끓인다. 윗물을 버려야 사포닌, 탄닌, 검질 등 떫은맛을 제거할 수 있다. 팥이 물러지도록 끓인 후 팥과 삶은 물을 믹서기에 넣어 갈아 준 다음 체에 걸러 낸다. 위쪽의 팥국물을 덜어 내 불린 쌀과 찹쌀을 넣어 끓인 후 아래쪽에 팥 앙금을 넣어 함께 끓인다. 두류를 이용한 수프로는 완두콩 수프, 렌틸콩 수프가 있다.

(2) 콩국수

대두를 6시간 물에 불려 손으로 껍질을 제거한다. 깊은 냄비에 대두보다 더 많은 양의 물을 넣고 대두를 삶아 낸다. 삶을 때 뚜껑을 열면 비린내가 나므로 뚜껑을 열지 않아야 한다. 콩 비린내가 나는 이유는 산화 효소인 리폭시게네이스lipoxygenase가 불포화지방산 산화에 관여하여 비린내를 생성하기 때문이다. 따라서 뚜껑을 닫아 효소가 산소와 접촉하지 못하도록 하면 비린내 생성을 막을 수 있다. 대두가 무르게 삶아지면 믹서기에 대두와 생수를 넣어 갈아 주고 고운 체에 걸러 콩국물을 만든다. 삶은 국수에 콩국물을 부어 완성한다.

(3) 콩자반

콩을 물에 불려 삶은 후 간장, 설탕을 넣고 조린다. 조미료를 먼저 넣으면 삼투 현상에 의해 수분이 나와 콩이 쭈글쭈글해지므로 마지막에 넣어 조린다. 설탕을 많이 넣으면 딱딱해지기 때문에 두세 번에 나누어 넣는 것이 좋다.

(4) 빈대떡

녹두를 물에 불려 껍질을 제거하고 곱게 갈아 준다. 고사리와 숙주는 데쳐서 물기를 꼭 짜고 잘게 썰어 준다. 돼지고기는 다지고 김치는 씻어서 잘게 썰어 준다. 갈은 녹두에 돼지고기, 고사리, 숙주, 김치, 찹쌀가루, 소금, 후추를 넣어 고루 섞어 준다. 프라이팬에 기름을 두르고 반죽을 넣어 동글 납작하게 지져 낸다.

(5) 앙금

팥과 녹두는 각각 팥 앙금, 녹두 앙금으로 이용된다. 팥과 녹두의 전분은 단단한 세포막에 쌓여 있어 가열해도 호화된 전분이 세포 밖으로 나오지 못한다. 세포벽이 응고되면 세포가 분리되어 가루 형태가 되는데 이러한 특성 때문에 앙금을 만들 수 있다. 이 외에도 강낭콩이나 동부도 앙금으로 이용될 수 있다. 중동 지역에서 주로 먹는 후무스hummus는 병아리콩으로 만든 앙금 형태의 소스이다.

요약

- 달걀을 가열하면 단백질이 변성되어 응고된다. 달걀의 열 응고성에는 가열 온도 및 시간, 희석도, 염, 설탕, pH가 영향을 미친다. 달걀을 15분 이상 가열하면 난백에서 발생한 황화수소가 난황의 철과 반응하여 녹변 현상을 나타내는 황화 제1철을 형성한다.
- 달걀 노른자의 레시틴은 유화성이 있어 기름과 수용액을 잘 섞이게 한다. 달걀 흰자는 기포성이 있으며, 달걀의 선도, 온도, 설탕, 소금, 지방이 기포성에 영향을 미친다.
- 두류는 대두 발효식품인 간장, 된장, 고추장, 청국장 등의 장류와 두류를 가공 처리한 두유, 두부, 유부, 유바 등이 있다.

연습문제

1 달걀의 조리특성에 따른 조리의 예로 옳은 것은?

① 기포성 – 수란 ② 기포성 – 마요네즈 ③ 유화성 – 머랭
④ 응고성 – 달걀찜 ⑤ 응고성 – 아이스크림

2 달걀의 열 응고성에 대한 설명으로 옳은 것은?

① 설탕을 첨가하면 응고성이 증가한다. ② 산을 첨가하면 높은 온도에서 응고된다.
③ 물을 많이 희석할수록 응고성이 증가한다. ④ 소금을 첨가하면 달걀의 응고물이 단단해진다.
⑤ 달걀 흰자의 응고온도가 노른자의 응고온도보다 높다.

3 달걀의 저장 중 변화로 옳은 것은?

① pH가 감소한다. ② 비중이 증가한다. ③ 된 난백이 감소한다.
④ 난황계수가 증가한다. ⑤ 난각의 기실이 작아진다.

4 두류의 조리특성에 대한 설명으로 옳은 것은?

① 소금을 넣으면 물의 흡수 속도가 감소한다. ② 두부의 응고제는 두류의 5% 정도가 적절하다.
③ 물의 온도가 낮을수록 콩의 흡수성이 증가한다. ④ 팥을 삶을 때 발생하는 거품은 사포닌 때문이다.
⑤ 대두를 물에 불린 후 갈면 글리시닌과 글리아딘이 용출된다.

정답 1 ④, 2 ④, 3 ③, 4 ④

실습 1 달걀말이

실습일: ________년 ________월 ________일

실습 목적

• 난류의 열 응고성 원리를 이해하고, 달걀말이를 조리할 수 있다.

실습 재료

재료명	분량(2인분)	비고	재료명	분량(2인분)	비고	재료명	분량(2인분)	비고
달걀	5개		양파	1/5개		식용유	1Ts	
대파	1/2개		소금	2g				
당근	1/5개		맛술	1Ts				

실습 도구

전자저울(최소 단위 0.1g 이하), 계량컵, 계량스푼(Ts, ts), 프라이팬, 볼, 칼, 도마

실습 방법

1. 볼에 달걀(5개)을 풀은 후 맛술(1Ts)을 넣고 소금(2g)으로 간한다.
2. 대파(1/2개), 당근(1/5개), 양파(1/5개)는 다진다.
3. 1번에 다진 대파(2번), 당근(2번), 양파(2번)를 넣어 섞는다.
4. 팬을 달구어 식용유(1Ts)를 두른 후 약불에서 달걀물(3번)을 2/3만 붓는다.
5. 달걀 가장자리가 익기 시작하면 한쪽 끝에서 천천히 두세 번 말아 준다.
6. 익은 달걀말이를 팬의 끝으로 당긴 후 남은 달걀물(3번)을 추가로 부어 이어 주면서 끝까지 말아 익힌다.
7. 완성된 달걀말이를 식힌 후 썰어서 접시에 담는다.

실습 결과

구분	시식 후 감각 평가
달걀말이	

더 생각해 보기

1. 달걀의 응고성에 영향을 미치는 요인에 대해 생각해 본다.

확장하기

• 써니 사이드 업, 오버 이지, 오버 미디움, 오버 하드 4가지 종류의 달걀 프라이를 조리해 본다.

더 확인할 수 있는 조리원리

• 전처리(다듬기, 씻기, 썰기)(3장), 건열 조리(지지기)(4장)

실습 2 콩국수

실습일: ________년 ________월 ________일

실습 목적

• 콩의 흡수성에 대해 이해하고, 콩국수를 조리할 수 있다.

실습 재료

재료명	분량 (2인분)	비고	재료명	분량 (2인분)	비고	재료명	분량 (2인분)	비고
대두	1C		아몬드	3Ts		소면	180g	
생수	800mL		오이	1/2개				
참깨	1Ts		방울토마토	2개				

실습 전 준비 사항

대두는 20℃ 물에서 5~7시간 미리 불려 둔다.

실습 도구

전자저울(최소 단위 0.1g 이하), 계량컵, 계량스푼(Ts, ts), 냄비, 믹서, 칼, 도마

실습 방법

1. 대두를 물에 6시간 불려 건져 낸 후 냄비에 콩이 잠길 정도로 물을 부어 삶는다(끓기 시작 후 5분간 가열).
2. 삶은 콩(1번)을 찬물에 넣고 손으로 비벼서 껍질을 제거한다.
3. 믹서에 삶은 콩(2번), 참깨(1Ts), 아몬드(3Ts)를 넣고 생수(800mL)를 부어 갈아 준 후 체에 걸러 낸다.
4. 물(1800mL)을 끓이다가 소면(180g)을 넣고 끓어오르면 찬물을 한 컵 넣어 다시 끓여 준다.
5. 삶은 소면(4번)은 찬물에 헹구어 물기를 뺀다.
6. 그릇 2개에 삶은 소면(5번)을 담고 콩국물(3번)을 붓는다.
7. 오이(1/2개)는 채썰고 방울토마토(2개)는 반으로 자른 후 고명으로 올린다.

실습 결과

구분	시식 후 감각 평가
콩국수	

더 생각해 보기

1. 콩의 흡수성에 영향을 미치는 요인에 대해 생각해 본다.
2. 콩의 비린내 제거를 위한 조리방법과 원리에 대해 생각해 본다.

더 확인할 수 있는 조리원리

• 전처리(다듬기, 씻기, 불리기, 썰기, 갈기 · 으깨기)(3장), 습열 조리(삶기, 끓이기)(4장)

CHAPTER

10

부찬용 식재료의 조리원리

1. 채소류와 버섯류 | 2. 해조류 | 3. 서류

1. 채소류와 버섯류

1) 채소류와 버섯류의 종류와 특성

(1) 채소류

채소류는 생채, 숙채 등의 나물류와 김치 등의 발효식품에 이용된다. 채소류는 섭취 부위에 따라 뿌리채소, 줄기채소, 잎채소, 꽃채소, 열매채소로 분류된다(그림, 표 10-1). 또한, 계절에 따라서도 다음 표 10-2와 같이 분류할 수 있다.

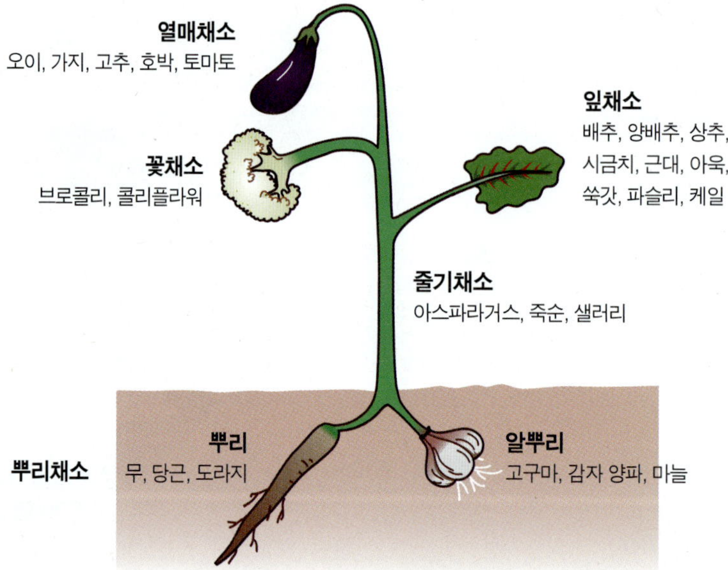

그림 10-1 | 채소의 분류

표 10-1 | 섭취 부위에 따른 채소류의 분류

분류	가식부위		채소명	용도
뿌리채소 (근채류)	뿌리		무, 당근, 비트, 도라지, 더덕	무침, 볶음. 김치, 양념 등에 이용
	알뿌리 (구근)	덩이뿌리	고구마, 순무	
		덩이줄기	감자, 돼지감자	
		뿌리줄기	생강	
		비늘줄기	양파, 마늘	

분류	가식부위	채소명	용도
줄기채소 (경채류)	줄기	샐러리, 아스파라거스, 죽순, 두릅 등	샐러드, 무침, 볶음, 장아찌, 주스 등에 이용
잎채소 (엽채류)	잎	배추, 양배추, 상추, 미나리, 부추, 무청, 쑥갓, 근대, 시금치, 케일, 파슬리, 갓 등	무침, 나물, 샐러드, 볶음, 김치 등에 이용
꽃채소 (화채류)	꽃	아티초크, 콜리플라워, 브로콜리	샐러드, 볶음 등에 이용
열매채소 (과채류)	열매	오이, 토마토, 풋고추, 가지, 피망, 단호박	샐러드, 무침, 볶음, 튀김 등에 이용

표 10-2 | 계절별 채소류의 종류

계절	채소류의 종류
봄	냉이, 달래, 쑥, 씀바귀, 돌나물, 취, 원추리, 죽순, 두릅, 꼬투리 완두
여름	열무, 깻잎, 고추, 꽈리고추, 고추잎, 호박잎, 근대, 비름, 부추, 상추, 오이, 호박, 가지, 양파, 토마토, 마늘, 피망
가을 겨울	무, 당근, 도라지, 더덕, 아욱, 토란, 토란 줄기, 고구마 줄기, 양상추, 배추, 늙은 호박, 시금치, 파

(2) 버섯류

버섯은 고유의 색과 윤기가 있으며, 많이 퍼지지 않고 싱싱하면서 두꺼운 것이 좋다. 버섯은 생으로 또는 건조하여 이용하는데, 건조한 버섯은 저장성이 향상되며 특유의 향이 좋아지고 질감이 쫄깃하다. 그러나 광대버섯, 알광대버섯과 같은 버섯에는 독 성분이 함유되어 있으므로 모르는 버섯은 조리에 이용하지 말아야 한다. 우리나라에서 식용으로 이용하는 버섯류에는 느타리버섯, 표고버섯, 양송이버섯, 팽이버섯, 송이버섯 등이 있다.

① 느타리버섯

느타리버섯은 갓 두께가 두툼하고 윤기가 있으며 버섯대가 탄력이 있고 길이가 균일한 것이 좋다. 느타리버섯은 향이 은은하고 씹히는 질감이 좋아 찢어서 잡채, 찌개, 나물 등에 사용한다.

② 표고버섯

표고버섯은 감칠맛을 내는 구아닐산이 함유되어 있어 고기와 비슷한 맛을 낸다. 생표고버섯은 씻으면 맛이 없어지므로 씻지 말고 먼지나 이물질만 털어낸 후 바로 이용하고, 건표고버섯을 찬물이나 설탕물에 담가 불리면 물을 빠르게 흡수하고 감칠맛 성분이 빠져나가는 것을 막을 수 있다. 너무 뜨거운 물에 담그면 표고버섯 특유의 향이 없어지므로 주의한다. 건표고버섯을 불리면 약 5배까지 무게가 늘어난다. 표고버섯은 볶음, 전골, 전, 구이, 탕 등에 다양하게 이용하며, 햇빛에 말린 표고버섯은 감칠맛 성분이 증가하므로 맛국물을 내는 용도로 이용한다.

③ 양송이버섯

양송이버섯은 갓이 단단하고 송이버섯에 비해 자루가 짧으며 크림색을 띠고 광택이 있으며 갓과 대 사이에 피막이 떨어지지 않은 것이 좋다. 양송이버섯의 절단면은 공기와 접촉하면 갈변되어 식감이 떨어질 수 있으므로 레몬즙을 뿌려 갈변을 방지하거나 데친 후 사용하면 좋다. 양송이버섯은 날것으로도 먹을 수 있는 버섯으로 살짝 조리하는 것이 좋으며, 수프, 피자, 구이, 통조림 등에 이용한다.

④ 송이버섯과 새송이버섯

송이버섯에는 글루탐산, 아스파르트산, 구아닐산 등이 있어 감칠맛을 내며, 특이한 향이 있다. 송이버섯은 구이, 산적, 탕, 전골, 솥밥 등에 이용하는데, 고유의 향을 보존하기 위해서 소금 양념을 하거나 양념을 거의 하지 않는다. 송이버섯처럼 향이 중요한 버섯은 톡톡 두드려 먼지를 제거하거나 젖은 행주로 살살 닦은 후 조리한다. 새송이버섯은 송이버섯 대용품으로 개발되었으며, 송이버섯보다 기둥이 두껍고 갓이 적으며, 맛과 향은 송이버섯보다 덜하나 질감은 비슷하다.

⑤ 기타 버섯류

다양한 버섯류의 종류와 특징은 표 10-3과 같다.

느타리버섯

표고버섯

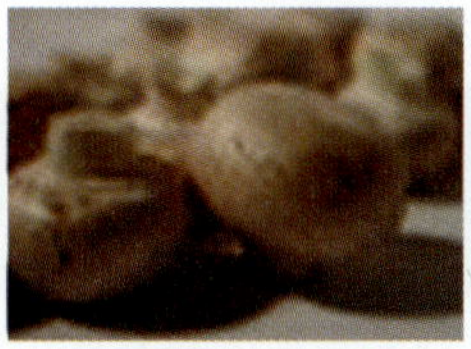

양송이버섯

송이버섯

표 10-3 | 기타 버섯류

종류	특징	용도
팽이버섯	• 특유의 달콤한 향기를 내며 씹히는 질감이 좋음 • 톱밥 부분의 밑둥을 제거하고 물에 살짝 씻은 후 사용함 • 오래 가열하면 질겨지므로 먹기 직전 또는 마지막에 넣음	국, 찌개, 전골, 전 등에 이용
목이버섯	• 맛과 향이 강하고 씹는 촉감이 좋으며, 음식에 독특한 색깔을 부여함 • 수분을 가하면 젤리처럼 부드러워지고 건조하면 단단해짐	잡채, 다양한 중국 요리에 이용
석이버섯	• 부서지지 않은 큰 것을 골라 미지근한 물에 불린 후 꼭지를 따고 뜨거운 물에서 양손으로 비벼 안쪽의 이끼를 벗겨내고 여러 번 물에 헹구어 사용함 • 돌돌 말아서 채 썰어 사용하거나 달걀 흰자에 다진 버섯을 넣어 지단을 부쳐 고명으로 사용함	지단, 떡, 보쌈김치, 국수 등의 고명으로 이용
송로버섯	• 마른 헝겊으로 표면을 닦아 이물질을 제거한 후 사용함 • 향이 매우 강해 얇게 저민 조각들을 올리브유에 담가 충분히 향이 배면 그 기름을 이용함 • 향을 살리기 위해 강한 열을 사용하지 않고 조리하는 것이 좋음	샐러드, 전채요리, 소스, 수프 등에 소량씩 이용

2) 채소류와 버섯류의 조리원리

(1) 색소의 변화

채소류는 선명하고 아름다운 색소를 가지고 있으며, 지용성 색소로는 클로로필과 카로티노이드, 수용성 색소로는 플라보노이드가 있다. 식물성 색소의 특징은 표 10-4와 같다.

● 표 10-4 | 식물성 색소의 특징

구분	클로로필	카로티노이드	플라보노이드	
			안토시아닌	안토잔틴
함유식품	녹색채소, 미숙과일	당근, 토마토, 살구, 자몽	가지, 비타민, 비트, 자색양배추	연근, 양파, 우엉, 무, 배추 줄기
기본색	녹색	노랑색~주황색	보라색, 적색	무색, 담황색
가열(장시간)	녹색 → 갈색	밝아짐	퇴색(붉은 톤의 갈색)	영향 없음
산성 용액(장시간)	녹색 → 갈색	영향 없음	적색	무색(흰색)
알카리성 용액	진한 청록색	영향 없음	청색, 초록색	황갈색
금속 이온	철 – 갈색 구리, 아연 – 선명한 녹색	영향 없음	구리, 철 – 청색 알루미늄, 주석 – 보라색	철 – 청록색 알루미늄–담황색

① 클로로필

클로로필(엽록소chlorophyll)은 식물 세포의 엽록체에 존재하며, 클로로필 분자 중심에 마그네슘 이온이 질소 원자와 결합되어 있다. 클로로필은 조리과정 중 가열, 산, 알칼리, 금속, 조직 절단(효소)에 의해 색이 변한다(그림 10–2, 10–3).

녹색채소를 끓는 물에 데치면 마그네슘 이온이 수소 이온으로 치환되어 황록색의 페오피틴pheophytin이 되는데, 발효과정 중 젖산과 아세트산에 의해 피클, 오이소박이, 배추김치가 황록색으로 변하는 이유이다. 산성조건이 지속되면 페오포바이드pheophorbid가 되어 갈색이 된다.

알카리 조건에서는 클로로필에서 피톨이 제거되어 짙은 청록색의 수용성 클로로필라이드chlorophyllide가 되고 시간이 지나면 메탄올이 가수분해되어 청록색의 클로로필린chlorophyllin이 된다. 이러한 원리로 인해 녹색채소를 데칠 때 중탄산나트륨을 넣으면 색이 선명하게 변한다.

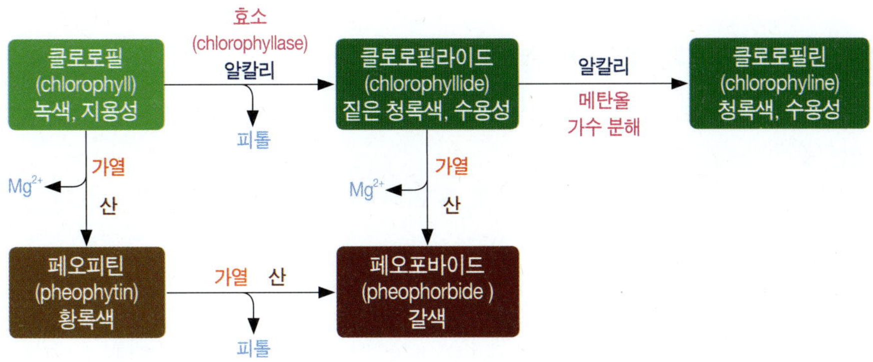

그림 10-2 | 조리 중 클로로필 색소의 변화

녹색채소를 구리, 아연 등의 금속 이온과 함께 가열하면 클로로필 중의 마그네슘 이온이 금속이온으로 치환되어 구리-클로로필, 아연-클로로필을 형성하면서 선명한 녹색이 된다. 또한 채소를 썰거나 다지게 되면 조직이 파괴되어 클로로필라제chlorophyllase가 유리되면서 지용성인 클로로필에서 피톨이 제거되어 수용성인 짙은 청록색의 클로로필라이드로 분해되어 조리수가 푸르게 된다.

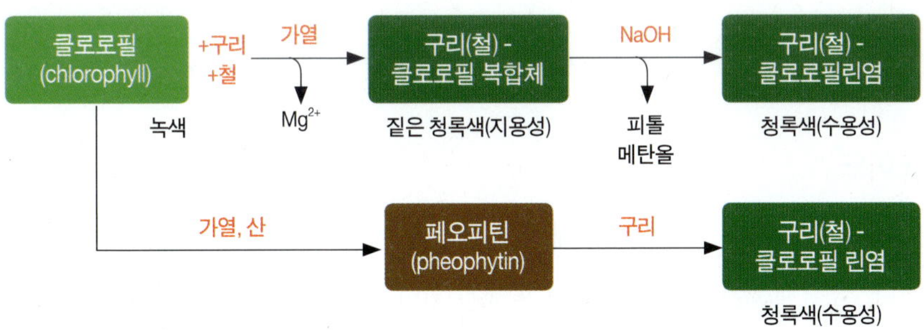

그림 10-3 | 금속 이온에 의한 클로로필 색소의 변화

지식 UP **시금치의 수산**

시금치의 수산은 체내에서 흡수된 칼슘과 결합하여 칼슘의 이용률을 낮추고, 신장 또는 요도에 결석을 만든다. 수산은 데치거나 삶으면 물에 쉽게 용출되어 제거되므로 시금치는 충분한 양의 물에 데쳐 먹으면 칼슘 흡수를 저해하지 않는다.

스킬 UP **녹색채소를 파랗게 데치는 방법**

- 냄비 뚜껑을 열고 조리: 채소의 휘발성 유기산이 증발될 수 있도록 냄비뚜껑을 열고 데치면 선명한 녹색이 된다.
- 다량의 조리수 사용: 채소 무게 5배 정도의 조리수에 데치면 비휘발성 유기산의 농도가 희석되어 선명한 푸른색이 된다.
- 소금 사용: 1~2%의 소금물에 채소를 데치면 조리수의 농도와 채소 세포액의 농도가 같아져 채소의 수용성 성분의 용출이 적어지며, 소금이 클로로필의 용출을 방해하여 녹색을 유지할 수 있다.
- 중탄산나트륨 사용: 중탄산나트륨을 소량 넣으면 선명한 청록색이 유지된다. 그러나 헤미셀룰로오스가 가수분해되어 조직이 연해지고 수용성 비타민이 파괴되는 단점이 있다.
- 찬물에 헹구기: 데친 채소를 찬물에 헹구면 세포 사이 공기층이 제거되면서 물로 채워져 더욱 선명하고 푸른색은 진해진다.

지식 UP **통조림의 완두콩이 진한 녹색을 유지하는 이유**

완두콩 통조림을 가공할 때 가열에 의한 변색을 막기 위해 0.05%의 황산구리($CuSO_4$)로 완두콩을 전처리하면 완두콩의 클로로필을 구리-클로로필(Cu-chlorophyll)로 만들어 녹색을 유지할 수 있다.

② 카로티노이드

카로티노이드carotenoid는 기름에 용해되는 지용성으로 자연계에 가장 많이 존재하는 천연 색소이다. 녹색채소의 엽록체에 클로로필과 함께 존재하며, 채소의 황색, 주황색, 적색을 나타낸다. 카로티노이드계 색소는 탄소와 수소로만 구성된 카로틴carotene과 탄소, 수소, 산소로 구성된 잔토필xanthophyll로 구분한다. 카로티노이드계 색소는 산, 알칼리에 영향을 받지 않으며, 열에 비교적 안정하여 조리할 때 색의 변화가 적다. 그러나 이중 결합을 많이 가지고 있어 장시간의 가열과 산소의 접촉, 광선에 노출되면 산화가 촉진되어 색이 변한다.

③ 플라보노이드

플라보노이드flavonoid는 수용성 색소로 당과 결합되어 있는 배당체이다. 플라보노이드계 색소는 안토시아닌, 안토잔틴, 베탈레인 등이 있다.

안토시아닌anthocyanin은 매우 불안정한 색소로 장시간 가열하면 퇴색하고 pH에 따라 색이 달라진다. 산성에서는 적색을 띠는데, 이 원리를 이용하여 생강, 적양배추를 식초에 절여 적색으로 만들거나 유지시킨다. 따라서 안토시아닌의 변색을 방지하기 위해서는 사과주스나 레몬즙을 첨가하면 좋다. 안토시아닌은 중성에서 보라색을 띠며 알칼리성에서는 청색 또는 초록색을 나타낸다. 우엉을 삶을 때 우엉 속에 들어 있는 알칼리성 무기질로 인하여 청색으로 변하는 이유이다. 조리수에 주석, 철, 알루미늄 등의 금속이 있으면 청색 또는 보라색으로 변하는데 이 때문에 가지나 검은콩을 조리할 때 철 냄비를 사용하면 더욱 검은색을 유지할 수 있다.

안토잔틴anthoxanthin은 pH와 금속에 의해 영향을 받아 색이 변한다. 조리할 때 식초를 넣으면 산에 의해 색이 더 하얗게 되고, 알칼리에서는 불안정하여 담황색으로 변한다. 이러한 원리로 인해 무초절임, 양파피클, 초밥의 밥은 더욱 하얗게 되고, 경수로 밥을 짓거나 중탄산나트륨을 넣은 찐빵은 누런색을 띠게 된다.

지식 UP 생강초절임의 색깔이 분홍색인 이유는?

회나 초밥을 먹을 때 나오는 생강초절임은 생강을 살짝 데친 후 식초에 절여 만든다. 이때 생강이 들어 있는 소량의 안토시아닌이 산성의 식초에 의해 옅은 분홍색으로 변하게 된다.

지식 UP 우엉이나 연근을 졸일 때 식초를 넣으면?

안토잔틴 색소는 산성에서는 무색(백색), 알카리성에서는 황색이 된다. 우엉이나 연근을 그대로 조리하면 갈색이 되지만, 식초를 넣으면 무색(백색)이 되어 흰색을 유지한다. 또한 연근에는 뮤신이라는 점성 물질이 있어 자른 단면에 실처럼 생기는데, 식초를 넣으면 점성을 잃게되고 아삭한 식감은 좋아진다.

(2) 향기의 변화

채소의 향기 성분은 소량의 유기산, 알데히드, 알코올, 케톤, 에스테르 등의 저분자 휘발성 화합물이 복합적인 영향을 준다. 마늘류와 배추류(십자화과)의 경우 황 또는 황 함유물이 있어 절단하거나 다지면 효소 작용에 의해 조직이 파괴되면서 휘발성이 강한 저분자 황화합물로 분해되어 강한 냄새가 난다(그림 10-4, 10-5).

① 마늘류

마늘, 파, 양파, 부추, 달래 등을 다지거나 절단하면 채소에 들어 있는 알린alliin이 알리나제allinase에 의해 알리신allicin을 형성한다. 알리신은 매운맛 성분으로 불쾌한 향은 없으나 장시간 가열과 산에 의해 디알릴디설파이드diallyl disulfide가 형성되어 불쾌한 향을 낸다. 마늘의 불쾌한 향을 줄이기 위해서는 다진 마늘은 바로 사용하고 냉동 보관하는 것이 좋다.

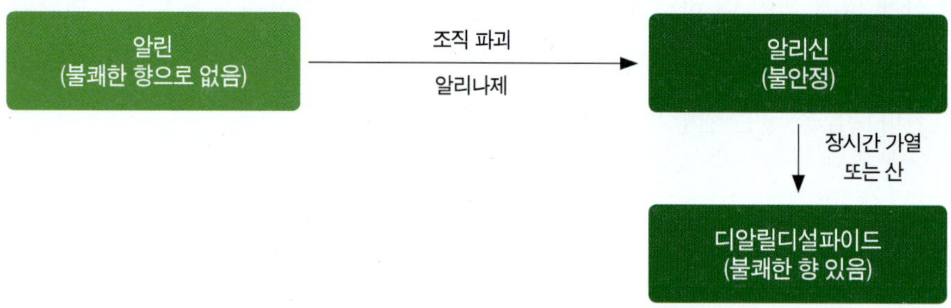

그림 10-4 | 조리 중 마늘류 향기 성분의 변화

② 배추류(십자화과)

배추, 양배추, 무, 갓, 브로콜리, 콜리플라워 등의 배추류(십자화과) 채소와 겨자, 와사비 등에는 시니그린sinigrin이라는 황화합물이 있다. 배추를 썰거나 절단하면 시니그린에 미로시네이스myrosinase가 작용하여 겨자유를 생성하는데, 겨자유는 생배추를 썰 때 풍기는 향긋한 냄새 성분이다. 그러나 배추를 가열 조리하면 겨자유가 분해되어 황화수소와 디메틸디설파이드dimethyldisulfide를 생성하여 강한 불쾌취를 내는데, 불쾌취를 줄이기 위해서는 배추를 너무 오래 가열하지 않는 것이 좋다. 또한 미로시네이스의 최적 온도는

30~40℃로 겨잣가루를 따뜻한 물에 개어 두면 미로시네이스에 의해 매운맛과 특유의 향이 난다.

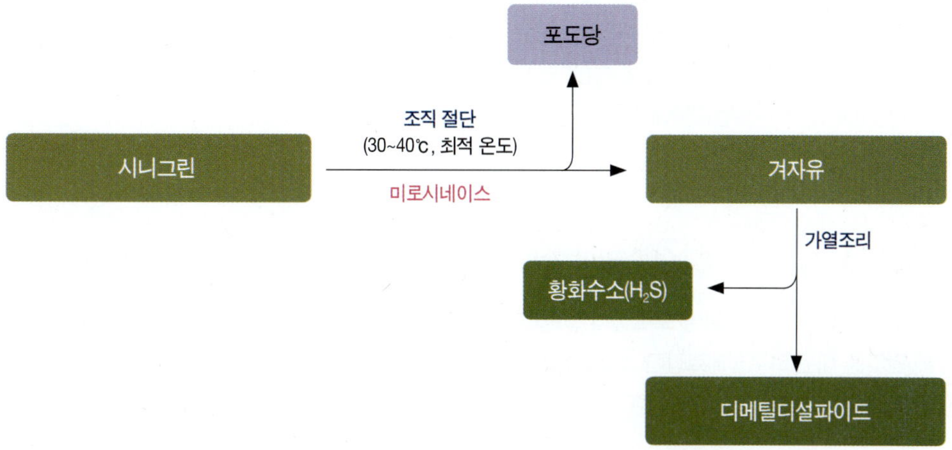

그림 10-5 | 조리 중 배추류(십자화과) 향기 성분의 변화

스킬 UP 양파를 썰 때 눈물이 안 나게 하는 방법

양파를 썰 때 눈물이 나게 하는 티오프로파날 S-옥사이드(thiopropanal-S-oxide)는 휘발성이며, 물에 잘 녹는다. 이 최루 성분은 다량의 S-프로페닐 시스테인 설폭사이드가 알리나제에 의해 분해되어 생긴다. 따라서 양파를 물에 담근 채로 껍질을 벗기고 물에 젖은 상태로 빨리 절단하면 눈물이 안 나게 할 수 있다. 대량으로 양파를 절단할 때는 여러 개의 촛불을 켜 놓으면 S-프로페닐 시스테인 설폭사이드가 열에 의해 분해되어 눈물샘의 자극을 줄일 수 있다. 또한 양파껍질을 벗기고 눈이 아플 때에도 물로 씻으면 금방 괜찮아진다.

(3) 맛의 변화

채소는 고유의 향과 함께 매운맛, 쓴맛, 떫은맛, 아린맛 등이 있다. 채소를 물에 삶으면 수용성 맛 성분이 용출되어 고유의 맛을 잃을 수 있으므로 소량의 물에 단시간 조리하는 것이 좋다. 오이꼭지나 양파껍질의 쓴맛 성분, 죽순 · 토란 등의 아린맛 성분은 소량일 경우 맛에 영향이 적지만, 다량일 경우에는 불쾌감을 줄 수 있으므로 제거해야 한다.

스킬 UP 채소의 쓴맛, 떫은맛, 아린맛 제거 방법

- 쓴맛(더덕, 도라지, 씀바귀): 물 또는 1% 소금물에 담근다. 씀바귀의 경우 쌀뜨물을 이용하기도 하며 찬물에 오랫동안 우려낸 다음 조리하는 것이 좋다.
- 떫은맛(고사리, 고비): 끓는 물에 데친다.
- 아린맛(죽순, 토란): 쌀뜨물에 삶는다.

지식 UP 양파를 가열하면 단맛이 강해지는 이유는?

양파의 매운맛 성분인 알릴 프로필디설파이드 등의 유황화합물이 열에 의해 분해되어 설탕의 50배 단맛을 내는 프로필메르캅탄(propyl mercaptane)을 형성한다. 따라서 볶음을 할때 단맛을 내기 위해서는 양파를 먼저 볶으면 좋다.

(4) 질감의 변화

채소의 질감에는 섬유소와 헤미셀룰로오스, 펙틴이 영향을 준다. 채소를 가열하면 세포 사이를 견고하게 결착시키는 불용성의 프로토펙틴이 용해성 펙틴으로 변하여 채소가 연해진다. 식이섬유소가 많고 질긴 채소를 삶을 때 알칼리인 중탄산나트륨을 첨가하면 헤미셀룰로스가 분해되어 식이섬유소가 연화되나 삶는 시간이 너무 길어지면 섬유소의 분해가 지나쳐 질감이 나빠진다. 식초를 넣은 물에서 연근을 익히면 아삭아삭해지는 것은 산이 펙틴의 가수 분해를 억제하여 질감이 단단해지기 때문이다. 경수에서 채소를 삶으면 금속 이온이 채소의 펙틴과 불용성 복합체를 형성하여 섬유소가 잘 연해지지 않는다. 토마토 통조림과 오이피클을 제조할 때 염화칼슘을 첨가하기도 하는데, 이는 토마토와 오이의 질감을 단단하게 하기 위해서다.

지식 UP 고사리를 데쳐서 말리는 이유는?

생고사리에는 프타킬로사이드(ptaquiloside)라는 독성 물질과 비타민 B_1을 파괴하는 티아미나아제(thiaminase)라는 효소가 있으므로 채취 후 5분 이상 삶아서 말린 후 사용하면 독성 물질도 제거되고 효소의 작용도 억제할 수 있다. 건고사리를 이용할 때는 하루 정도 물에 불린 후 사용하는데, 이때 물은 수시로 갈아 주는 것이 좋다.

3) 채소류와 버섯류를 이용한 조리

(1) 김치

김치는 주원료인 배추에 마늘, 생강, 파, 무 등의 여러 가지 양념류를 혼합하여 저온 숙성하여 만든 발효식품이다. 김치는 혐기적인 상태에서 숙성되므로 용기에 담을 때는 꼭꼭 누르거나 무거운 돌로 눌러 공기를 제거한다. 김치의 숙성에는 소금의 농도와 온도가 영향을 미치며, 5℃에서 20일 정도 저장하여 pH가 4.3 정도일 때 맛과 영양이 우수하다.

김치의 발효 과정이 지나치면 과숙 현상으로 산패가 일어나며, 김치가 공기와 접촉하면 산막효모에 의해 효소가 분비되어 펙틴질이 분해되면서 김치가 물러지는 연부 현상이 일어난다.

지식 UP 산막효모란?

산막효모(film yeast, 골마지)는 호기성으로 간장, 김치, 된장, 술 등 물기가 있는 발효식품이 숙성하는 동안 산소가 풍부한 표면에 증식하여 주름 모양의 흰색막을 만든다. 산막효모가 증식하면 이취(군덕내)가 나고 물러짐(연부) 현상이 나타난다. 산막효모는 호기성일 때 증식하므로 공기 중에 노출되지 않도록 위생비닐로 김치 표면을 밀착시켜 덮거나 국물에 푹 담그어 혐기 조건을 유지하고 4℃ 이하의 저온으로 저장하면 산막효모의 생성을 방지할 수 있다. 산막효모는 독성이 없으므로 산막효모가 생겼다면 이것을 걷어 내고 물에 씻어 가열해 먹으면 된다.

지식 UP 배추를 절일 때 천일염이 좋은 이유는?

배추를 절일 때 천일염을 이용하면 배추 세포막의 펙틴이 천일염에 있는 마그네슘 또는 칼슘과 결합하여 물에 잘 녹지 않은 불용성 염을 형성하므로 채소의 단단함을 유지하여 씹힘성이 좋아진다.

지식 UP 배추를 절인 후 최종 배추의 염도는?

배추의 최종 염도는 3% 정도가 좋다. 3% 염도를 만들려면 20% 소금물에서는 3시간, 15% 소금물에서는 6시간, 3% 소금물에서는 24시간 절이면 된다.

(2) 장아찌

장아찌는 오이, 무, 양배추, 양파, 마늘종, 고추, 연근 등을 소금, 간장, 식초 등에 담가 만든다. 특히 오이지는 길이가 짧고 육질이 단단한 것을 선택하여 깨끗이 씻은 후 항아리에 담고 10% 소금물을 끓인 후 뜨거운 상태로 오이에 붓고 무거운 돌로 누른 후 숙성시켜 먹는다.

(3) 샐러드

채소를 물에 담가 두면 삼투압으로 인하여 물이 세포 내로 흡수되어 세포 내외의 압력이 같아지면서 세포가 팽윤되어 압력이 증가하므로 씹었을 때 아삭하게 된다. 채소를 찬물에 담가서 아삭하게 되면 남아 있는 물기를 제거하고 드레싱을 뿌린다. 이때 물기를 잘 제거해야 드레싱의 맛이 희석되지 않아 샐러드가 맛이 있다.

(4) 나물과 무침

나물은 산나물, 들나물 등의 채소를 데치거나 삶아서 갖은 양념을 하여 만든 것으로 조리방법에 따라 기름을 넣어 볶고 양념하는 볶음나물과 뜨거운 물에 데친 후 양념으로 무치는 나물로 구분한다. 나물의 종류로는 도라지나물, 고사리나물, 애호박나물, 오이나물, 가지나물, 박나물, 무나물, 시래기나물, 물쑥나물, 두릅나물, 씀바귀나물 등이 있다.

무침은 생채소를 익히지 않고 초장, 초고추장 또는 겨자장 등을 사용하여 달고 새콤하게 무쳐먹는 나물류로 도라지생채, 오이생채, 무생채, 더덕생채, 겨자채 등이 있다. 채소에 초장, 초고추장 또는 겨자장을 넣으면 간이 알맞고 부드럽게 되지만 세포의 수분과 산에 의해 마그네슘 등의 무기질이 유출된다. 따라서 무침을 할 때 색깔이 변하고 맛이 싱거워지며 국물이 많이 생길 수 있으므로 모든 재료는 준비해 두었다가 먹기 직전에 무치는 것이 좋다.

(5) 버섯류의 조리

버섯류는 맛과 향, 질감이 좋아 국, 찌개, 볶음, 무침 등의 다양한 조리에 이용하며, 조리할 때 간이나 향을 강하게 하지 않는다. 또한 버섯의 향을 그대로 유지하기 위해 살짝 씻어 양념을 하지 않고 굽거나 끓이는 것이 좋다.

전골에는 표고버섯, 느타리버섯, 팽이버섯 등을 사용하는데 너무 오래 끓이면 질겨질 수 있으므로 팽이버섯 등은 마지막에 넣어 부드러운 질감과 독특한 향을 살리도록 한다. 튀김과 전을 할 때에는 버섯의 수분을 제거하고 밑간을 한 후 반죽을 묻혀 튀기거나 전을 부친다. 이때 달걀 흰자와 전분을 넣은 반죽을 이용하면 바삭한 튀김을 만들 수 있다.

2. 해조류

1) 해조류의 종류와 특성

해조류는 바다에서 생산되는 조류를 통칭하는 것으로 우리나라 근해에 서식하는 약 500여 종의 해조류 중 50여 종만 식용으로 이용한다. 식용 해조류 중 미역과 다시마를 주로 이용하고 있으며, 보통 건조 상태로 유통된다. 해수면으로부터 바다의 깊은 곳까지 서식하는 위치에 따라 광합성 능력이 달라 색깔이 달라지며, 녹조류, 갈조류, 홍조류로 분류한다(그림 10-6). 이 중 녹조류가 해수면과 가장 가까운 곳에 서식한다.

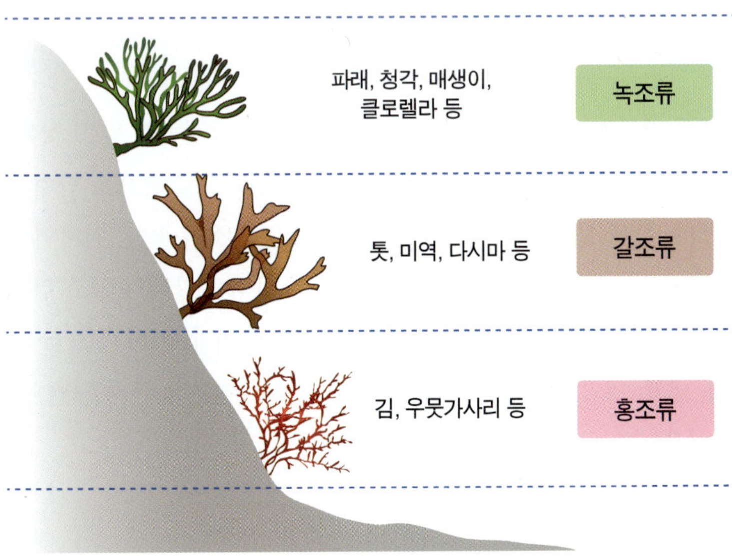

그림 10-6 | 해조류의 분류

(1) 녹조류

① 파래

파래는 선명한 녹색을 띤 어린잎으로 광택이 있는 것이 좋으며, 디메틸설파이드에 의해 특유의 향을 낸다. 생파래는 진한 초록색으로 잡티와 불순물이 없으나 건파래는 건조하는 과정에서 먼지와 잡티가 혼입되므로 잘 고른 후 사용하여야 한다. 생파래는 초무침, 전, 매작과 등의 색을 내는 데 이용하고, 건파래는 볶음, 구이, 국, 죽, 장아찌 등에 이용한다.

② 청각

청각은 수확 후 염장 또는 건조하여 저장했다가 김장김치의 고명과 양념, 무침 등으로 사용한다. 청각은 젓갈이나 생선의 비린내, 마늘 냄새를 중화시키고 뒷맛을 개운하게 하는 특징이 있다.

③ 매생이

매생이는 청정 지역에서만 자라며, 겨울에 채취한 것을 이용한다. 굴과 함께 국을 끓이거나 칼국수, 떡국 등에 넣어 함께 조리한다.

(2) 갈조류

① 미역

미역은 재래식 장곽(넓고 길쭉한 미역), 염장 미역, 굵은 실처럼 만든 것이 있다. 마른 미역은 눅눅하지 않고 잘 말라 있으며, 검은빛이 도는 갈색으로 손으로 만져 보아 부드럽고 줄기가 적으며, 물에 불릴 때 조각조각 풀어지지 않는 것이 좋다. 건미역은 물에 넣으면 10배 정도 불어나므로 사용량에 주의해야 한다. 생미역은 잡티가 없고 검푸른 빛이 고르게 보이며 두꺼운 것이 좋다. 건미역은 국, 찌개, 부각, 튀각, 자반 등으로 이용하며, 물미역은 초무침, 냉채, 냉국, 쌈, 장아찌, 샐러드로, 염장 미역은 소금기를 뺀 후 쌈밥, 샐러드, 무침 등에 이용한다.

② 다시마

다시마는 색이 검고 잘 건조되어 빳빳하고 두꺼운 것이 좋다. 다시마 표면의 흰 가루는 건조할 때 생긴 천연 물질로 만니톨mannitol이며, 감칠맛을 내는 글루탐산, 아스파트산, 호박산, 핵산 등을 함유하고 있어 국물 맛을 내는 데 사용한다. 다시마를 끓일 때 특유의 냄새와 점성 물질들이 함께 추출되어 맛이 떨어질 수 있으므로 오래 끓이지 않도록 한다. 다시마는 육수, 튀각, 부각, 조림, 쌈, 차 등으로 이용한다.

③ 톳

톳은 색이 검고 광택이 있는 것이 좋으며, 가을과 겨울에는 건조한 상태로 보관하며 사용한다. 생으로 먹으면 비린 맛이 있으므로 데친 후 사용하며, 밥, 나물, 무침, 냉국, 샐러드로 이용한다.

④ 모자반

모자반은 염장이나 건조된 것으로 유통되며, 염장 모자반은 물에 담가 소금기를 제거하고 조리에 이용하며, 건조 모자반은 물에 불린 후 데쳐서 물기를 짠 후 무침, 국, 전, 장아찌 등으로 이용한다.

스킬 UP 미역과 다시마를 손질하는 방법

- 건미역: 10분 정도 부드러워질 때까지 물에 담가 불린 후 주물러 씻어 거품과 점액질을 빼고 물이 맑아질 때까지 헹군다.
- 생미역: 엷은 소금물에 담갔다가 거품이 나도록 주물러 씻은 후 헹군다.
- 염장미역: 물로 주물러 씻고 찬물에 담가 짠맛을 우려낸 후 헹구어 사용한다.
- 건다시마: 씻지 않고 젖은 헝겊으로 표면을 닦은 후 사용하는 것이 좋으며, 오래 끓이면 쓴맛을 내므로 10분 이내로 끓인 후 건져낸다.
- 염장다시마: 겉에 소금을 씻어 내고 찬물에 담가 짠맛을 우려낸 후 사용하거나 끓는 물에 데쳐 사용한다.

(3) 홍조류

① 김

김은 검고 윤기가 나는 것이 좋으며 김에는 재래김, 돌김, 파래김 등이 있다. 재래김은 다른 김에 비해 크기가 크고, 엷게 떠서 건조하여 구멍이 많지만 부드러워서 밥에 싸 먹기 좋다. 돌김은 두껍고 꺼칠꺼칠하며, 파래김은 연녹색을 띠고 얇은 특징이 있다. 김은 색, 냄새, 맛의 변화가 빠르므로 보관할 때는 습기가 없고 서늘하며 어두운 곳에 보관하는 것이 좋다.

김은 구이, 부각, 장아찌, 국 등으로 이용하는데, 김구이를 할 때 기름을 발라 구우면 색과 맛이 좋으며, 입 안에서의 촉감도 부드러워진다.

지식 UP **김의 색깔이 시간이 지남에 따라 다른 이유는?**

김은 신선한 생김일 때 검게 보이나 오래된 김은 붉은색으로 보인다. 그 이유는 보관 중 광선, 수분, 산소 접촉을 통해 클로로필과 잔토필이 분해되어 붉게 변하기 때문이다. 오래된 김은 맛도 떨어지며 향기와 윤기도 없어진다. 또한 김을 구우면 파랗게 보이는데, 이것은 열에 의해 적색의 피코에리스린(phycoerythrin)이 수소화되어 청색의 피코시안(phycocyan)으로 변하고 이것이 클로로필 색소와 함께 파랗게 보이는 것이다.

지식 UP **김을 구울 때 두 장을 겹쳐 굽는 이유는?**

김을 구우면 열에 의해 단백질이 변성하면서 김이 수축하게 된다. 김을 두 장 겹쳐 구우면 열에 의해 휘발하는 수분과 향기 성분이 다른 한 장의 김에 흡수되어 지나치게 바짝 구워지거나 향이 날아가는 것을 방지할 수 있다.

② 우뭇가사리

우뭇가사리를 이용하면 세포 사이에 함유되어 있는 다당류인 한천을 추출할 수 있다. 추출한 한천으로 우묵을 만들어 국, 무침 등에 사용하고 있다. 우뭇가사리는 펙틴 대신 양갱, 잼, 젤리, 수프, 과자, 푸딩 등의 제조에도 이용한다.

2) 해조류의 조리원리

(1) 한천의 제조 및 주성분

한천은 홍조류인 우뭇가사리에 물을 넣고 푹 삶았을 때 추출되는 다당류로 주성분은 갈락토오스로 구성된 갈락탄galctan이며, 아가로스agarose와 아가로펙틴agaropectin으로 구성되어 있다. 직선의 구조를 가진 아가로스는 젤 형성 능력이 뛰어나고 응고성이 있으며, 아가로펙틴은 젤 형성 능력은 떨어지나 점탄성을 향상시키는 성질이 있다.

(2) 한천의 조리원리

한천을 0.2~1.5% 정도로 녹인 후 식히면 젤을 형성하고 응고성, 점탄성, 보수성이 있어 과일젤리와 양갱 등을 만들 때 이용한다. 과일젤리는 물에 불린 한천을 끓여 녹인 후 설탕을 넣고 가열하여 60℃일 때 과즙을 넣고 틀에 넣어 냉각한다. 양갱은 물에 불린 한천을 끓여 녹인 후 설탕과 앙금을 넣고 다시 끓인 것을 틀에 넣어 굳혀 만든다. 팥, 밤, 고구마로 만든 앙금은 비중이 무거워 가라앉을 수 있으므로 40℃ 정도일 때 앙금을 넣고 잘 저은 후 응고시켜야 앙금과 한천이 분리되지 않는다.

한천 젤을 방치할 때 젤 내부의 망상 구조가 서서히 수축하면서 그 사이의 액체가 빠져나와 부피가 줄어드는 이액(이장) 현상syneresis이 일어날 수 있다. 이액 현상은 한천의 농도, 가열 시간, 저장 온도, 첨가물 등에 영향을 받는데, 한천 농도가 높거나 가열 시간이 길어지면 젤의 강도가 커져 이액 현상을 줄일 수 있다. 또한 젤을 방치하는 시간을 줄이고 60%까지 설탕의 첨가량을 늘리거나 3~5% 소금을 첨가해도 이액 현상을 줄일 수 있다.

지식 UP 응고제의 종류 및 특성

한천은 식물성 추출물로 우뭇가사리를 삶아서 얻은 것이고, 젤라틴은 동물성 추출물로 동물의 가죽, 연골 등을 구성하는 단백질인 콜라겐을 가열하여 얻은 것이다. 다양한 응고제의 종류 및 특징은 표 10-5와 같다. 응고제에 물을 넣어 끓이면 유동성 있는 졸로 변하고, 이것을 냉각하면 젤이 되는 성질이 있다(2장 참고). 졸 상태에서 설탕, 과즙, 앙금 등의 부재료를 혼합하여 과자류를 만드는 데 이용한다.

표 10-5 | 응고제의 종류 및 특성

구분		한천	젤라틴	펙틴
원료		우뭇가사리	동물의 가죽, 힘줄, 연골 등	감귤류, 사과 등
주성분		갈락탄(다당류)	콜라겐(단백질)	갈락투론산(다당류)
용해 준비		물에 담금 판: 30분 이상 분말: 5분	물에 담금 판: 20분 분말: 5분	입자가 고운 설탕과 혼합
용해 온도		90~100℃	40~50℃	90~100℃
젤화 조건	사용 농도	0.2~1.5%	3~4%	0.5~1.5%
	응고 온도	28~35℃ (실온)	5~12℃ (냉장)	28~35℃ (실온)
	산의 영향	젤화 능력 저하	젤화 강도 저하	산이 없으면 젤화되지 않음
젤 특성	제품 특성	단단하고 점성과 탄력성이 없으며 투명감이 낮음	부드러우며 점성과 탄력성이 있음	탄력성이 조금 있음
		보수성이 적고 이액 현상 일어남	보수성이 크고 이액 현상 없음	pH와 당량이 적당하지 않으면 이액 현상 일어남
	열 안정성	1~35℃에서 안정	23.5~25℃	1~35℃에서 안정
용도		양갱, 푸딩, 젤리, 케이크 장식, 셔벗 등	족편, 젤리, 무스케이크, 마시멜로 아이스크림 등	잼, 젤리

지식 UP **생미역을 데치면 색이 변하는 이유는?**

검은빛을 띠는 생미역은 85℃ 이상의 뜨거운 물로 데치면 선명한 녹색으로 변한다. 이것은 생미역 속의 클로로필과 결합된 지단백질이 변성하면서 클로로필이 표면으로 나오기 때문이다.

3) 해조류를 이용한 조리

(1) 국

미역국을 끓이기 위해 미역을 고를 때는 검은 색깔을 띠며, 손으로 만졌을 때 부드러운 느낌과 줄기가 적은 것을 선택한다. 미역국은 불린 미역과 소고기를 간장과 참기름에 볶아 뽀얗게 끓이거나, 양지머리나 사골 등을 고아서 만든 국물에 미역을 넣어 끓이기도 한다. 또한 육류를 넣지 않고 멸치육수에 미역만 넣고 끓이기도 하고 홍합이나 바지락, 가자미 등의 어패류를 넣어 끓이는 방법도 있다.

다시마에는 글루탐산 등 맛 성분이 많아 국물을 낼 때 많이 이용한다. 국물을 낼 때 다시마 특유의 냄새와 점성 물질의 추출로 맛이 저하되는 것을 막기 위해 다시마에 칼집을 내고 냉수에 2~4시간 동안 담갔다가 사용하거나 처음부터 찬물에 넣고 가열하여 끓기 직전에 불을 끄고 5~10분 후 다시마를 건져 내어 맛 성분을 용출시킨다.

(2) 구이

김은 검은빛을 내고 광택이 있으며, 불에 구웠을 때 청록색으로 변하는 것이 좋다. 김은 참기름이나 들기름을 바르고 소금을 뿌려 굽는다. 김을 구우면 감칠맛 성분과 향기 성분이 발현된다.

(3) 부각

부각은 건조 저장법의 하나로 김이나 다시마를 손질하여 찹쌀풀을 끓여서 바르고 말린 후 160~170℃의 기름에 튀긴 것이다. 기름에 튀기면 하얗게 부풀고 바삭하면서 고소한 부각이 된다. 김으로 부각을 만들 때는 얇은 김에 풀을 발라 두 겹 또는 세 겹으로 겹쳐서 말려야 튀겼을 때 켜가 있고 부풀어 부피감이 생긴다.

(4) 튀각

튀각은 다시마를 적당한 크기로 잘라 그대로 기름에 튀겨낸 음식으로 튀각용 다시마는 주름이 없이 두꺼운 것이 좋다. 튀각을 만들 때 낮은 온도에서 튀기면 흡유량이 많아 바삭하지 않으므로 기름의 온도가 170℃ 정도일 때 다시마를 넣어 부풀어 오르면 바로 뒤집고 꺼낸다. 다시마를 잘라 매듭 모양으로 묶어 기름에 튀긴 것은 매듭자반이라고 한다. 튀긴 다시마가 뜨거울 때 설탕을 뿌리고 마른 반찬으로 먹는다. 튀각은 미역 등을 이용해서도 만든다.

(5) 양갱

양갱은 한천을 물에 30분 정도 불리고 가열·용해시킨 후 설탕과 앙금을 넣고 다시 끓인 것을 틀에 넣고 응고시킨다. 이때 양갱 앙금의 재료로 사용하는 팥, 밤, 고구마 등은 비중이 커 가라앉으면서 한천과 분리되므로 분리를 예방하기 위해서는 한천 젤이 응고되기 직전 온도인 40℃일 때 넣어 잘 섞은 후 응고시킨다.

3. 서류

1) 서류의 종류와 특성

(1) 감자와 고구마

감자는 1년생 식물로 땅 속에서 굵어진 덩이줄기를 식용으로 한다. 껍질에는 황색, 적색, 자색 색소가 함유되어 있고 안쪽에는 전분이 들어 있다. 감자는 덩이줄기의 모양에 따라 구형, 원통형, 타원형 등으로 구분할 수 있으며, 단백질과 전분 함량에 따라 점질감자waxy potato와 분질감자mealy potato로 구분할 수 있다. 점질감자와 분질감자의 조리적 특성과 용도는 표 10-6과 같다. 최근에는 껍질의 색에 따라 흰색, 적색, 자색 등의 감자가 생산되며, 최근 개발된 적색과 자색의 감자는 아린맛이 없어 생으로 먹을 수 있다(그림 10-7).

표 10-6 | 점질감자와 분질감자의 조리적 특성과 용도

분류	조리적 특성	용도
점질감자	• 전분의 함량이 적고 단백질 함량이 많음 • 단단하고 찰짐 • 노란 속살	볶음, 조림, 샐러드, 감자튀김
분질감자	• 전분의 함량이 많고 단백질 함량이 적음 • 포슬포슬한 질감 • 흰 속살	찐감자, 오븐구이, 메시드포테이토

그림 10-7 | 유색감자

지식 UP 점질감자와 분질감자를 구분하는 방법

점질감자는 둥근 모양에 가깝고 껍질이 얇고 부드러우며 겉껍질이 일어나지 않으며 속살이 단단하다. 국내 생산의 70~80%를 차지하는 수미감자가 대표적인 품종이다. 분질감자는 모양이 약간 납작하며 껍질이 두꺼운 편이고 겉껍질이 일어나 있다. 점질감자와 분질감자를 구분하는 방법은 표 10-7과 같다.

표 10-7 | 점질감자와 분질감자의 구별법

점질감자(익힌 감자)		분질감자(익힌 감자)	

감자의 유독 성분인 솔라닌solanine은 감자가 햇빛에 노출되어 녹색으로 변한 껍질과 발아 중인 감자 싹에 존재하며 가열 조리해도 분해되지 않으므로 감자 싹과 초록색 부분으로 변한 껍질은 두껍게 도려내고 조리해야 한다. 셉신sepsine은 감자가 썩으면 생기는 독성 물질로 심한 중독을 일으키므로 섭취에 주의한다.

지식 UP 감자 보관 방법

감자는 박스에 넣어 햇빛이 차단되고 통풍이 잘되는 저온의 공간에서 보관하는 것이 좋다. 이때 박스당 1개의 사과를 넣어 두면 사과에서 생성된 에틸렌(ethylene) 가스가 감자의 숙성을 지연시켜 싹이 나는 것을 억제한다.

고구마는 수분이 적고 질감이 밤과 같은 분질고구마와 수분이 많고 단맛이 강한 점질고구마로 분류한다. 고구마는 껍질이 적색이며 육질은 황색 또는 황백색인 품종과 육질이 호박처럼 노란 호박고구마, 보라색을 띠는 자색고구마 등이 있다.

고구마는 저장성이 낮아 연부병이나 흑반병에 의해 변질되기 쉬운데, 흑반병으로 껍질이 갈색을 띠거나 검은 반점이 생기면 유독 물질이 생성되어 쓴맛이 나며, 가열 조리하여도 쉽게 파괴되지 않는다.

한편, 감자는 전분, 알코올, 물엿, 포도당, 주정 등의 가공 원료로, 고구마는 고구마가루, 전분, 알코올, 물엿, 당면, 고추장, 주정의 가공 원료로 이용된다.

지식 UP 관수 현상이란?

관수 현상은 홍수 또는 고구마 밭의 배수가 잘 되지 않은 경우 고구마의 세포 중 삼투 작용을 맡고 있는 칼슘과 마그네슘 이온이 세포막의 펙틱과 결합하여 불용성화되면서 조직이 연화되지 않고 생고구마와 같은 질감을 나타내는 것을 말한다. 관수 현상은 고구마를 −10℃에서 24시간 냉동하거나 70℃에서 1시간 가열한 경우 또는 고구마를 삶다가 불이 꺼져 방치했다가 다시 삶는 경우에도 발생할 수 있으며, 이때는 재가열해도 연화되지 않는다.

(2) 기타 서류의 종류 및 특징

감자와 고구마 이외의 서류에는 토란, 마, 구약감자, 카사바, 야콘 등이 있다. '타로'라고도 부르는 토란은 질감이 감자와 비슷하나, 갈락탄, 펜토산, 덱스트린, 자당이 특유의 맛을 낸다. 토란의 점질 물질인 갈락탄galactan은 조미료의 흡수를 방해하고 국물을 넘치게 하므로 소금으로 비비거나 1% 소금물에 삶아 점질 물질을 제거한 후 사용한다. 토란의 아린맛은 물에 담가 두거나 소금물에 삶으면 제거된다. 토란은 가을에 토란탕으로, 토란줄기는 껍질을 벗긴 후 건조시켜 나물, 볶음으로 이용한다.

'얌'이라고도 부르는 마에는 뮤신이라는 점액 물질이 있어 끈적이는 성질이 있다. 마는 점성이 강하여 갈아서 생식하거나 삶아서 즙, 조림, 샐러드, 튀김 등으로 이용한다. 구약감자는 수용성 식이섬유인 글루코만난glucomannan을 함유하고 있는데, 글루코만난에 알칼리를 첨가하고 가열하면 탄력 있는 젤 상태의 곤약을 만들 수 있다. 고구마와 비슷하게 생긴 카사바는 전분 함량이 많아 타피오카 전분을 만드는 데 사용한다. 카사바는 전분, 술, 빵, 버블티 등의 재료로도 이용된다.

지식 UP 토란과 참마를 손질할 때 간지러운 이유는?

토란과 참마의 껍질에 있는 수산칼슘 때문이다. 따라서 토란이나 참마의 껍질을 벗길 때에는 키친타월이나 행주 등을 이용하여 손에 닿지 않도록 하는 것이 좋다. 다른 방법으로 식초물에 담갔다가 사용하는 방법도 있으나 토란의 풍미가 변할 수 있는 단점이 있다.

2) 서류의 조리원리

(1) 갈변 현상

감자, 고구마, 마 등의 껍질을 벗기거나 마쇄한 후 공기 중에 방치하면 티로시나아제tyrosinase와 폴리페놀산화 효소polyphenoloxidase의 작용에 의해 티로신tyrosine과 클로로겐산chlorgenic acid이 갈색 색소인 멜라닌melanine으로 변하는 효소적 갈변 현상이 일어난다.

감자, 고구마 등의 갈변을 억제하기 위해서는 물에 담그거나 가열하여 수용성인 티로시나아제를 제거하거나, 소금물에 담가 염소 이온으로 효소를 억제하거나, 레몬즙 또는 식초 등을 이용하여 pH를 산성으로 낮추어 효소를 억제하거나, 진공 포장을 하여 산소를 제거하면 된다.

지식 UP 고구마의 절단면에서 나오는 유백색의 점액 성분은?

얄라핀(jalapin)은 고구마가 상처를 보호하기 위해 내보내는 성분이다. 이 성분은 점성이 있으며 공기 중에 노출되면 산화되어 갈변 또는 흑변이 된다. 물에 녹지 않으므로 씻어도 제거되지 않으며, 미숙한 상태의 고구마에 함유량이 많고 수확 후 점차 감소한다.

(2) 가열에 의한 변화

고구마는 저장 기간 동안 전분 함량이 줄어들고 당 함량이 증가하는데, 이것은 전분이 β–아밀라아제에 의해 맥아당으로 분해되기 때문이다. 고구마를 구울 때 β–아밀라아제의 당화 작용을 돕기 위해 최적 온도인 55~65℃를 유지하면서 천천히 가열하면 단맛이 강해진다. 고구마를 전자레인지로 가열하면 고구마의 내부 온도가 급속히 상승하여 β–아밀라아제가 전분을 분해하는 시간이 짧아지기 때문에 뜨거운 맥반석 속에 묻어 천천히 구운 고구마나 온도를 조절한 오븐에서 구운 고구마보다 단맛이 적다.

3) 서류를 이용한 조리

(1) 감자와 고구마의 조리

감자는 저장성이 높고 맛이 담백하여 감자볶음, 감자튀김, 감자전, 감자조림, 수제비 등 다양한 조리법으로 이용되고 있으며, 서양에서는 육류 요리와 곁들여 이용한다.

점질감자는 찌거나 삶아도 부서지지 않으므로 기름에 볶는 요리에 적합하며, 샐러드나 조림에 이용한다. 분질감자는 찐감자, 오븐을 이용한 구운감자, 매시드포테이토, 튀김에 적합하다.

감자볶음을 할 때 자른 단면에 전분이 있으면 끈적거리고 서로 달라붙게 되므로 물에 담가 전분을 잘 씻어 낸 후 볶는다. 메쉬드포테이토는 뜨거울 때 으깨야 부드럽고 점성이 없다. 감자가 식으면 끈기가 생겨 으깨기 어려워지는데, 이것은 세포막이 파괴되어 호화 전분이 밖으로 빠져나와 점성이 생기기 때문이다. 해시브라운은 삶은 감자를 강판으로 갈아 달걀, 우유, 소금으로 간을 하고 둥글납작하게 하여 버터를 두른 팬에 구워 낸 것이다.

고구마는 당분이 다량 함유되어 있어 한정된 조리에만 사용하고 있으며, 찐고구마, 군고구마, 튀김, 샐러드 등으로 조리한다.

(2) 기타 서류의 조리

토란은 가을에 토란탕과 토란병으로 조리하고, 참마는 갈아서 생식하거나 삶거나 쪄서 샐러드에 이용한다. 구약감자는 묵처럼 젤화시켜 곤약을 만들어 저칼로리 다이어트식품으로 이용한다.

카사바의 감미종은 고구마처럼 삶아 식용한다. 카사바는 타피오카 전분의 원료로 사용하며, 타피오카 전분을 이용하여 곡류 대용품, 깨찰빵, 버블티의 버블을 만드는 데 이용한다. 야콘은 생것으로 샐러드나 과일로 이용하며, 삶거나 구워 먹기도 한다. 가공한 야콘 전분은 냉면과 국수 등으로 이용한다.

요약

- 채소의 색소에는 클로로필과 카로티노이드와 같은 지용성 색소와 플라보노이드계의 안토시아닌, 안토잔틴 등의 수용성 색소가 있다.
- 채소의 색소는 조리과정 중 가열, 산, 알칼리, 금속 이온 등의 영향을 받아 색깔이 변한다. 클로로필은 산성 조건에서 갈색으로 변하며 알칼리 조건에서는 진한 청록색으로 변한다. 안토시아닌은 산성 조건에서 적색, 알칼리 조건에서 청색 또는 초록색으로 변한다. 안토잔틴은 산성 조건에서 흰색을 유지하며 알칼리 조건에서 황갈색으로 변한다.
- 버섯은 고유의 색과 윤기가 있으며, 많이 퍼지지 않고 두꺼운 것이 좋다. 버섯에는 글루탐산, 핵산 성분 등이 많아 감칠맛이 있으며, 건조한 버섯은 저장성이 향상되며 특유의 향이 증가하고 질감이 쫄깃해진다.
- 해조류는 서식하는 위치에 따라 파래, 청각 등의 녹조류, 미역, 다시마 등의 갈조류, 김, 우뭇가사리 등의 홍조류로 분류된다.
- 해조류인 우뭇가사리로 만드는 한천은 0.2~1.5% 정도의 농도로 녹인 후 식히면 젤을 형성하며, 과일젤리와 양갱을 만들 때 이용한다.
- 감자는 단백질과 전분의 함량에 따라 분질감자와 점질감자로 분류할 수 있으며, 점질감자는 전분의 함량이 적고 단백질의 함량이 많아 볶음, 조림, 샐러드로 이용하며, 분질감자는 찐감자, 오븐구이, 메시드포테이토로 이용한다.

연습문제

1 식초로 절인 생강을 빨갛게 변하게 하는 성분은 ?

① 타닌 ② 진저론 ③ 안토시아닌 ④ 크립토산틴 ⑤ 플라보노이드

2 다시마 표면의 하얀 가루의 성분은 ?

① 만니톨 ② 알긴산 ③ 구아닐산 ④ 글루탐산 ⑤ 피코에리스린

3 군고구마가 생고구마보다 단맛이 강한데 이때 관여하는 효소는?

① 리파아제 ② 옥시다아제 ③ 티로시나아제
④ α-아밀라아제 ⑤ β-아밀라아제

4 티로시나아제에 의해 갈변이 일어나므로 데친 후 사용하면 좋은 버섯은 ?

① 목이버섯 ② 송이버섯 ③ 싸리버섯 ④ 표고버섯 ⑤ 양송이버섯

정답 1 ③, 2 ①, 3 ⑤, 4 ⑤

실습 1 삼색나물

실습일: ______ 년 ______ 월 ______ 일

실습 목적

• 채소의 조리방법을 이해하고, 삼색나물(시금치, 무, 고사리)을 조리할 수 있다.

실습 재료

재료명	분량	조별 분량	재료명	분량	조별 분량	재료명	분량	조별 분량
시금치	150g		무	200g		불린 고사리	200g	
소금	2ts		참기름	2Ts, 1/2Ts		들기름	1/2Ts	
국간장	2Ts, 1/2ts		다진마늘	1Ts, 1ts		다진파	1/2Ts, 1Ts	
식용류	2Ts		설탕	1/4Ts		액젓	1/2Ts	
쌀뜨물 또는 육수	약간		볶음 참깨	1/2Ts, 2ts				

실습 도구

냄비, 믹싱볼, 프라이팬, 칼, 도마, 전자저울(최소 단위 0.1g 이하), 계량컵, 계량스푼(Ts, ts)

실습 방법

1. 하루 전에 물에 불려 놓은 고사리는 고사리 양의 5배의 물(쌀뜨물)을 넣고 중불에서 고사리가 부드러워질 때까지 푹 삶고 질기고 딱딱한 부분은 잘라 버린다.
2. 삶은 고사리는 찬물에 헹구고 물기를 꽉 짜 둔다.
3. 시금치는 다듬고 끓는 물에 소금(1/3ts)을 넣고 데쳐서 찬물에 헹군 후 꽉 짜 두고, 무는 껍질을 벗겨 깨끗이 씻어 5cm 길이로 굵게 채 썰어 살짝 소금(1/2ts)에 절인다.
4. 꽉 짠 시금치를 볼에 담고 국간장(1/2ts), 다진마늘(1/2ts), 깨소금(1/2Ts), 참기름(1/2Ts), 소금(약간)을 넣고 무친다.
5. 절인 무는 헹구지 않고 물기를 꼭 짠 후 그대로 팬에 담아 식용유(1Ts)를 두르고 조리듯이 볶아 주고, 무가 익었을 때 다진파(1/2Ts)를 넣어 주고 섞은 후 마지막으로 불을 끄고 볶음참깨(1ts)와 들기름(1/2Ts)을 넣어 준다.
6. 꽉 짜 둔 고사리에 국간장(2Ts), 액젓(1/2Ts), 참기름(2Ts), 설탕(1/4Ts), 다진파(1Ts)와 다진마늘(1Ts)을 모두 넣고 조물조물 무쳐 둔다.
7. 식용류(1TS)를 두른 팬에 양념에 버무린 고사리를 넣고 볶다가 뚜껑을 덮어 수분이 날아가지 않도록 볶아 준다.
8. 볶을 때 고사리가 마르면 물(쌀뜨물)이나 육수 등을 넣고 양념이 밸 때까지 볶고 마지막에 볶음참깨(1ts)를 넣어 완성한다.

실습 결과

구분	시식 후 감각 평가
시금치나물	
무나물	
고사리나물	

더 생각해 보기

1. 계절에 따라 삼색나물로 이용할 수 있는 채소를 생각해 본다.
2. 조리과정 중 채소의 색과 향미의 변화를 생각해 본다.

실습 2 미역국

실습일: ______ 년 ______ 월 ______ 일

실습 목적

• 해조류의 조리원리를 이해하고, 미역국을 끓일 수 있다.

실습 재료

재료명	분량	조별 분량	재료명	분량	조별 분량	재료명	분량	조별 분량
건미역	12g		국간장	1Ts		다진 마늘	1Ts	
참기름	1Ts		멸치액젓	1Ts		소금	1/2Ts	
물(불림)	500mL		물(국물)	1.4L				

실습 도구

냄비(코팅), 전자저울(최소 단위 0.1g 이하), 계량컵, 계량스푼(Ts, ts), 볶음 주걱, 국자

실습 방법

1. 건미역에 물 500mL를 넣고 15분 정도 불려 준다.
2. 미역이 불으면 찬물에 헹구고 물기를 뺀 후 짧게 잘라 준다.
3. 냄비에 미역, 국간장, 멸치액젓(까나리액젓), 참기름, 다진마늘을 넣고 중불에서 볶아준다.
4. 볶음 미역에 1.4L의 물을 넣고 끓여 주고 다 끓으면 간을 보고 소금으로 마지막 간을 맞춘다.

실습 결과

구분	시식 후 감각 평가
미역국	

더 생각해 보기

1. 다양한 해조류를 물에 불렸을 때의 팽창률을 생각해 본다.

확장하기

• 미역을 참기름으로 볶았을 때와 볶지 않았을 때 미역국의 맛과 색, 질감의 차이를 비교해 본다.

더 확인할 수 있는 조리원리

• 비가열조리(불리기), 습열조리(끓이기) 4장

CHAPTER

11

후식용 식재료의 조리원리

1. 우유 및 유제품 | 2. 과일류 | 3. 커피와 차

1. 우유 및 유제품

1) 우유 및 유제품의 종류와 특성

원유는 음료로 마시는 우유(시유) 이외에도 건조, 교반, 발효 등을 거쳐 다양한 유제품으로 가공된다(그림 11-1). 본 장에서는 우유의 일반적인 특성을 먼저 알아보고, 대표적인 유제품으로 크림, 버터, 치즈, 발효유, 아이스크림에 대해 살펴본다.

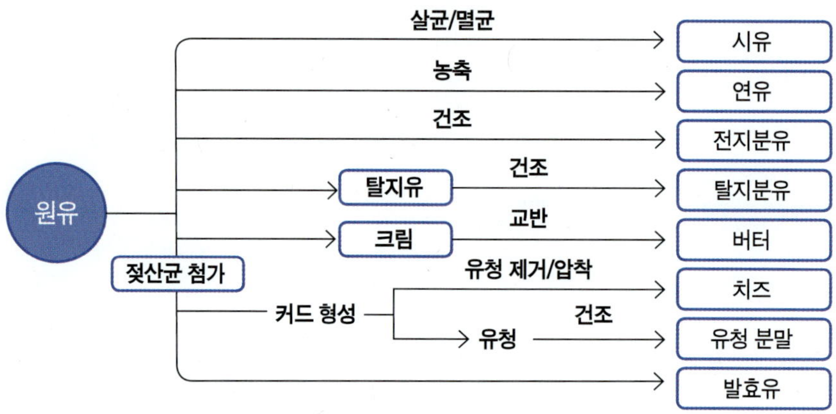

그림 11-1 | 유제품의 종류

(1) 우유

우유는 목장에서 착유한 원유를 균질화homogenization: 우유의 유지방을 잘게 쪼개는 과정하고 살균 처리pasteurization(표 11-1)한 후 판매된다. 우유는 수분, 지방, 단백질, 유당, 무기질, 비타민 등을 함유하고 있는데, 그 중 조리에 중요한 영향을 미치는 성분은 단백질, 지방, 유당이다(그림 11-2).

표 11-1 | 우유의 살균법

살균법	방법
저온 장시간 살균법(low temperature long time pasteurization, LTLT)	62~63℃로 30분간 소독
고온 단시간 살균법(high temperature short time pasteurization, HTST)	72~75℃에서 15초간 소독
초고온 순간 살균법(ultra-high-temperature process, UHT)	120~140℃에서 2~3초 살균

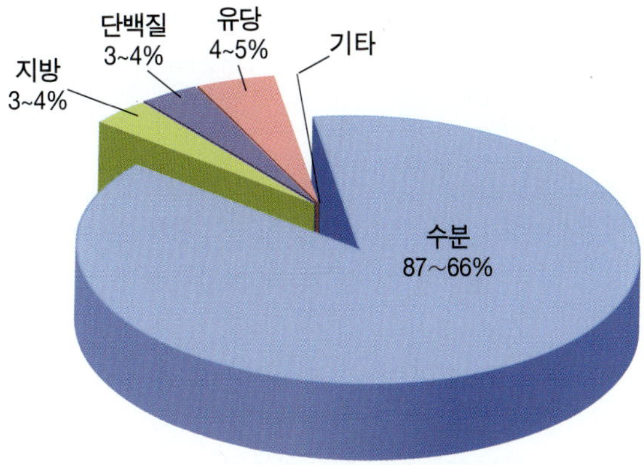

그림 11-2 | 우유의 구성 성분

① 카세인, 유청 단백질

우유에는 3~4% 정도의 단백질이 들어 있다. 우유 단백질의 약 80%는 카세인casein, 나머지 20%는 유청 단백질whey protein이다. 산 또는 레닌으로 카세인을 응고시키면 남는 용액을 유청whey이라고 하는데, 유청에 들어 있는 단백질을 유청 단백질이라고 한다. 유청 단백질은 락토글로불린lactoglobulin과 락트알부민lactalbumin이 주를 이룬다.

② 유지방

우유에 3~4% 정도 들어 있는 지방은 지름 1~10 μm의 지방구 형태로 지단백으로 둘러싸여 서로 뭉치지 않고 유화 상태를 유지한다. 그러나 목장에서 막 짜낸 생유는 지방구가 크고 불규칙적이어서 유화 상태가 안정적이지 않다. 따라서 시판하는 우유는 유화 상태를 좀 더 안정화하기 위해 지방구를 매우 작은 구멍에 통과시켜서 1 μm 이하로 잘게 분할하는데, 이러한 과정을 균질화homogenization라고 한다(그림 11-3).

유지방은 우유와 유제품의 독특한 풍미를 내는 성분으로, 포화지방산 비율이 높고 탄소수가 짧은 저급 지방산인 부티르산butyric acid, 카프로산caproic acid 등의 함량이 높은 것이 특징이다. 때문에 녹는점이 낮고 소화, 흡수가 잘 된다. 그러나 리파제lipase의 작용으로 유리지방산이 생성되면, 불쾌한 맛과 냄새를 만들어 품질을 떨어뜨리는 원인이 되기도 한다.

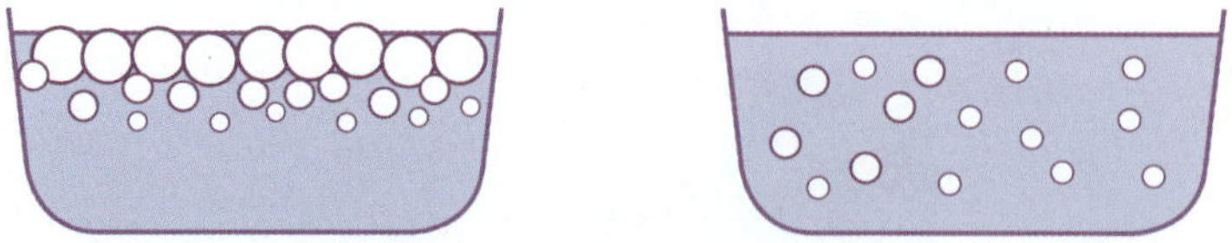

그림 11-3 | 우유의 균질화

③ 유당

우유에 4~5% 정도 들어있는 탄수화물은 대부분 유당lactose이다. 포도당과 갈락토오스가 결합된 유당은 단맛이 설탕의 1/5에 지나지 않으며, 물에 녹는 정도는 설탕의 1/10

지식 UP **젖의 종류**

전 세계에서 흔하게 마시는 우유 외에도 다양한 가축의 젖이 식품으로 활용되는데, 젖은 가축의 종류에 따라 성분의 함량 차이가 크다. 우유보다 진한 물소젖은 이탈리아의 모차렐라 치즈를 만드는 원료로 쓰인다. 티베트의 고산 지대에 사는 야크의 젖은 우유보다 지방과 단백질이 풍부해 황색을 띠며, 야크버터와 다양한 발효식품의 원료로 이용된다. 양젖 역시 지방과 단백질이 풍부하며 페타, 로커포르, 페코리노 등의 치즈를 만드는 데 쓰인다. 한편, 인간의 모유는 다른 동물의 젖과는 달리 단백질 함량이 낮고 유당 함량이 높은 것이 특징이다.

표 11-2 | 다양한 젖의 구성 성분 비교

종류	지방	단백질	유당	수분
소(홀스타인)	3.6	3.4	4.9	87
물소	6.9	3.8	5.1	83
야크	6.5	5.8	4.6	82
양	7.5	6.0	4.8	80
염소	4.0	3.4	4.5	88
낙타	2.9	3.9	5.4	87
인간	4.0	1.1	6.8	88

자료: 해럴드 맥기(2017).

정도에 불과하다. 때문에 연유나 아이스크림 같은 제품을 만들 때 유당 결정이 쉽게 생길 수 있고, 이로 인해 모래알 질감sandiness이 생기기도 한다. 유당은 발효유를 만드는 과정에서 유산균에 의해 젖산으로 분해된다.

(2) 크림

균질화하지 않은 원유를 그대로 두면 유지방이 위로 떠오르는데 이것을 걷어낸 것이 크림이다. 상업적으로는 우유를 원심 분리하여 수중 유적형 유화액 상태를 깨뜨려서 유지방을 분리시켜 크림을 얻는다. 크림은 유지방 함량에 따라 다양하게 분류할 수 있는데, 대표적인 크림으로 유지방 함량이 18~30% 정도인 커피크림과 유지방 함량이 36% 이상인 휘핑크림이 있다. 휘핑크림은 보통 생크림이라고 부르며, 거품을 내어 생크림케이크 등의 장식용으로 쓰이거나 제과 및 서양 요리에 이용된다. 사우어크림sour cream은 젖산을 생성하는 젖산균을 이용하여 크림을 발효시킨 것으로 약간 신맛이 난다.

지식 UP　카이막과 스메타나

튀르키예의 전통 음식인 카이막(kaymak) 역시 일종의 크림으로, 우유를 낮은 온도에서 오래 끓이면서 위에 떠오르는 지방층을 걷어내 굳혀서 만든다. 주로 꿀을 곁들여 빵과 함께 먹는다. 러시아 요리에서 감초 역할을 하는 스메타나(smetana)는 사우어 크림의 일종이다.

(3) 버터

버터는 크림을 교반하여 수중 유적형oil-in-water, O/W의 유화 상태를 깨뜨려 유지방이 서로 뭉치게 한 식품이다(그림 11-4). 버터를 만들고 남은 액체를 버터밀크buttermilk라고 한다. 버터는 80% 이상의 유지방을 함유하고 있으며, 유중 수적형water-in-oil, W/O 유화 상태이다. 인도 특유의 버터인 기이ghee는 버터를 끓인 후 불순물을 제거하고 유지방만 모은 정제버터clarified butter의 일종이다. 정제한 버터는 발연점이 높아 쉽게 타지 않기 때문에 버터의 향과 고온 조리가 모두 필요한 경우 많이 사용한다. 버터의 발연점은 150℃에 불과하나 정제한 버터의 발연점은 250℃에 이른다.

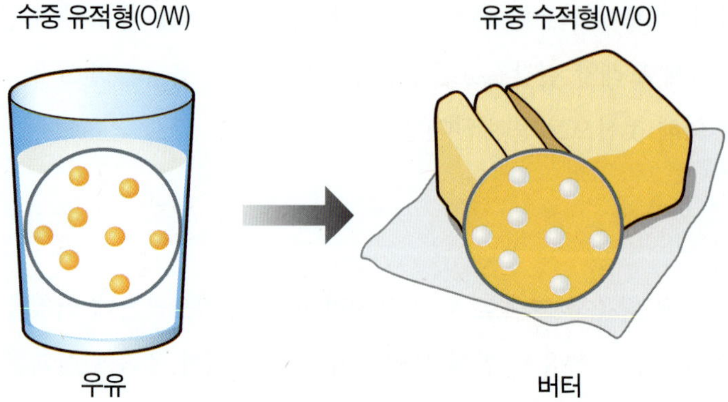

그림 11-4 | 우유와 버터의 유화 상태

스킬 UP 가염버터와 무염버터의 보존 방법

소금을 첨가한 가염버터는 냉장고에 저장하면 비교적 오랜 기간 동안 저장이 가능하다. 가염버터에는 1.5~2% 정도의 소금이 첨가되어 있는데, 버터의 80%를 차지하는 지방에는 소금이 용해되지 못하고 수분에만 용해되어 수분 중 소금 농도가 10% 정도로 높아 미생물이 성장할 수 없는 환경이 되기 때문이다. 그러나 무염버터는 향미가 쉽게 변하므로 소분하여 냉동 저장하는 것이 좋다.

(4) 치즈

치즈는 우유나 다른 동물의 젖에 들어 있는 단백질을 응고·발효시킨 식품이다. 치즈의 종류에 따라 제조 방법에 차이가 있기는 하나 일반적으로 산이나 레닌 효소를 이용해 우유의 주단백질인 카세인을 응고시킨 후 응고물을 33~80℃로 가열하여 유청을 분리한 다음 미생물을 접종하고 소금을 첨가한 후 성형, 압축하여 일정시간 숙성시키는 과정을 거친다(그림 11-5).

숙성시 미생물의 효소 작용으로 단백질이 아미노산으로 가수 분해되며, 유당은 숙성 초기에 젖산으로 변하여 바람직하지 않은 미생물의 증식을 억제한다. 지방은 지방 분해 효소에 의해 유리지방산으로 가수 분해된다. 숙성 과정은 적당한 온도와 습도를 유지하여 독특한 맛과 향, 질감을 생성시키는 과정으로 숙성 기간이 길어질수록 수분 함량이 줄어들어 단단한 치즈가 된다. 숙성할 때 박테리아나 곰팡이를 따로 첨가하기도 하는데, 브리, 카망

베르는 흰곰팡이를, 고르곤졸라, 로커포르는 푸른곰팡이를 이용해 만든 치즈이다.

산을 첨가해 응고물을 만드는 치즈는 보통 숙성시키지 않으며 맛이 부드러운 편인데, 커티지치즈, 크림치즈가 그 예이다. 리코타는 치즈를 만드는 과정에서 나오는 부산물인 유청을 끓여 유청 단백질을 모은 치즈로, 우리나라에서 보통 리코타라고 불리는 치즈는 정확히 말하자면 리코타가 아닌 커티지치즈이다.

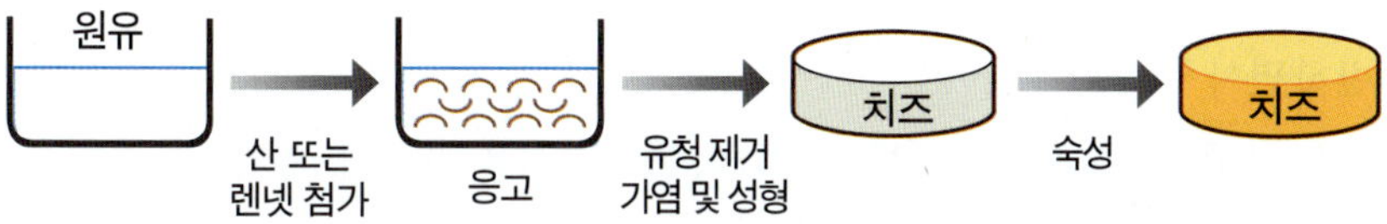

그림 11-5 | 치즈의 제조 과정

지식 UP **다양한 치즈**

전 세계의 치즈는 800여 종이 있는데, 경도와 숙성 방법 등에 따라 다양하게 분류할 수 있다. 단단한 정도(경도)에 따른 세계의 주요 치즈는 표 11-3과 같다.

표 11-3 | 경도에 따른 다양한 치즈의 종류

연질치즈(수분 함량 50~70%)	커티지치즈, 크림치즈, 모차렐라, 브리, 카망베르
반경질치즈(수분 함량 40~50%)	고르곤졸라, 로커포르
경질치즈(수분 함량 30~40%)	에담, 고다, 체다, 에멘탈
초경질치즈(수분 함량 25~30%)	파르미자노 레자노, 페코리노 로마노, 그라나 파다노

(5) 발효유

발효유는 유산균 또는 효모를 이용해 우유 안에 들어 있는 유당을 발효시켜 젖산이나 알코올을 생성해 독특한 풍미를 갖도록 만든 음료이다. 유산균을 배양해 젖산만을 함유하는 산성우유와 유산균과 효모를 모두 이용해 젖산 발효와 알코올 발효를 동시에 일으켜 만드는 알코올 발효유로 나뉜다. 산성우유에는 요구르트, 발효 버터밀크 등이 있다.

1~3% 정도의 알코올을 함유하고 있는 알코올 발효유에는 양젖이나 염소젖으로 만드는 케피르Kefir, 말젖을 원료로 하는 쿠미스Kumis 등이 있다. 발효유가 걸쭉해지는 이유는 유산균에 의해 생성된 젖산 때문에 우유 단백질이 응고하여 젤 형태로 변하기 때문이다.

(6) 아이스크림

아이스크림은 우유, 생크림, 설탕, 달걀 노른자 등을 잘 섞은 다음 아이스크림 제조기에서 교반하면서 급속히 냉동시켜 만든다. 급속 냉동을 하면 작은 크기의 얼음 결정이 형성되므로 모래 같은 느낌이 없는 부드러운 아이스크림을 만들 수 있다.

교반할 때 혼입되는 공기는 아이스크림의 부피를 증가시키며 가벼운 느낌을 준다. 아이스크림에서 증가한 부피의 백분율을 오버런over-run이라고 하는데, 상업적 아이스크림의 바람직한 오버런은 70~80 정도이다.

지식 UP 젤라토와 돈두르마

젤라토(gelato)라고 부르는 이탈리아식 아이스크림은 생크림이 덜 들어가는 대신 우유를 더 많이 사용하는데, 아이스크림은 유지방 함량이 10% 이상인 데 비해 젤라토는 4~8% 수준이다. 또한, 아이스크림에 비해 오버런이 낮아 공기 함유량이 적기 때문에 아이스크림보다 진하고 쫀득한 것이 특징이다. 튀르키예의 전통 아이스크림인 돈두르마(dondurma)는 식감이 매우 쫀득한 것이 특징이다. 천연 고무의 일종인 유향수지(mastic)와 난초속 식물의 덩이줄기로 만든 가루인 살렙(salep)을 넣어 점성을 높이기 때문이다. 살렙은 글루코만난(glucomannan)이라는 전분질 다당류를 함유하고 있다.

2) 우유 및 유제품의 조리원리

(1) 산과 레닌에 의한 응고

① 산에 의한 응고

카세인 단백질에는 네 가지 종류가 있는데, 이들은 미셀micell이라고 부르는 미세한 크기의 입자 형태로 뭉쳐 있다. 소수성을 띠는 카세인은 미셀 내부에, 친수성을 띠는 카세인

(κ-카세인)은 미셀 외부에 위치하여 우유 속 카세인 단백질은 안정한 콜로이드 상태를 유지하고 있다. 또한, 신선한 우유의 pH인 6.5~6.7에서는 카세인이 음전하를 띠고 있어 서로 반발하기 때문에 큰 덩어리를 형성하지 않고 잘 분산되어 있다.

카세인은 열에 안정하여 열에 의해서는 잘 응고하지 않으나, 카세인 단백질의 등전점인 pH 4.6에 가까워지면 카세인이 가지고 있던 정전기적인 반발력이 소실되어 덩어리를 형성하며 침전한다. 따라서 유산균에 의해 젖산이 많이 생기면 카세인이 응고된다. 유산균의 작용으로 생긴 산뿐 아니라 우유에 인위적으로 산을 첨가해도 카세인이 응고하게 된다. 우유를 이용한 요리를 할 때 과일이나 채소를 함께 조리하면 용출된 유기산의 영향으로 응고할 수 있으므로 주의가 필요하다.

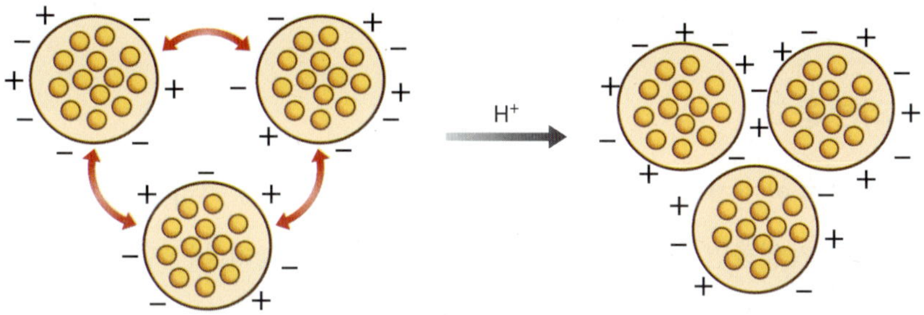

그림 11-6 | 산에 의한 카세인 응고 원리

② 레닌에 의한 응고

레닌rennin과 같은 단백질 분해 효소에 의해 카세인 미셀 외부에 위치한 카파 카세인이 분해되면 친수성 부분이 분리되기 때문에 침전한다. 우유를 응고시키는 가장 강력한 효소인 레닌은 송아지나 새끼 양의 위에서 추출한 효소제인 렌넷rennet에 들어 있는 단백질 분해 효소를 말한다. 레닌은 약 40℃에서 활성이 높으며, 15℃ 이하이거나 60℃ 이상에서는 잘 작용하지 못한다. 대부분의 치즈는 레닌을 이용하여 카세인을 응고시키는 과정을 거친다.

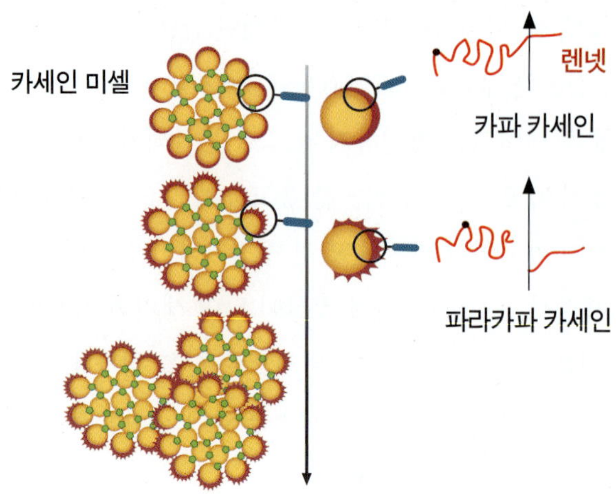

● 그림 11-7 | 레닌에 의한 카세인의 응고

(2) 열에 의한 응고

열에는 비교적 안정적인 카세인과 달리 유청 단백질은 열을 가하면 쉽게 변성되어 응고한다. 우유를 가열하면 피막이 생기거나 냄비 밑바닥에 눌어붙는 현상은 유청 단백질 때문이다. 유청 단백질은 주로 락토글로불린과 락트알부민으로 이 단백질들은 산과 레닌에 의해서는 응고하지 않으나, 약 65℃ 이상의 온도에서는 응고하기 시작한다.

우유를 가열하면 우유 중에 함유된 지방구가 응고된 단백질과 엉겨서 우유 표면에 피막을 형성하는데, 이러한 현상은 표면의 수분이 증발하면서 가속화된다. 일단 피막이 생기면 걷어내도 계속 생기는데, 이를 방지하려면 우유를 천천히 저어 주면서 끓이고 냄비 뚜껑을 덮거나 마지막에 버터를 넣어 표면을 코팅하면 된다. 바닥에 눌어붙는 현상을 줄이려면 무겁고 열을 고루 전달하는 냄비 또는 이중 냄비를 쓰거나 불을 약하게 하는 것이 좋다.

지식 UP 우유의 가열취

우유를 75℃ 이상으로 계속해서 가열하면 특유의 익은 냄새(cooked flavor, 가열취)가 난다. 익은 냄새 성분은 유청 단백질 중 락토글로불린이 열에 의해 변성을 일으키면서 휘발성 황화물과 황화수소를 생성하기 때문이다. 고온에서 가열하는 멸균우유가 독특한 맛이 나는 것은 이 때문이며, 우유를 오래 가열해도 가열취가 생긴다.

(3) 거품 형성

우유를 가열하여 온도가 상승하면 표면 장력이 저하하여 거품이 일어나기 쉽다. 우유 거품이 생기는 것은 우유에 들어 있는 단백질 덕분인데, 이 단백질이 기포 둘레에 모여 얇은 막을 형성하여 물의 강한 장력으로 인해 기포가 터지는 것을 막아 주기 때문이다. 이러한 원리로 우유를 스티밍하여 부드러운 우유 거품을 만들어서 라테아트 등 다양한 커피 음료에 이용한다.

생크림은 휘핑을 하면 단단한 거품이 형성되는데, 스팀우유와 달리 생크림의 거품을 안정시키는 것은 고체 형태의 유지방이다. 따라서 생크림의 온도가 약간만 올라가도 거품을 지지하는 유지방 구조가 무너져 거품이 형성되지 않기 때문에 휘핑하는 동안 생크림을 차갑게 유지하는 것이 중요하다. 휘핑은 5~10℃ 이하에서 시작해야 하며, 용기와 젓는 도구도 차게 해서 써야 한다.

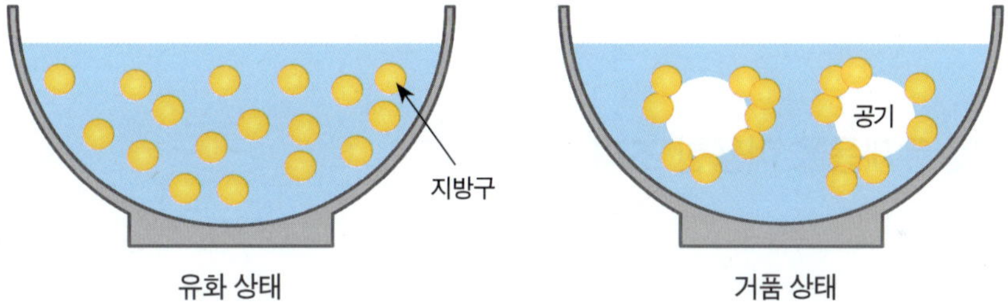

그림 11-8 | 휘핑크림의 거품 생성 원리

(4) 크리밍성

반고체 상태의 버터를 교반하면 내부에 공기를 포함하는 성질이 있어 폭신폭신한 버터크림이 만들어지는데, 이러한 성질을 버터의 크리밍성creaming이라고 한다. 버터와 설탕으로 만드는 버터크림은 케이크를 코팅하거나 장식하는 데 쓰인다. 쿠키를 만들 때에도 버터를 크림화한 후 밀가루, 우유, 달걀 등 나머지 재료를 섞어 반죽을 완성하는데, 반죽을 오븐에서 굽는 과정 중 버터를 크림화할 때 유입된 공기가 팽창하면서 쿠키가 부풀어 오르게 된다.

(5) 쇼트닝성과 가역성

쇼트닝성shortening은 버터를 넣은 쿠키나 과자류 등이 바삭바삭하고 부서지기 쉽게 되는 성질로 유지가 밀가루의 글루텐 형성을 방해하기 때문이다. 가역성palsticity이란 외부의 힘을 제외하여도 물리적 왜곡이 남아 변형된 형태를 유지하는 성질을 말한다. 즉, 고체 상태의 버터는 어떤 모양으로 만들어도 그 모양을 그대로 유지하고 있다. 이러한 성질을 이용하여 퍼프 패스트리를 만들 수 있다. 쇼트닝성과 가역성 원리는 12장 유지류에서 자세히 다룬다.

스킬 UP 우유로 비린내를 없애는 방법

우유 안에 콜로이드 상태로 분산되어 있는 단백질은 이물질을 흡착하는 성질을 가지고 있다. 따라서 우유에 생선을 담가 놓으면 생선 비린내를 제거할 수 있다. 닭고기의 누린내 등을 제거하는 데에도 효과적이다.

3) 우유 및 유제품을 이용한 조리

(1) 소스류

우유와 유제품은 다양한 소스를 만들 때 주재료로 쓰인다. 우유를 이용해 소스를 만들 때에는 지나치게 높은 온도에서 가열하거나 오래 끓이면 우유의 단백질과 유지방이 분리되므로 주의해야 한다.

표 11-4 | 우유와 유제품을 이용한 소스류

이름	특징
크렘 샹티이 (creme chantilly)	• 생크림과 설탕을 휘핑해 만든 크림
커스터드 크림 (crème pâtissière)	• 우유, 밀가루, 설탕, 달걀 노른자로 만드는 크렘 파티시에르는 보통 커스터드 크림이라고 불림 • 슈, 에클레르 등 다양한 디저트에 사용

이름	특징
크렘 앙글레이즈 (creme anglaise)	• 커스터드 크림보다 묽게 만드는 소스로 우유, 설탕, 달걀 노른자로 만듦 • 디저트 위에 얹어내는 용도로 사용
베샤멜 소스 (béchamel sauce)	• 밀가루를 버터에 볶은 루(roux)에 우유를 넣고 끓여 걸쭉하게 만든 소스
홀랜다이즈 소스 (hollandaise sauce)	• 일종의 마요네즈로 식용유 대신 따뜻하게 녹인 버터를 넣어 만드는 따뜻한 소스 • 에그베네딕트(잉글리쉬 머핀 위에 햄이나 베이컨, 수란을 얹고 홀랜다이즈 소스를 얹어내는 요리)에 곁들여 냄
모르네 소스 (mornay sauce)	• 베샤멜 소스에 치즈를 더하여 만든 소스 • 수란이나 생선 요리, 채소 요리에 곁들여 냄 • 미국 어린이들이 즐겨 먹는 파스타 요리인 마카로니 앤드 치즈(macaroni and cheese, 보통 맥앤치즈라고 부름)를 만드는 소스이기도 함

(2) 푸딩

우유는 푸딩을 만드는 주재료로도 쓰인다. 우유 푸딩은 우유, 설탕, 생크림 등으로 만들며 젤라틴을 넣어 굳힌다. 커스터드 크림을 오븐에 구워 만드는 디저트는 커스터드 푸딩이라고 한다.

(3) 음료

우유는 그 자체가 음료이기도 하지만, 카페라테나 밀크티 등 다양한 음료를 만들 때 사용된다. 홍차에 우유를 섞은 것을 밀크티라고 하며, 인도식 밀크티인 짜이chai는 우유에 진하게 우려낸 홍차를 넣고 끓여서 만드는데, 다양한 향신료를 첨가하는 점이 특징이다. 카페라테, 카푸치노 등은 에스프레소에 거품을 낸 스팀밀크를 섞어 만든다. 따뜻한 음료를 만들기 위해 우유를 데울 때에는 약불로 가열하고 바닥에 눌어붙지 않도록 조심해야 한다.

발효유를 이용해 만드는 음료도 여러 종류가 있는데, 요거트에 물을 섞어 희석시킨 튀르키예식 음료인 아이란ayran, 인도의 요거트 음료인 라씨lassi 등이 있다.

(4) 치즈를 이용한 요리

치즈를 이용한 요리로는 대표적으로 퐁뒤fondue가 있다. 스위스, 프랑스, 이탈리아 등에서 즐겨 먹는 요리로 냄비에 잘게 썬 치즈와 화이트 와인을 넣고 녹여 한입 크기로 자른 빵을 찍어 먹는 요리이다. 퐁뒤 재료로 사용되는 치즈는 에멘탈과 그뤼에르가 대표적이다. 유사한 요리로 라클레트raclette가 있는데, 같은 이름의 치즈인 라클레트를 녹여 감자 등을 찍어 먹는 요리로 스위스의 대표적인 국민 음식으로 여겨진다. 치즈는 그 밖에도 샌드위치 재료 등으로 쓰이거나, 피자, 파스타 등 여러 가지 요리의 부재료로 다양하게 활용된다.

2. 과일류

1) 과일류의 종류와 특성

(1) 과일류의 종류

과일의 구조는 종류에 따라 차이가 있기는 하나 과피와 씨로 이루어져 있다. 과피는 다시 외과피, 중과피, 내과피로 나뉘는데, 열매의 가장 바깥쪽에 있는 껍질을 외과피, 가장 안쪽의 씨를 싸고 있는 층을 내과피라고 한다. 외과피와 내과피 사이에 있는 두꺼운 육질 부분을 중과피라고 하며, 주로 껍질을 벗긴 후 먹는 부분이 중과피이다(그림 11–9). 과일류는 대부분 생으로 먹지만, 통조림이나 병조림, 잼, 주스, 건과일 등으로 가공되기도 한다.

과일류는 구조 등의 차이에 따라 인과류, 핵과류, 장과류, 과채류, 견과류 등으로 분류할 수 있다(표 11–5). 한편, 아열대 지방과 열대 지방에서 나는 과일을 열대 과일이라고

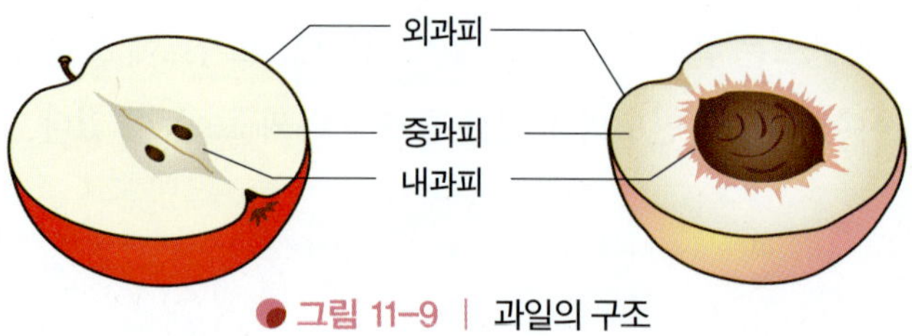

그림 11–9 | 과일의 구조

하는데, 열대 과일에는 바나나, 코코넛, 망고, 두리안, 패션후루츠, 리치, 석류, 대추야자, 아보카도, 파인애플, 람부탄 등이 있다.

표 11-5 | 과일의 종류

구분	특징	종류
인과류	꽃받침이 발달하여 과육이 된 과일로 꼭지와 배꼽이 서로 반대편에 있음	사과, 배
핵과류	내과피가 나무처럼 단단하게 되어 그 안에 종자가 들어 있는 과일	복숭아, 자두, 살구, 대추, 앵두
장과류 (베리류)	과실이 익으면서 과육부(중과피와 내과피)가 다량의 과즙을 함유하여 연화되는 과일	포도, 딸기, 바나나, 무화과
과채류	1년생 채소에 씨방이 발달하여 열매를 맺는 것	토마토, 참외, 멜론, 수박
견과류	겉껍질이 단단하고 속에 종실이 들어 있는 것	잣, 땅콩, 밤, 호두

과일은 수확 후 숙성 여부에 따라 전환성 과일과 비전환성 과일로 구분된다(표 11-6). 전환성 과일이란 수확된 다음에도 계속 숙성이 진행되는 과일로 호흡기 과일이라고도 한다. 사과, 바나나, 토마토, 아보카도 등이 해당한다. 수확 후에 호흡률이 높으면 과일의 숙성이 빠르게 진행되고 쉽게 부패하므로 과일의 신선도를 유지하기 위해서는 저온 저장으로 효소 작용을 억제하여 호흡률을 저하시키는 것이 필요하다. 비호흡기 과일이라고도 부르는 비전환성 과일은 작물에 달려 있어야 숙성이 진행된다. 수확 후에는 호흡률이 저하되므로 충분히 숙성된 과일을 수확하는 것이 좋다. 딸기, 포도, 감귤류 등이 해당한다.

표 11-6 | 호흡기 과일과 비호흡기 과일

분류	호흡기 과일	비호흡기 과일
특징	수확 후에도 계속적으로 숙성	충분히 숙성된 과일을 수확하는 것이 좋음
종류	사과, 멜론, 복숭아, 살구, 배, 감, 바나나, 아보카도, 토마토, 단감, 키위	딸기, 포도, 감귤, 블루베리, 올리브, 파인애플

스킬 UP 과일을 잘 보관하는 방법

과일은 일반적으로 냉장 보관하면 호흡률이 낮아져 부패가 지연되므로 마르지 않도록 위생백이나 뚜껑 있는 용기에 넣어 냉장 저장하는 것이 신선도를 오래 유지할 수 있다. 그러나 열대 과일은 냉장 저장하면 냉해를 받아 연부 현상이 일어나므로 냉장 온도보다 높은 온도에서 저장하는 것이 신선도가 유지되고 저장 기간을 연장할 수 있다.

(2) 과일의 구성 성분

과일은 수분 함량이 80~90%로 높다. 미숙한 과일은 전분 함량이 비교적 높지만, 과일이 성숙하면서 전분이 당류로 가수 분해되기 때문에 당도가 증가하고 맛이 향상된다. 과일의 당 함량은 과일의 종류와 숙성도에 따라 다르나, 과당, 포도당, 설탕 등이 약 10% 정도 함유되어 있다. 특히 포도의 경우 당 함량이 약 20%에 달하여 단맛이 강하다. 과일에는 지방의 함량이 낮으나, 예외적으로 코코넛과 아보카도는 지방의 함량이 높다.

과일에서 신맛이 나는 것은 다양한 유기산이 풍부하게 함유되어 있기 때문으로 대부분 과일의 pH는 5.0 이하이다. 대표적인 유기산으로는 감귤류에 많은 구연산citric acid, 사과에 많은 사과산malic acid, 포도에 많은 주석산tartaric acid 등이 있다. 과일이 덜 익었을 때에는 과일의 산도가 높으며 과일이 성숙할수록 산도는 낮아진다.

미숙한 과일은 탄닌을 많이 함유하여 떫은맛을 내지만, 성숙할수록 불용성이 되어 떫은맛이 감소한다. 과일류의 색깔을 나타내는 색소는 미숙 과일의 녹색을 나타내는 클로로필, 주로 붉은색을 나타내는 안토시아닌, 황색이나 적색을 나타내는 카로티노이드 등이 있다.

과일의 세포벽과 세포벽 사이에는 펙틴질이 존재하는데, 과일의 성숙도에 따라 펙틴질의 분포 상태가 달라진다. 딱딱한 미숙 과일에는 상당량의 프로토펙틴protopectin이 함유되어 있으나, 과일이 성숙함에 따라 효소 작용에 의해 프로토펙틴이 수용성인 펙틴pectin으로 전환되어 과일의 조직이 부드러워진다. 그러나 과일이 과숙하면 펙틴이 펙트산pectic acid으로 전환되어 조직이 물러진다. 펙틴은 적당한 산도와 당도 조건에서 젤로 응고하는 성질이 있어서 과일로 잼이나 젤리를 만들 때 중요한 역할을 한다.

지식 UP 과일을 차게 해서 먹으면 더 달게 느껴지는 이유는?

과일에 들어 있는 과당과 포도당은 설탕과 달리 알파형과 베타형이 서로 변환될 수 있고 과당의 베타형은 알파형보다 단맛이 3배 정도 강하다. 그런데 과일을 냉각하면 알파형은 감소하고 베타형이 증가하여 단맛이 강해진다.

2) 과일류의 조리원리

(1) 질감의 변화

과일에 물을 넣고 가열하면 섬유질이 가수 분해되어 연화되므로 질감이 물러진다. 또한 원형질막이 변성되어 반투과성을 잃게 되므로 물이 세포 안으로 이동하면서 세포가 팽윤되어 터지기 때문에 과일의 형태가 없어진다. 그러나, 과일에 설탕을 넣고 가열하면 단순 확산에 의해 설탕이 세포 안으로 들어가고 세포 내 수분의 일부가 세포 밖으로 나오므로 조리 후에도 과일의 형태가 유지되고 조직이 비교적 단단해진다.

냉동 과일은 색과 맛은 비교적 잘 유지되나 냉동 과정에서 얼음 결정이 형성될 때 부피가 팽창하면서 세포막이 파괴되므로 해동하면 조직이 무르고 뭉개져서 질감이 저하된다. 그러나 디저트를 만들 때 신선한 과일 대용으로 냉동 과일을 활용할 수 있다.

(2) 향미의 변화

과일 향미의 주성분은 휘발성 유기산과 에스테르로 이런 성분들은 가열 시간이 길어지면 휘발되어 과일 고유의 향미를 잃게 된다. 그러므로 과일 고유의 향미를 보존하기 위해서는 오랜 시간 조리하지 않도록 한다.

(3) 갈변 반응

사과, 배 등의 과일은 껍질을 벗겨 두면 세포 속에 들어 있는 효소인 폴리페놀옥시다제 polyphenoloxidase나 티로시나아제tyrosinase가 유출되어 과일 속에 있는 폴리페놀 화합물이나 티로신을 산화시켜 갈색의 멜라닌이 생성되어 갈변한다. 이러한 현상은 잘린 과일이 공기 중의 산소와 접촉했을 때 일어나는 효소적 갈변 반응이다. 과즙은 공기와의 접촉이 크므로 갈변이 더욱 심하게 일어난다.

효소적 갈변 반응을 막으려면 물에 담가 두는 것만으로도 효과가 있으나, 소금물이나 설탕물, 식초물에 담그면 더 효과적으로 갈변을 막을 수 있다. 또는 자른 단면에 레몬즙을 뿌리면 항산화 작용에 의해 갈변이 일어나지 않는다. 랩을 씌우는 등 공기를 차단하는 것도 효과적이다. 갈변 반응을 일으키는 효소는 단백질이기 때문에 과일에 열을 가해 익히면 갈변 반응이 일어나지 않는다. 효소적 갈변을 포함한 색소의 변화는 채소(10장 참고)에서 자세히 다루었다.

(4) 젤의 형성

과일의 세포벽과 세포벽 사이에 존재하며 세포를 서로 결착시키는 역할을 하는 펙틴은 당과 산을 넣고 가열하면 젤을 형성한다. 이러한 성질을 이용하여 잼이나 마멀레이드 등을 만든다. 펙틴에 의한 젤화는 펙틴의 양, 펙틴질의 종류, 설탕의 양, pH 등에 의해서 영향을 받는다. 펙틴의 농도는 0.5~1.5%, pH는 3.0~3.5, 설탕 농도는 50~70%가 적절하다.

펙틴의 함량이 높을수록 단단한 젤을 형성하는데, 좋은 젤리와 잼을 만들려면 숙성도가 적당한 과일을 선택해야 한다. 미숙한 과일에 함유된 프로토펙틴은 불용성이므로 젤리 형성에 적합하지 않다. 과숙한 과일 역시 적당하지 않은데, 펙틴이 펙티나아제pectinase에 의해 펙트산으로 분해되어 젤 강도가 약한 젤리가 형성되기 때문이다. 사과, 포도, 딸기, 자두, 감귤류 등은 펙틴과 유기산 함량이 펙틴 젤 형성에 적당한데, 펙틴 함량이 낮은 과일을 사용할 때에는 펙틴을 따로 첨가해야 한다.

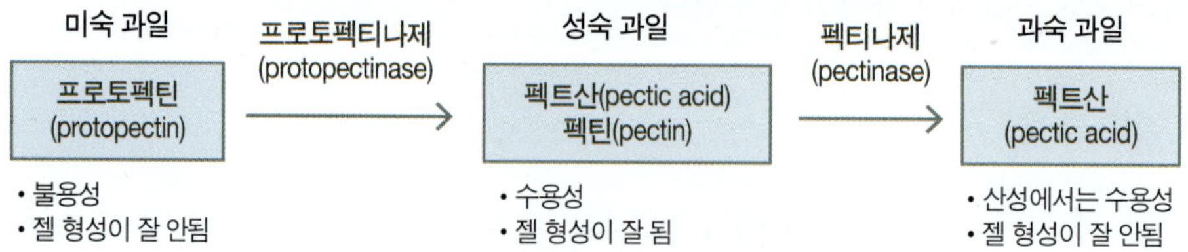

그림 11-10 | 과일 숙성에 따른 펙틴질의 변화

3) 과일류를 이용한 조리

(1) 잼과 프리저브

잼jam과 프리저브preserve는 과일에 다량의 설탕을 넣고 졸인 저장식품들을 말한다. 잼은 형태를 알아볼 수 없을 정도로 재료를 으깨서 만드는 반면 프리저브는 원재료를 비교적 형태를 남긴 채로 졸여서 만든다. 프리저브는 잼에 비해 첨가한 과일과 액체의 형체가 분명하게 분리되며 점도가 낮아 흐르는 형태로 우리나라의 청과 비슷하다고 할 수 있다. 감귤류 과일로 프리저브를 만든 것을 마멀레이드라고 하여 따로 분류하며, 유자차의 재료인 유자청도 일종의 마멀레이드다. 과일을 이용해 만드는 다양한 당절임류는 표 11-7과 같다.

잼을 만들 때는 재료로 쓰이는 과일에 산과 펙틴이 부족하면 펙틴을 넣어 주거나 산을 보충할 재료를 추가해야 한다. 딸기잼을 만들 때 레몬즙을 넣으면 설탕 양이 적어도 점성을 높일 수 있을 뿐만 아니라, 레몬의 산성이 딸기의 붉은색을 더 선명하게 해주는 효과도 있다. 레몬즙 대신 구연산을 넣을 수도 있다.

지식 UP 세계의 유명한 잼

러시아에는 나무딸기나 체리 등의 과일로 만드는 바례니에(варенье)라는 잼이 있다. 러시아인들이 차를 마실 때 곁들여 먹는 잼으로 집집마다 바례니에를 만드는 철이 오면 전국적으로 설탕값이 오를 정도로 러시아인에게 월동식품으로 매우 중요한 식품이다. 월귤잼(lingonsylt)은 북유럽에서 많이 먹는 잼으로 미국의 크랜베리 소스(cranberry sauce)처럼 디저트뿐만 아니라 미트볼 같은 메인 요리에도 사용된다.

표 11-7 | 과일로 만든 다양한 당절임류

종류	특징
잼(jam)	과일을 으깨거나 갈아서 설탕과 함께 졸인 것
프리저브(preserve)	잼과 비슷하나 과일을 으깨지 않고 만들어 제 모양을 유지하고 있음
컨저브(conserve)	프리저브의 일종으로 다양한 과일을 섞어 만듦
콩포트(compote)	과일에 설탕, 향신료를 넣고 졸여 만든 디저트
젤리(jelly)	과즙에 설탕을 넣고 만든 투명하고 단단한 젤
마멀레이드(marmalade)	감귤이나 오렌지의 겉껍질을 잘게 썬 조각이 들어 있는 잼
과일 버터(fruit butter)	과일에 설탕을 넣고 통째로 익힌 다음 으깨거나 갈아서 만든 것
과일청	과일을 당류에 절인 것

(2) 과일케이크, 과일파이

과일은 케이크와 파이 등을 만들 때 주재료로 쓰인다. 과일케이크에는 당절임 과일이나 말린 과일 등을 넣어 만든다. 서양에서는 결혼식 같은 연회나 크리스마스용 케이크로 만들어 먹는다. 또한 애플파이, 블루베리파이 등 파이를 주재료로 한 다양한 파이가 있다.

(3) 과일을 이용한 한과류

숙실과熟實果는 밤이나 여러 과일을 엿이나 꿀과 함께 약한 불에 졸인 다음 그 과일 본래의 모양으로 다시 만들어 놓은 한과류를 말한다. 과일을 그대로 꿀이나 설탕에 졸인 것을 초炒라고 하고, 과육을 다지거나 으깬 것을 란卵이라고 한다. 밤이나 대추를 설탕시럽이나 꿀로 윤기 나게 졸여서 만든 밤초, 대추초 등이 있으며, 밤이나 대추를 삶아 껍질과 씨를 제거한 뒤 체에 내려서 꿀에 버무려 만든 율란, 조란 등이 있다.

과일 정과正果는 과일을 설탕이나 꿀에 졸인 다음 그 위에 설탕을 입혀서 만드는 한과이다. 과편果片은 과일을 삶아 거른 즙에 녹말가루를 섞거나 설탕이나 꿀을 넣은 후 졸여 엉기게 한 다음 그릇에 쏟아 식혀서 알맞은 크기로 썬 한과로 젤리와 비슷하다. 앵두, 살구, 오미자, 모과, 포도, 머루 등 다양한 과일로 만든다.

3. 커피와 차

1) 커피와 차의 특성

세계 공통으로 애용되는 음료로는 식물의 종자 또는 잎에서 수용성 성분을 추출하여 마시는 커피, 차, 코코아 등이 있다. 동양에서는 오래전부터 녹차나 우롱차를 주로 마셔 왔고, 서양에서는 커피와 홍차를 주로 마셔 왔다. 본 장에서는 세계의 대표적인 음료인 커피와 차에 대해 알아본다.

(1) 커피

고온다습한 열대 지방에서 잘 자라는 커피나무에는 익으면 앵두와 비슷한 진한 붉은 색의 작은 열매가 열린다. 커피체리라고 부르는 이 열매 속에 두 개의 씨, 즉 커피콩이 들어 있다. 수확한 커피체리는 2~3주 동안 햇볕에 말리거나 물에 담가 껍질을 벗기고 씻은 후 기계로 건조시켜 판매된다. 이 상태에서는 녹색을 띄기 때문에 그린커피콩이라고 부른다. 그린커피콩은 고온에서 볶는 과정을 거치면 갈변 반응이 일어나 커피 특유의 색과 향기 성분들이 생성된다. 전 세계적으로 널리 재배되는 커피나무 품종은 아라비카종과 로부스터종이 있는데, 아라비카종이 향미가 강하고 풍부하여 품질이 좋다.

커피는 쓴맛과 신맛을 가지고 있는데, 커피의 쓴맛은 폴리페놀의 함량이 많을수록 강해진다. 떫은맛을 내는 폴리페놀인 탄닌도 함유하고 있어 쓴맛과 함께 떫은맛을 내기도 하며, 카페인 역시 쓴맛에 기여한다. 폴리페놀의 용해도는 온도가 높을수록 커지며, 끓는 온도에서는 매우 쉽게 용출된다. 카페인 역시 뜨거운 물에 용해되는 물질로 커피를 끓일 때 추출된다. 커피의 신맛은 여러 가지 유기산 때문으로 그중 클로로젠산chlorogenic acid이 주된 수용성 유기산이다.

인스턴트 커피는 물에 타면 즉시 녹도록 만든 것으로 손쉽게 이용할 수 있다. 인스턴트 커피는 진하게 추출된 커피를 탈수 건조시켜서 분말 또는 입자 상태의 수용성 고형 물질로 만든 것이다. 추출한 커피를 동결한 후 진공 상태에서 물을 승화시켜 건조시키는 동결 건조법으로 제조한 인스턴트 커피는 향기 성분이 좀 더 보존되어 품질이 좋다.

스킬 UP **원두커피를 잘 보관하는 방법**

커피음료의 품질을 가장 크게 좌우하는 것은 커피의 신선도이다. 커피는 금방 볶은 것이 가장 좋으며 시간이 지날수록 품질이 떨어진다. 커피의 변질은 주로 산화에 의해 일어나므로 커피콩보다 갈아 놓은 커피가 더 빨리 변질되고 공기에 노출되면 품질 저하가 빨리 일어난다. 따라서 볶은 커피, 갈은 놓은 커피 분말은 반드시 밀봉 저장해야 한다.

(2) 차

차는 차나무의 어린 잎을 따서 건조시켜 만든다. 차의 종류는 가공 방법에 따라 발효 과정을 거치지 않는 녹차, 완전히 발효시킨 홍차, 부분적 발효 과정을 거친 우롱차의 세 가지가 있다.

녹차는 먼저 열처리를 하여 효소를 불활성화시킨 후 말아서 건조시켜 만든다. 홍차는 차잎을 시들게 한 후 그것을 말아 조직을 파괴시켜 세포액이 유출되도록 한다. 그 다음 차잎에 있는 효소에 의해 산화적 변화가 일어나게 한 후 열처리하고 건조시킨다. 산화가 일어나도록 하는 과정을 발효라 하는데, 발효 과정에서 폴리페놀 물질이 산화되어 새로운 페놀 화합물이 생성되고 차잎의 색은 효소적 갈변 반응에 의해 검게 변한다. 우롱차는 부분 발효된 차로 발효 시간이 짧아 차잎의 색이 완전히 변하지 않으므로 약간 갈색을 띤다. 보이차는 마치 메주를 띄우는 것처럼 곰팡이 등 미생물을 이용해 후발효를 거친 차이다. (표 11-8). 일본은 찻잎을 찌고 갈아서 가루로 만든 말차를 즐겨 마시며, 일본식 전통 다도에서는 주로 말차를 사용한다.

표 11-8 | 발효에 따른 차의 분류

발효 정도	차의 종류
불발효(0%)	녹차
반발효(10~65% 이상)	우롱차
발효(85% 이상)	홍차
후발효	보이차

2) 커피 끓이기

커피 끓이기는 뜨거운 물이 갈아 놓은 커피 입자에 접촉하면서 향미와 색소 성분을 추출하는 과정이다. 맛있는 커피는 색이 맑고, 향미 성분의 손실은 적으면서 탄닌은 적게 용출되어야 한다. 커피를 끓이는 방법은 여러 가지가 있는데 커피의 품질에 영향을 주는 중요한 요인은 커피와 물이 접촉하는 온도와 시간이다. 수용성 성분을 적절히 용출하기 위해서는 물의 온도가 최소한 85℃ 이상이 되어야 하나, 휘발성 성분의 손실을 줄이면서 쓴맛 성분이 지나치게 용출되는 것을 막으려면 95℃ 이상이 되어서는 안 된다. 따라서 커피 끓이기의 최적 온도는 85~95℃이다. 이 온도 범위에서 카페인은 대부분 용해되고 향미 성분의 손실이 적으며, 쓴맛 성분의 용출은 적어진다. 한편, 분쇄한 원두를 상온이나 차가운 물에 장시간 우려내는 방법을 콜드브루cold brew라고 하는데, 이런 방식으로 만든 커피를 더치커피Dutch coffee라고도 하며 쓴맛이 덜하고 풍미가 부드러운 것이 특징이다. 커피의 향기 성분은 휘발성인데다 열에 의하여 잘 변하므로 고온에서 가열이 지속되면 좋은 향기 성분이 없어지거나 파괴되어 좋지 않다. 추출한 커피를 낮은 온도에서 장시간 보온해도 마찬가지이므로 주의해야 한다.

커피를 추출하는 방법은 표 11–9와 같이 여러 가지가 있으며 다양한 도구가 활용된다 (그림 11–11). 모카포트는 아래칸의 물이 끓으면서 순간 압력 수증기로 위칸에 커피가

표 11–9 | 다양한 커피 추출법

추출법	특징	추출 도구
달임 방식 (boiling method)	물에 커피 가루를 넣고 끓이는 방법으로 가장 오래되고 간단한 방식	체즈베
침출 방식 (steeping method)	커피 가루를 뜨거운 물에 담가 두는 방식	프렌치 프레스
여과 방식 (dripping method)	커피 가루에 뜨거운 물을 부어 추출하는 필터식 방법으로 드립법이라고 함. 다른 방식에 비해 쓴맛 성분이 덜 추출되고 향미 성분을 잘 보유하는 방법	핸드 드립퍼, 퍼콜레이터, 사이폰, 베트남 핀
압력 방식 (pressure method)	가열된 물에서 발생하는 수증기의 압력을 이용해 추출하는 방식	모카포트

추출되는 방식이며, 퍼콜레이터는 내부의 물이 가열되면 관을 타고 위쪽 필터로 올라가게 되고, 추출된 커피 액이 주전자 아래에 고이고, 고인 커피가 다시 가열되면 위쪽의 필터로 올라가는 순환을 반복하여 커피를 추출하는 원리이다(그림 11-12).

그림 11-11 | 다양한 커피 추출 도구

그림 11-12 | 모카포트와 퍼콜레이터의 원리

3) 차 끓이기

맛있는 차를 만들기 위해서는 향미 성분은 최대한 추출하면서 쓰고 떫은맛의 폴리페놀 물질은 되도록 용출되지 않도록 해야 한다. 녹차 종류와 같이 발효하지 않은 차는 온도에 민감하여 80℃ 이상 되는 물에서 우려내면 쓴맛이 나기 때문에 더 낮은 온도에서 우려내는 것이 중요하다. 반면, 홍차와 같이 발효된 차는 뜨거운 물에서 우려내야 좋은 맛이 나므로 충분히 끓인 물을 홍차를 담은 찻주전자에 부어서 우려내는 것이 좋다. 우롱차와 같은 반발효차는 발효차인 홍차보다 조금 낮은 온도에서 우린다.

차를 우려내는 시간은 물의 온도에 따라 다르지만, 2~4분 정도가 적당하며, 우려낸 차는 즉시 잔에 따라내지 않으면 떫은맛과 쓴맛이 강해지므로 주의해야 한다. 진한 차를 마시고자 할 때는 우려내는 시간을 늘리기보다 차잎이나 홍차가루를 많이 사용하는 것이 좋다.

요약

- 우유 단백질의 80%는 카세인, 20%는 유청 단백질로 구성되어 있다. 카세인 단백질은 열에 의해서는 잘 응고하지 않으나 등전점인 pH 4.6에 가까워지거나 레닌과 같은 단백질 분해 효소를 첨가하면 덩어리를 형성하며 침전한다. 유청 단백질은 열을 가하면 쉽게 변성되어 응고하므로 우유를 가열하면 피막이 생기거나 냄비 밑바닥에 눌어붙는 현상이 생긴다.
- 펙틴은 0.5~1.5% 정도의 농도일 때 적당한 산도(pH 3.0~3.5)와 당도(50~70%) 조건에서 젤로 응고하는 성질이 있어서 잼이나 젤리를 만들 때 중요한 역할을 한다.
- 사과, 배 등의 과일은 껍질을 벗겨 두면 효소적 갈변 반응에 의해 갈변이 일어난다. 효소적 갈변 반응을 막는 방법으로는 소금물이나 설탕물에 담가 두는 방법, 자른 단면에 레몬즙을 뿌리는 방법, 랩으로 밀봉하는 등 공기를 차단하는 방법, 가열하는 방법 등이 있다.
- 커피 끓이기의 최적 온도는 85~95℃ 정도이며, 녹차는 80℃ 미만 온도의 물에서 우려내는 것이 좋다.

연습문제

1 우유 단백질에 대한 설명으로 옳은 것은?

① 유청 단백질은 열에 안정적이다.
② 레닌에 의해 카세인은 응고물을 형성한다.
③ 우유에는 약 20%의 단백질이 함유되어 있다.
④ 카세인은 락트알부민과 락토글로불린으로 구성되어 있다.
⑤ 우유를 끓일 때 피막이 형성되는 것은 카세인의 변성 때문이다.

2 유제품에 대한 설명으로 옳은 것은?

① 생크림은 수중 유적형 유화 상태이다.
② 휘핑크림은 온도를 높여야 휘핑이 잘 된다.
③ 에멘탈 치즈는 유청 단백질을 모아 숙성시킨 것이다.
④ 크림은 우유의 지방을 원심 분리하여 제거한 것이다.
⑤ 아이스크림은 급속 냉동하면 얼음 결정이 커지므로 서서히 냉동시켜 만든다.

3 잼에 대한 설명으로 옳은 것은?

① 과숙한 과일이 좋다.
② 미숙한 과일이 좋다.
③ 0.1%의 펙틴이 필요하다.
④ 알칼리성 조건에서 잼이 잘 형성된다.
⑤ 설탕 농도는 50~70% 정도가 적당하다.

4 과일의 신맛을 내는 유기산은?

① 구연산 ② 올레산 ③ 펙틴산 ④ 호박산 ⑤ 리놀렌산

정답 1 ②, 2 ①, 3 ⑤, 4 ①

실습 1 커티지치즈샐러드

실습일: ______ 년 ______ 월 ______ 일

실습 목적

• 산에 의한 카세인 단백질의 응고 원리를 이해하고, 커티지치즈샐러드를 조리할 수 있다.

실습 재료

재료명	분량	비고	재료명	분량	비고
커티지치즈	100g		소금	1/4ts	
잎채소	100g	어린잎 채소, 양상추 등	후추	약간	
방울토마토	5개		[커티지치즈 재료]		
건포도	1줌		우유	500mL	
발사믹식초	2Ts		레몬즙	2Ts	
올리브유	2Ts		소금	1/4ts	

실습 도구

전자저울(최소 단위 0.1g 이하), 계량컵, 계량스푼, 냄비, 프라이팬, 면보

실습 방법

1. 레몬은 즙을 짜서 준비한다.
2. 냄비에 우유와 소금을 넣고 잘 섞은 후 중불에서 끓인다.
3. 우유가 끓기 시작하면 불을 약불로 줄이고 레몬즙을 넣은 후 가볍게 저어 그대로 둔다.
4. 순두부처럼 분리가 되면 불을 끄고 면보에 걸러 커티지치즈를 만든다.
5. 잎채소를 깨끗이 세척한 후 물기를 제거하고, 방울토마토는 씻어 반으로 자른다.
6. 잎채소와 방울토마토, 건포도를 접시에 담고 커티지 치즈를 한입 크기로 숟가락으로 떠서 고루 담는다.
7. 발사믹초, 올리브유, 소금, 후추를 섞어 샐러드드레싱을 만들어 곁들여 낸다.

실습 결과

커티지치즈 응고 상태	커티지치즈 색깔	커티지치즈 맛

더 확인할 수 있는 조리원리

• 유화(2장), 전처리(씻기)(3장)

실습 2 오렌지 마멀레이드

실습일: ______년 ______월 ______일

실습 목적

• 펙틴에 의한 젤 형성 원리를 이해하고 오렌지 마멀레이드를 조리할 수 있다.

실습 재료

재료명	분량	비고	재료명	분량	비고
오렌지	6개		설탕	600g	
물	1,000g				

실습 도구

전자저울(최소 단위 0.1g 이하), 온도계, 냄비, 면보

실습 방법

1. 오렌지를 굵은 소금으로 문질러 껍질을 깨끗이 씻은 후 필러를 이용해 겉껍질을 얇게 벗겨 낸다.
2. 벗겨낸 겉껍질을 채썬다.
3. 껍질을 벗겨낸 오렌지의 위아래 꼭지 쪽을 잘라 내고 칼로 하얀 안쪽 껍질도 벗겨 낸다.
4. 칼로 과육 부분만 도려낸 후 남은 껍질에서 과즙을 잘 짜내 함께 모은다. 남은 속껍질은 버리지 말고 모아 둔다.
5. 채썬 껍질, 과육, 과즙, 물, 설탕을 냄비에 담고 설탕이 녹을 때까지 저으며 끓인다.
6. 4의 남은 속껍질을 면보에 넣고 잘 묶어 5에 넣어 함께 끓인다(펙틴).
7. 온도가 104℃가 될 때까지 끓인 후 면보 주머니를 건져 낸다.
8. 살짝 식혀서 소독한 병에 담는다.

실습 결과

젤 상태	색깔	맛

더 확인할 수 있는 조리원리

• 끓는점 오름(2장)

CHAPTER

12

기타 식재료의 조리원리

1. 유지류 | 2. 당류

1. 유지류

1) 유지류의 종류와 특성

(1) 식물성 유지

식용유지는 대부분 중성지질 형태로 존재한다. 중성지질triglyceride은 한 분자의 글리세롤에 지방산 3분자 결합한 형태로 구조는 그림 12-1과 같다. 지방산은 이중 결합의 유무에 따라 이중 결합이 있으면 불포화지방산, 이중 결합이 없으면 포화지방산으로 구분한다.

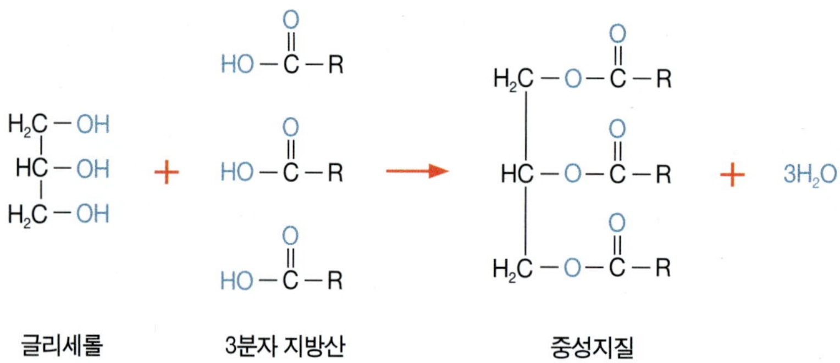

그림 12-1 | 중성지질의 구조

지식 UP 요오드가란?

요오드가는 불포화도를 나타내는 지표로 유지 100g에 흡수되는 요오드를 g 수로 표시한 값이다. 불포화지방산을 많이 함유한 액체유는 요오드가가 높고 고체 지방의 요오드가는 낮다. 또한 공기 중에 기름을 오래 방치하면 이중 결합에 산소가 결합하여 요오드가가 감소한다.

식물성 유지는 식물의 종자나 배아를 분리하여 탈검degumming, 인지질 등의 검질을 제거하는 공정, 탈산neutralizing, 유지 중의 유리지방산을 중화 · 제거하는 공정, 탈색bleaching, 탈취deodorization, 동유 처리winterization 등의 과정을 거쳐 만들어진다. 예외로 참기름과 들기름, 올리브유는 볶거나 압착하여 그대로 이용한다.

지식 UP **동유 처리란?**

동유 처리는 액체유를 6~7.2℃까지 냉각시켜 고체화된 지방을 여과하여 제거하는 방법이다. 동유 처리를 통하여 녹는점이 높은 지방은 결정화되어 제거되고, 여과된 기름은 녹는점이 낮아져 냉장 온도에서 결정화되지 않으므로 맑은 액체 상태가 된다. 동유 처리한 기름은 샐러드유 또는 샐러드 드레싱을 제조할 때 많이 이용한다.

① 콩기름

콩기름은 대두유라고도 하며, 리놀레산 함량이 많아 정제하기 전 콩비린내와 풋내같은 냄새flavor reversion, 변향가 나기 쉽다. 콩기름은 가격이 저렴하고 발연점이 높아 튀김용, 부침용으로 이용되며, 정제 정도에 따라 샐러드드레싱으로도 이용한다.

② 옥수수기름

옥수수기름은 옥배유라고도 하며, 옥수수의 배아를 압착·추출하여 정제한 기름이다. 비타민 E 함량이 식물성기름 중 가장 많고, 산화와 가열 안정성이 우수하다. 옥수수기름은 동유 처리하여 샐러드드레싱으로 이용하며, 마가린과 쇼트닝의 원료로도 이용한다.

③ 올리브유

올리브유는 올리브나무 열매를 압착·추출하여 얻은 유지로 독특한 향과 색을 가지고 있다. 올리브유는 산도에 따라 엑스트라 버진, 파인 버진, 레귤러 버진, 퓨어로 나눈다. 올리브유에는 올레산이 83% 정도 들어 있으며, 발연점이 낮아 주로 샐러드드레싱으로 이용한다.

지식 UP **올리브유의 종류**

- **엑스트라 버진(extra virgin)**: 올리브 열매에 열을 가하지 않고 가볍게 압착하여 처음 짜내는 최상급의 올리브유로, 산가는 1% 미만으로 향과 색이 좋으나 가격이 비싸다. 정제하지 않아 발연점이 낮고 튀김용으로는 적당하지 않으며, 샐러드드레싱이나 빵을 찍어 먹는 등 열을 가하지 않는 요리에 사용한다.
- **파인 버진(fine virgin)**: 엑스트라 버진을 짜고 남은 올리브를 한 번 더 압착하여 추출한 기름으로, 산가는 2% 미만이다.
- **레귤러 버진(regular virgin)**: 산가가 3.3%로 주로 일반 요리에 사용한다.
- **퓨어(pure)**: 압착법에 의한 엑스트라 버진 올리브유와 정제법에 의한 올리브유를 혼합한 기름으로, 값이 저렴하고 향이 비교적 약하다.

④ 포도씨유

포도씨를 압착 · 추출하여 얻는 기름으로 주성분은 리놀렌산이며 비타민 E 함량이 높다. 기름 특유의 냄새가 없고 맛이 담백하여 고온에서 조리하는 튀김, 구이, 볶음 요리에 적합하며 샐러드드레싱으로도 이용한다.

⑤ 카놀라유

카놀라유는 유채씨에서 추출한 기름으로 부침, 튀김 요리에 적합하며, 마가린, 쇼트닝, 샐러드드레싱 제조와 참치통조림의 침지액으로도 이용한다.

⑥ 참기름

참기름은 참깨를 볶은 후 압착 · 추출한 압착유로 고유의 맛과 향을 유지하기 위해 정제하지 않고 그대로 식용한다. 참기름은 천연항산화제인 세사몰seasamol과 토코페롤tocopherol을 함유하고 있어 산화 안정성이 높다. 참기름은 나물, 무침, 볶음, 고기 양념, 김구이 등에 이용하고 조리 마지막에 넣어야 맛과 향을 돋울 수 있다.

⑦ 들기름

들기름은 들깨를 볶은 후 압착 · 추출한 압착유로 고유의 맛과 향을 유지하기 위해 정제하지 않고 그대로 식용한다. 들기름은 참기름과 달리 산패되기 쉬우므로 냉장 보관해야 하며 개봉 후 2~3개월 내 소비해야 한다. 들기름은 나물, 무침, 볶음, 김구이 등의 조리에 이용한다.

⑧ 기타 식물성 유지

기타 식물성 유지로는 목화씨 기름, 현미유, 팜유 및 팜핵류, 홍화유, 해바라기유, 땅콩기름 등이 있다.

(2) 동물성 유지

① 우지

우지beef tallow는 소의 지방 조직으로부터 얻은 연한 황색을 띠는 고체 지방으로 소기름이라고 한다. 팔미트산, 스테아르산 등 포화지방산의 함량이 많아 녹는점이 높으며, 실온에서는 고체로 존재한다. 우지는 정제 정도에 따라 공업용과 식용으로 구분한다. 마가린과 쇼트닝의 원료와 비스킷, 크래커 제조에 사용한다.

② 라드

라드lard는 돼지의 지방 조직을 정제한 돼지기름이다. 이 중 돼지의 복부에서 얻은 기름이 가장 좋으며, 질 좋은 라드는 색이 하얗고 냄새가 나지 않는다. 라드의 녹는점은 30~50℃로 입안에서의 촉감이 좋으나 산패되기 쉬워 가공 과정 중 항산화제를 첨가하여 저장성을 연장한다. 라드는 다른 유지에 비해 쇼트닝성이 크고 음식의 맛을 부드럽게 하는 효과가 있어 제과 · 제빵용으로 많이 이용된다. 라드는 발연점이 낮아 튀김용으로는 적당하지 않다.

지식 UP **경화란?**

액체 상태의 식물성 기름에 니켈, 백금을 촉매로 수소를 첨가하면 불포화지방산의 이중 결합에 수소가 결합하여 포화지방산이 되면서 고체 지방이 되는 과정을 경화, 또는 수소화라고 한다. 불포화지방산의 이중 결합을 이루는 수소는 시스(cis) 결합을 하고 있으나 경화 과정 중 트랜스(trans) 지방산을 형성할 수 있다(그림 12-2). 경화의 대표적인 예는 마가린과 쇼트닝이다.

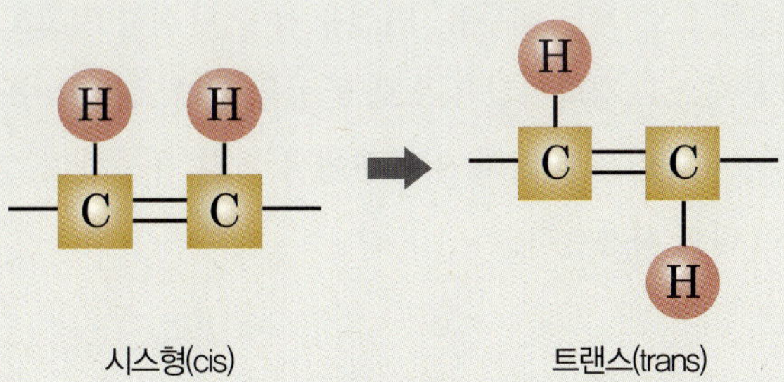

그림 12-2 | 이중 결합의 시스형과 트랜스형

(3) 가공 유지

① 버터

버터는 우유에서 유지방을 분리하여 저온 처리한 후 교반하여 만든 유제품으로 약 80%의 유지방과 16~18%의 수분을 함유하고 있다. 버터는 발효 여부에 따라 발효버터와 생버터로 분류할 수 있고, 식염 첨가 유무에 따라 가염버터와 무염버터로 구분된다. 버터는 가소성, 쇼트닝성, 크리밍성이 있어 제과·제빵에 이용한다. 버터의 독특한 풍미는 부티르산 등의 휘발성 저급 지방산과 젖산 발효에 의해 생성된 유기산 및 다이아세틸 등에 의해 나타난다.

스킬 UP 샌드위치를 만들 때 빵 안쪽에 버터를 바르는 이유는?

버터는 샌드위치 속에 넣는 부재료의 수분이 빵 속으로 그대로 흡수되는 것을 방지하여 식감을 좋게 하기 위해서 빵 안쪽에 바른다.

② 마가린

마가린은 버터 대용품으로 최근 대두유, 면실유 등을 탈취하고 고도로 정제한 후 적당한 경도를 갖도록 부분적으로 경화시킨 것으로 물성을 쉽게 조작할 수 있어 제과용, 일반 조리용으로 사용한다. 마가린은 버터와 영양면에서 거의 유사하며, 가소성과 저장성이 좋고 가격도 저렴하여 많이 사용한다.

③ 쇼트닝

쇼트닝은 라드 대용품으로 개발 초기에는 소기름과 면실유를 혼합하여 제조하였으나, 근래에는 대두유와 면실유 등의 식물성 기름을 수소화하고 유화제, 산화 방지제 등을 첨가하여 제조하고 있다. 쇼트닝은 무색, 무미, 무취로 쇼트닝 작용과 크리밍성이 우수하여 비스킷, 페스츄리, 파이, 크래커 등의 제과·제빵에 필수적이다.

쇼트닝은 마가린과 제조 과정은 비슷하나 유화제를 첨가하지 않고 경화하여 만든 것으로 발연점이 높아 튀김유로 사용한다. 그러나 가소성과 유화성 등의 가공성을 부여하기 위해 첨가물을 넣은 쇼트닝은 발연점이 낮아 튀김용으로 사용하기 어렵다.

(4) 유지류의 특성

① 비중

유지의 비중은 15℃에서 0.92~0.94로 물보다 가볍다. 따라서 물과 혼합하면 물보다 가벼워 물 위에 뜬다. 불포화지방산이 많을수록 유지가 변질되어 중합체가 많이 생기므로 비중이 커진다.

② 녹는점

유지의 녹는점은 중성 지질을 구성하고 있는 지방산의 포화도와 탄소의 수, 이중 결합의 위치 및 구조, 유지의 결정성에 영향을 받으며, 식용유지의 녹는점은 그림 12-3과 같다. 이중 결합의 수가 증가할수록 불포화지방산이 많을수록 녹는점은 낮아진다. 한편 유지에는 α, β′, β의 3가지 결정 형태가 있는데, α형은 녹는점이 낮고 결정이 미세하며 크림상태를 보이며, β′형은 결정이 크고 면이 거칠다. β형은 녹는점과 안정성이 가장 높다. 녹는점은 밀도에 비례해서 높아지는데 α(54℃) < β′(64℃) < β(73℃) 순으로 높아진다. 초콜릿을 만들 때 손으로 초콜릿을 잡아도 녹지 않는 것은 초콜릿 템퍼링tempering 과정을 통하여 지방의 결정이 β형으로 되어 녹는점이 높아졌기 때문이다.

지식 UP 초콜릿 템퍼링이란?

초콜릿의 온도를 조절하여 지방을 녹이고 고체화 시키는 과정을 반복하여 실온에서 가장 안정한 β형의 결정을 만드는 과정을 템퍼링(tempering)이라고 한다. 템퍼링 과정이 불충분하거나 보관 온도가 적당하지 않으면 불안정한 결정형으로 바뀌면서 초콜릿 표면의 광택이 사라지고 카카오버터가 녹아 표면으로 올라오면서 흰색이나 회색의 곰팡이처럼 보이는 반점과 얼룩무늬가 나타나는 초콜릿 블룸 현상이 일어난다.

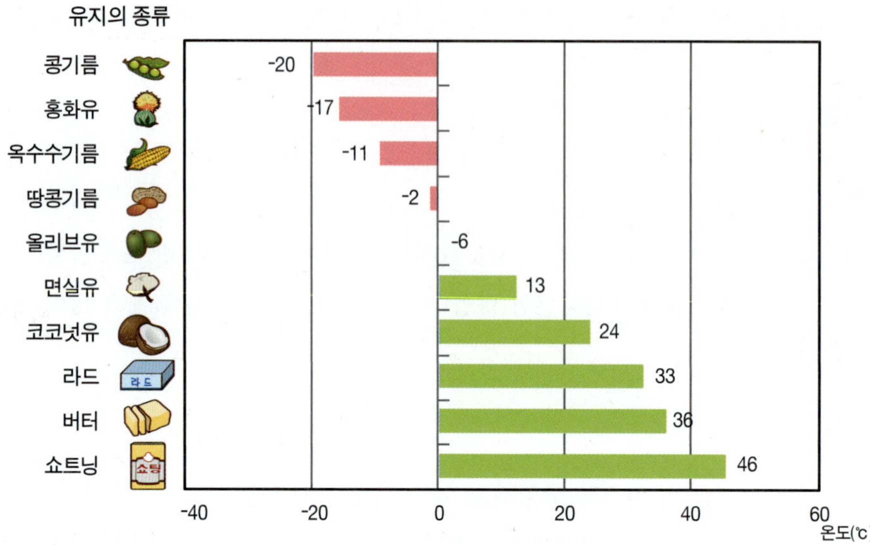

● 그림 12-3 | 식용유지의 녹는점

자료: Amy Christine Brown(2008).

③ 비열

유지의 비열은 0.47kcal/g℃로 물의 비열(kcal/g℃)보다 낮아 온도가 빨리 오르고 내리므로 튀김을 할 때는 두꺼운 용기를 사용하는 것이 좋다. 또한 냉동 재료를 기름에 넣으면 온도가 바로 떨어져 기름의 흡수가 많아진다.

④ 발연점

유지의 발연점smoke point은 가열 시 유지의 표면에서 푸른 연기가 발생하기 시작할 때의 온도를 말한다. 이때 발생하는 엷고 푸른 연기는 아크롤레인acrolein이라는 물질로 글리세롤에서 물 두 분자가 탈수되면서 생성되며 자극적인 냄새와 맛을 낸다. 따라서 발연점 이하의 온도에서 조리하여야 하며, 발연점이 200℃ 이상으로 높은 콩기름 또는 옥수수기름을 사용하면 아크롤레인의 형성을 줄일 수 있다. 식용유지의 발연점은 그림 12-4와 같으며, 발연점이 낮은 쇼트닝, 버터, 마가린 등은 튀김용으로 적합하지 않다.

발연점은 유리지방산과 저급 지방산의 함량이 많을수록 낮아지며, 가열 시간과 튀김 횟수가 증가할수록, 유지의 표면적이 넓을수록, 이물질의 혼입이 많을수록 낮아진다. 따라서 튀김을 할 때는 신선한 기름을 사용하고, 표면적이 좁고 깊숙한 용기에 조리하는 것이 좋으며, 떨어진 튀김옷 등의 이물질을 없애야 맛있는 튀김을 만들 수 있다.

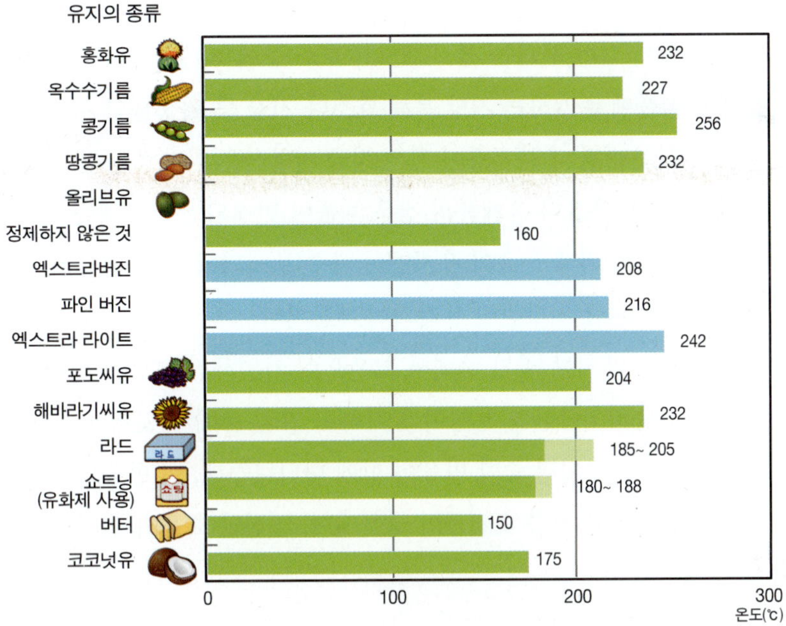

● 그림 12-4 | 식용유지의 발연점

⑤ 가소성

유지의 가소성plasticity은 외부의 힘에 의해 변형된 후 힘을 제거해도 변형된 상태를 유지하려는 성질을 말하며, 가소성을 나타내는 유지로는 버터, 마가린, 쇼트닝이 있다. 가소성 범위가 넓은 유지 즉, 사용할 수 있는 온도 범위가 넓은 유지는 모양을 자유롭게 성형하기 쉬우나 가소성 범위가 좁은 버터는 여름에는 사용하기 어렵다. 가소성은 페스츄리 제조에서 결을 살리기 위해 밀어 펴거나 성형하는 작업을 가능하게 하는 특성이다.

(5) 유지의 산패

유지를 저장 및 가공하는 과정에서 품질이 저하되고 좋지 않은 냄새와 맛이 생기는 것을 유지의 산패라 한다. 산패는 포화지방산보다 불포화지방산의 함량이 많은 식물성 유지와 어유에서 쉽게 일어난다. 산패의 주된 원인은 산화에 의한 산패이며, 산패를 유발하는 산화에는 자동산화, 가수분해에 의한 산화, 가열에 의한 산화 등이 있다.

자동 산화는 실온에서 공기 중의 산소가 서서히 유지에 흡수되면서 일어나는 산화로 좋지 않은 냄새를 내며, 점도가 높아지고 독성을 나타내기도 한다.

유지의 가수 분해에 의한 산화는 산, 알칼리, 효소 등에 의해 일어난다. 이 중 효소에 의한 가수 분해는 식품에 존재하는 지방 분해 효소나 저장 중 미생물의 지방 분해 효소에 의해 일어난다. 가수 분해될 때 분자량이 적은 저급 지방산은 휘발성 물질로 좋지 않은 냄새의 원인이 될 수 있다. 우유나 유제품의 경우 제품이 변질되면서 불쾌한 냄새가 나는데 이것은 지방 분해 효소에 의해 우유의 유지방이 가수 분해되어 부티르산, 카프로산, 카프릴산 등과 같은 휘발성 저급 지방산이 유리되기 때문이다.

가열에 의한 산패는 유지를 공기 중에서 고온으로 가열하면 빠르게 일어나며 동시에 가수 분해가 일어나 유리지방산의 생성이 증가하고 가열 분해가 일어난다. 가열이 계속되어 산화가 과도하게 진행되면 중합 반응이 함께 나타나는데, 이 반응의 생성물로 인하여 유지의 점도가 증가하고 지속성 거품이 많아지며, 열전달 효율이 떨어져 튀김이 바삭하지 않다.

유지의 산패를 방지하기 위해서 햇빛을 차단한 어둡고 서늘한 곳에 보관하여야 하며, 조리에는 알루미늄 또는 스테인리스스틸로 된 용기의 사용을 피하도록 한다. 식품을 튀긴 후 고운 체를 사용하여 기름을 걸러 부스러기를 제거해야 하고 사용한 기름은 새 기름과 혼합하여 사용하지 않아야 한다.

(6) 유지의 변향

유지의 변향flavor reversion은 식용유지를 정제하기 전 유지 본래의 냄새와 비슷한 냄새를 갖게 되는 현상으로 냄새의 복귀 현상이라고도 한다. 변향이 산화에 의한 산패나 가수 분해에 의한 산패 등과 구별되는 이유는 변향취와 산패취가 뚜렷이 다르고, 변향은 산패의 발생보다 훨씬 앞서 일어난다. 콩기름, 아마인유, 해바라기유, 팜유, 탈취한 일부 어유에서 변향이 잘 일어나며, 옥수수기름은 변향이 잘 일어나지 않는다. 변향을 억제하기 위해서는 저온 저장, 햇빛 차단, 금속과 접촉을 차단하는 방법이 효과적이다.

2) 유지류의 조리원리

(1) 향미 부여

참기름, 들기름, 올리브유, 버터 등의 식용유지는 종류에 따라 자체의 독특한 향미를 가지고 있다. 참기름과 들기름은 채소를 볶을 때 또는 무침을 할 때 사용하면 음식이 부드럽고 매끄러워지며 구수한 맛을 낸다. 참기름과 들기름의 향미 성분은 휘발성이므로 조리의 마지막 단계에 첨가해야 향미 성분의 손실이 적다. 올리브유는 샐러드드레싱이나 빵을 찍어 먹을 때 이용하며, 버터는 빵에 바르거나 채소를 볶을 때 사용하여 향미를 돋운다.

(2) 열전달 매체

유지는 튀김과 볶음을 할 때 열을 전달하는 매체로 사용한다. 유지는 물의 끓는점인 100℃보다 높은 온도인 150~190℃에서 조리되므로 많은 열을 식품에 전달하여 단시간 조리가 가능한 좋은 열전달 매체라 할 수 있다.

튀김은 고온에서 단시간 조리하므로 재료의 수분이 증발하고 기름이 흡수되어 바삭한 질감이 있으며, 맛의 손실이 가장 적은 조리법으로 튀기는 과정에서 휘발성 향기 성분이 생성된다.

튀김용 기름은 정제 과정을 통하여 불순물이 제거된 콩기름, 옥수수기름, 면실유, 해바라기씨유, 포도씨유, 카놀라유 등 발연점이 높은 식물성 유지가 적합하다. 정제하지 않은 참기름이나 들기름, 올리브유, 수분과 유화제가 들어 있는 버터나 마가린 등은 발연점이 낮아 튀김용으로는 적당하지 않다.

튀김을 할 때 온도가 낮고, 시간이 길며, 재료 표면이 거칠거나 공기 구멍이 많으며, 당과 유지 또는 수분 함량이 많고, 레시틴과 같은 유화제가 함유된 식품의 경우 흡유량이 많아진다. 여러번 사용한 기름보다 신선한 기름을 사용하면 흡유량을 줄일 수 있다.

튀김은 식품의 종류와 두께, 튀김옷의 종류 등에 영향을 받으며, 180℃ 전후에서 튀기는 것이 좋다. 겉만 익혀도 되는 식품은 고온에서 단시간 튀기고, 내부까지 충분히 익혀야 하는 식품은 낮은 온도에서 천천히 튀긴다.

스킬 UP 기름의 온도를 확인하는 방법

튀김 전용 온도계가 없을 때 튀김옷이 떠오르는 속도로 온도를 가늠할 수 있다(그림 12-5). 튀김옷을 젓가락 끝으로 살짝 떠내어 기름 속에 떨어뜨려 보면 처음에는 튀김옷이 수분을 함유하고 있어 밑바닥에 가라앉는다. 기름의 온도가 올라가면 수분이 증발하게 되고 튀김옷이 위로 올라오게 된다.

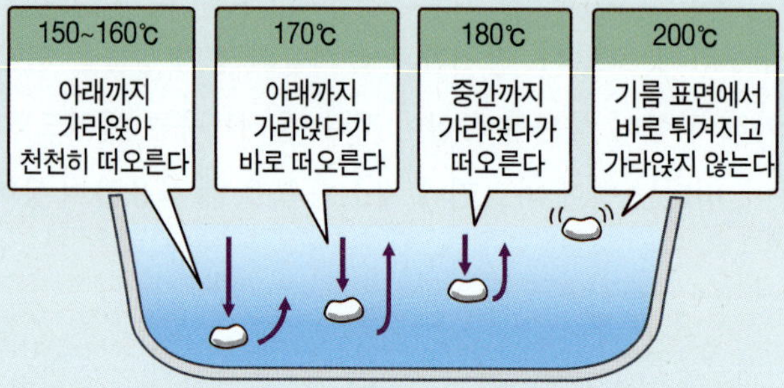

그림 12-5 | 튀김옷을 이용하여 기름온도를 확인하는 방법

튀김은 감자튀김과 같이 식품 재료를 그대로 튀기는 것과 새우튀김처럼 재료의 수분을 유지하기 위해 튀김옷을 입혀 튀기는 것이 있다. 튀김옷을 입혀 튀기면 재료의 수분과 맛 성분의 증발을 줄일 수 있으며, 기름을 흡수하여 맛이 좋아진다. 튀김옷을 만드는 재료는 표 12-1과 같다.

표 12-1 | 튀김옷의 재료

재료	특징
밀가루	• 박력분 사용: 글루텐 함량이 적어 수분 증발이 잘되고 바삭함 • 중력분 사용: 밀가루의 1/2을 전분으로 바꾸면 바삭한 튀김옷이 됨
전분	• 전분 사용: 감자전분은 잘 부풀고 바삭바삭하며, 고구마전분은 고소하지만 튀김옷이 질김. 옥수수전분에는 옥수수 향이 있으나 덜 부품
식소다	• 밀가루 중량의 0.01~0.2%의 중탄산나트륨을 넣으면 탄산가스가 생기면서 수분이 증발하여 습기가 차지 않는 가볍고 바삭한 튀김이 됨
물	• 15℃ 정도의 찬물을 밀가루 분량의 1~1.5배 넣으면 얇고 바삭한 튀김옷이 만들어짐
달걀	• 달걀 단백질이 열에 응고하면서 수분을 방출시켜 튀김옷이 바삭해지고 맛이 좋아짐. 오래 두면 눅눅해지는 단점이 있음
설탕	• 튀김옷의 글루텐 형성을 방해하여 연한 반죽을 만들고 갈변시킴

스킬 UP 튀김옷 만드는 방법

튀김옷을 만드는 방법은 그림 12-6과 같다. 체에 친 박력분 중량에 1~1.5배의 달걀물을 넣는다. 이때 튀김옷을 미리 만들어 두거나 너무 저어 주면 글루텐이 지나치게 형성되어 끈기가 생기므로 밀가루가 듬성듬성 보일 정도로 가볍게 섞고 튀기기 직전에 바로 만들어 사용한다. 튀김옷 반죽의 점성은 5분이 지나면 1.5배가 올라가므로 많은 양을 튀길 때는 튀김옷을 몇 회에 걸쳐 만드는 것이 좋다. 또한 튀김옷이 담긴 그릇과 밀가루를 냉장고에 넣었다 사용하면 좋다.

그림 12-6 | 튀김옷을 만드는 방법

(3) 쇼트닝성(연화 작용)

유지의 쇼트닝shortening성은 밀가루 반죽에 첨가한 유지가 글루텐 표면을 둘러싸면서 글루텐 망상 구조의 형성을 방해하여 반죽이 연하고 바삭하며 부드럽게 되는 성질을 말한다. 글루텐 사이에 유지가 들어가 글루텐의 길이를 짧게 해준다는 의미로 쇼트닝 파워라고도 한다. 쇼트닝성 때문에 쿠키, 페스츄리, 파이, 크러스트, 크래커, 비스킷에서 층이 형성되고 바삭한 식감이 나타난다. 쇼트닝성에 영향을 미치는 요인은 표 12-2와 같다.

● 표 12-2 | 쇼트닝성에 영향을 미치는 요인

요인	내용
유지의 종류	• 이중 결합이 많은 불포화지방산은 탄소 사슬이 구부러져 고체 지방보다 반죽을 더 넓게 덮을 수 있으므로 글루텐 망상 구조의 형성을 억제하고 글루텐 길이를 짧게 함 • 불포화지방산이 많을수록 가소성이 큰 유지일수록 커짐 • 라드, 쇼트닝, 버터, 마가린, 식물성 유지 순으로 쇼트닝성 감소함
유지의 양	• 유지의 양이 많아질수록 쇼트닝 능력이 커짐 • 쇼트닝 능력이 큰 유지를 소량 넣는 것보다 쇼트닝 능력이 다소 낮은 유지를 다량 첨가하면 쇼트닝 능력이 더 커짐
유지의 온도	• 온도가 올라가면 반죽의 퍼짐성이 좋아지며, 쇼트닝 능력도 커짐
다른 물질의 영향	• 녹인 지방과 설탕을 함께 크리밍하면 지방이 반죽 안에 잘 퍼져 연해짐 • 묽은 반죽에 달걀과 지방을 섞으면 난황의 레시틴이 유화제의 역할을 하여 유지의 쇼트닝 능력이 감소함

(4) 크리밍성

유지의 크리밍creaming성은 버터, 마가린, 쇼트닝을 빠르게 교반했을 때 지방 안에 공기가 들어가 지방이 하얗게 변하고 부피가 증가하는 것을 말한다. 크리밍성을 나타내는 정도를 크리밍가라고 하는데, 이는 케이크 제품의 품질에 영향을 준다. 크리밍성은 쇼트닝, 마가린, 버터 순으로 감소하며, 크리밍하여 케이크를 만들 때 사용한다.

(5) 유화성

유지의 유화emulsion는 같이 섞일 수 없는 친수성인 물과 소수성인 기름이 분자 내에 친수기와 소수기를 모두 가지고 있는 유화제emulsifier로 인하여 균일하게 분산되어 있는 상태를 말한다. 유화의 형태는 우유, 생크림, 마요네즈, 크림수프, 케이크 반죽처럼 물에 기름이 분산되어 있는 수중 유적형oil in water, o/w형과 버터, 마가린과 같이 기름에 물이 분산되어 있는 유중 수적형water in oil, w/o형이 있다(9장 참고).

(6) 부착 방지

기름은 물과 섞이지 않으므로 윤활제 역할을 하여 식품의 부착을 방지한다. 생선을 구울 때 팬에 기름을 두르면 막이 생겨 팬에 붙지 않는다.

3) 유지류를 이용한 조리

(1) 드레싱류

대표적인 드레싱류에는 샐러드드레싱과 마요네즈드레싱이 있다. 샐러드드레싱(프렌치드레싱)은 프랑스에서는 식초소스라고도 하며, 주재료인 기름과 식초를 보통 3:1로 혼합하여 강하게 흔들면 일시적인 유화액이 된다. 샐러드드레싱은 흔드는 동작이 정지되면 기름과 식초의 비중 차이로 쉽게 분리되므로 먹기 직전에 잘 흔들어 유화 상태를 만들어야 한다. 시판 샐러드드레싱의 경우 유화제를 첨가하여 흔들지 않고도 유화 상태를 유지할 수 있다.

마요네즈는 식물성 기름, 식초, 달걀 노른자를 주재료로 만든 것으로 달걀 노른자에 들어 있는 레시틴이 식물성 기름과 식초가 잘 혼합되도록 유화제 역할을 한다(9장 참고).

(2) 튀김류와 볶음류

튀김류는 유지를 이용한 대표적인 조리방법으로 채소, 생선, 고기 등의 식품 재료를 그대로 또는 여러 가지 반죽옷을 입혀 고온의 기름에 완전히 잠기게 하여 기름 안에서 발생하는 대류 현상에 의해 가열하게 된다.

볶음류는 웍wok, 프라이팬을 사용하여 소량의 기름과 센불로 소량의 재료들을 재빨리 저어 가며 익혀 내는 방법이다. 볶음류에 적합한 재료는 작은 크기의 해물, 육류, 채소류이며, 채소의 경우 미리 익혀진 것을 사용하기도 한다. 볶음을 할 때는 재료를 잘게 썰고 물기를 잘 제거한 후 기름으로 달군 팬에 넣고 짧은 시간 안에 볶아야 한다. 수분 함량이 90% 이상인 채소는 재료 무게의 3~5% 정도 기름을 넣어 볶고, 생선처럼 단백질의 응고가 쉽게 되는 식품은 4~5% 정도, 밥과 같이 기름을 쉽게 흡수하는 식품은 5~6% 정도의 기름을 사용하여 볶는 것이 좋다.

(3) 오일절임

유지를 이용한 오일절임은 저장이 어려운 식재료를 저장하기 위한 방법으로 서양의 마리네이드marinade(조리하기 전 맛을 들이고 부드럽게 하기 위해 조미액에 재워 두는 것)와 비슷한 조리법이다. 토마토, 가지, 버섯 등 채소에 올리브유, 마늘, 바질 등을 넣어 저장과 풍미를 좋게 한다. 서양에서는 정어리를 오일절임한 앤쵸비를 즐겨 먹는다.

(4) 약과

약과는 약이 되는 과자라는 뜻으로, 체에 내린 밀가루에 참기름을 넣어 비비고 다시 체에 내린 후 분량의 꿀, 청주, 생강즙, 계핏가루 등을 넣어 혼합하고 치대어 140~150℃의 낮은 온도의 기름에서 튀긴다. 약과에서의 참기름은 향을 좋게 하고 층층이 결이 생기도록 하는 역할을 하며, 낮은 온도의 기름에 튀겨야 기름의 흡수도 많고 부드러운 약과가 된다. 그러나 기름의 온도가 너무 낮으면 약과가 풀어지므로 한 번에 많은 약과를 넣지 않도록 하며 뜨거울 때 집청을 하도록 한다. 바삭한 약과를 만들려면 밀가루와 참기름을 충분히 비벼 주어 연화를 유도하고, 물을 넣지 않고 술 등을 넣는다.

(5) 파이 및 케이크류

페스츄리와 파이는 유지의 연화 작용을 이용하여 글루텐 섬유들을 물리적으로 분리시켜 층이 형성되므로 바삭하다. 파운드케이크는 다량의 지방을 사용하여 케이크의 조직이 곱고 부드럽다. 파운드케이크를 만들 때 사용하는 버터, 마가린, 쇼트닝은 반죽에 공기를 주입하는 크리밍 작용과 글루텐이 많이 생기는 것을 방해하는 연화 작용을 한다. 이때 너무 찬 지방이나 녹은 지방은 공기가 충분히 들어갈 수 없으므로 실온에 30분 이상 두었다 사용하는 것이 좋다.

2. 당류

1) 당류의 종류 및 특징

(1) 설탕

설탕은 사탕무나 사탕수수를 분쇄하고 압착하여 짜낸 즙을 정제하여 얻는 당으로, 자당이라고도 한다. 가공 방법에 따라 백설탕, 황설탕 흑설탕으로 나누며, 정제도가 높을수록 색이 희고 감미도가 높다. 설탕은 α, β 이성질체가 존재하지 않아 온도에 따른 단맛의 변화가 없으므로 10% 설탕용액을 감미의 기준 물질로 사용하고 있다. 설탕은 조리방법에 따라 사용량을 달리하는데 찜, 조림, 무침에는 재료의 2~10%를 사용하고, 아이스크림과 케이크에는 10~50%, 잼에는 60~70%, 방부의 목적으로는 50% 이상을 사용한다. 흑설탕은 약식, 케이크, 쿠키, 캔디 등에 강한 단맛과 감칠맛, 원료당의 독특한 향을 내기 위해 이용한다.

(2) 전화당

전화당invert suger은 설탕을 산 또는 전화효소로 가수 분해하여 생성되는 포도당과 과당의 동량 화합물이다. 전화당은 벌꿀의 성분으로 설탕보다 단맛이 강하고 결정화되지 않아 양갱 및 케이크 등에 사용한다.

(3) 포도당

포도당glucose은 포도를 비롯한 단맛을 내는 과일에 많으며, 설탕에 비해 0.7~0.8배의 단맛을 가지고 있다. 포도당은 캔디, 음료, 제과, 통조림 등에 이용한다.

(4) 과당

과당fructose은 천연의 과일과 꿀에 많이 들어 있으며, 설탕의 1.5~1.8배의 단맛을 가지고 있다. 천연의 당 중에서 감미도가 가장 높고 흡습성이 커서 결정화가 어렵고 끈적거린다. 과당이 많은 과일의 경우 냉장하면 더 달게 느껴진다.

(5) 당알코올류

당알코올suger alcohol류는 당이 환원되어 생성되며 설탕의 대체물로 이용한다. 당알코올류는 설탕의 0.4~0.7배의 감미도를 가지며, 천천히 흡수되고 청량감을 주는 특징이 있어 저열량 식품의 제조에 많이 이용한다. 당알코올류의 종류 및 용도는 표 12-3과 같다.

표 12-3 | 당알코올류의 종류

종류	특징 및 용도
솔비톨 (sorbitol)	• 솔비톨은 포도당이 환원한 것으로 설탕에 대한 상대적 감미도는 0.6~0.7 정도임 • 캔디 제조 시 보습제, 저열량 식품의 설탕 대체제, 청량음료, 합성주, 어육 등에 이용함
만니톨 (mannitol)	• 만니톨은 갈조류, 버섯류에 존재하는 것으로 만노오즈(mannose)에서 환원한 것으로 설탕에 대한 상대적 감미도는 0.4~0.7 정도임 • 의약품 및 당뇨 환자의 대체 감미료로 이용함
자일리톨 (xylitol)	• 자일리톨은 자일로즈(xylose)에서 환원한 것으로 설탕에 대한 상대적 감미도가 0.7~1.0 정도임 • 충치 예방에 효과적이라고 알려져 껌, 아이스크림, 무설탕 제품에 이용함

(6) 올리고당

올리고당oligosaccharides은 천연식품에서 합성하거나 다당류를 효소에 의해 가수 분해하여 얻은 당으로 몸속에서 소화·흡수되지 않는 저열량 감미료이다. 비피더스균의 증식과 발효에 도움을 주어 음료나 치료식에 이용한다. 프락토올리고당, 이소말토올리고당 등이 있다.

지식 UP 당류 외 감미료의 종류

천연 감미료

• 꿀

꿀은 과당과 포도당이 각각 40%, 30% 정도 차지하고 있으며, 과당의 함량이 많아 흡습성이 강하므로 꿀로 만든 빵이나 과자는 오랫동안 촉촉함과 단맛을 유지할 수 있다. 꿀은 색이 진할수록 맛이 강하며, 꿀을 사용할 때에는 설탕을 사용할 때보다 액체 사용량을 줄이고 향이 소실되지 않도록 낮은 온도에서 굽는 것이 좋다. 꿀은 유밀과, 다식, 약식, 케이크 등에 사용한다.

• 시럽

시럽은 설탕에 물을 넣고 중불에서 젓지 않고 끓여 만드는데, 이때 저으면 결정이 생기므로 주의해야 한다. 그밖에 옥수수 전분에 산분해 효소를 넣어 가수 분해하여 만든 콘시럽과 단풍나무 즙액을 증발시켜 만든 단풍시럽이 있다. 과당이 많은 콘시럽의 경우 설탕보다 단맛이 강하고 물에 잘 녹아 가공식품에 많이 이용하며, 단풍시럽은 팬케이크나 와플 등에 곁들여 먹는다.

• 물엿

물엿은 옥수수 또는 고구마 전분을 가수 분해하여 농축한 액체 감미료로 정제 시럽이라고도 한다. 물엿은 조림 등의 요리에 사용하면 윤기 있고 부드러운 질감을 얻을 수 있으며, 케이크 아이싱이나 캔디를 만들 때 설탕의 결정 형성을 방해하기 위해 이용하기도 한다.

• 조청

조청은 쌀, 찹쌀, 수수, 조 등의 전분을 맥아(엿기름)로 당화시켜 농축한 것으로 맥아당과 포도당의 혼합물이다. 조청은 음식에 단맛과 향미, 윤기를 주어 우리나라에서는 꿀의 대용으로 강정, 떡, 과자 등의 음식에 사용한다.

합성 및 기타 감미료

• 아스파탐

아스파탐은 페닐알라닌과 아스파트산을 합성하여 만든 아미노산계 감미료로, 설탕의 150~200배의 단맛을 낸다. 캔디, 시리얼, 냉동 디저트, 음료수 등에 사용하며 열량이 낮아 저칼로리 제품에 사용된다.

• 사카린

사카린은 톨루엔을 원료로 합성한 것으로 설탕의 200~700배의 단맛을 내는 감미료이다. 열량이 거의 없고 충치도 유발하지 않아 김치, 음료수, 어육 가공품, 시리얼류, 뻥튀기 등에 사용된다.

• 알룰로스

알룰로스는 무화과, 건포도 등 식물에 희소하게 존재하는 당으로 설탕의 70% 단맛을 내는 감미료이다. 칼로리는 1g당 0.2~0.4kcal에 불과하다. 깔끔하고 청량한 단맛을 가지고 있으며 풍미 개선 및 이미 · 이취를 줄일 수 있다.

• 스테비오사이드

스테비오사이드는 스테비아 잎에 함유된 백색 분말로, 설탕의 200~300배 정도의 단맛을 내는 감미료이다. 산과 열에 강하여 탄산음료, 유산균 음료 등에 이용하는 제로칼로리 감미료이다. 우리나라에서는 소주에 주로 사용한다.

2) 당류의 조리원리

(1) 단맛 부여

당류는 종류에 따라 독특한 단맛을 가지고 있으며, 단맛의 크기가 다르다. 당류는 다른 기본 맛과 상호 작용하여 감미도가 상승 또는 저하되며, 당류 중 과당이 가장 달고 전화당, 설탕, 포도당, 맥아당, 갈락토오스, 유당 순으로 단맛이 감소한다. 온도에 영향을 받아 뜨거운 음식보다 찬 음식과 음료에서 단맛이 더 느껴진다.

(2) 수분의 흡수

당류는 흡습성이 커서 공기 중에 노출되면 수분을 흡수하여 덩어리를 형성하는데, 장마 때 설탕이 덩어리가 되는 이유이다. 당류의 종류에 따라 식품의 촉촉함과 질감이 달라진다. 과당은 당류 중 흡습성이 가장 커서 과당을 함유한 꿀이나 전화당을 넣어 만든 케이크는 촉촉한 상태를 오랫동안 유지할 수 있다.

스킬 UP 굳은 흑설탕을 부드럽게 하는 방법

흑설탕은 설탕 표면에 당밀이 필름처럼 코팅되어 있는데, 시간이 지나면 수분이 증발하면서 건조해져 딱딱하게 굳는다. 따라서 흑설탕은 반드시 밀폐된 용기에 보관하여야 한다. 흑설탕이 들어있는 보관 용기에 빵조각을 함께 넣어 두면 빵의 수분을 흑설탕이 흡수하여 덩어리가 생기는 것을 방지할 수 있다. 또한 딱딱하게 굳은 흑설탕을 촉촉한 면보에 12시간 정도 싸두거나, 전자레인지에 젖은 키친타월을 얹고 15~30초 정도 가열하면 부드럽게 된다.

(3) 결정 형성

당용액은 용매에 용해되는 당의 양에 따라 불포화, 포화, 과포화 용액으로 구분되며, 당류는 물의 온도가 높을수록 잘 용해되며, 용해도는 과당이 가장 높고, 설탕, 포도당, 맥아당, 유당 순으로 낮아진다. 온도에 따른 설탕의 용해도는 그림 12-7과 같다.

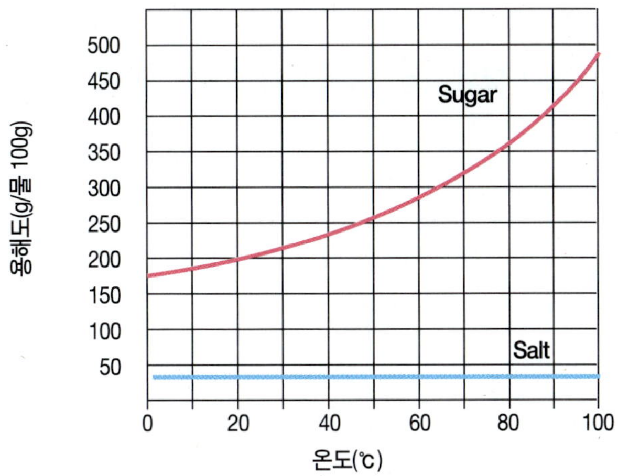

그림 12-7 | 설탕의 용해도

과포화된 설탕용액을 100℃ 이상으로 가열한 후 급냉하면 용해도가 낮아져 과포화된 부분이 핵을 형성하기 시작하면서 핵을 중심으로 결정이 형성되는데 이것을 결정화 crystalization라고 한다. 당의 결정 형성은 당의 종류, 당용액의 농도 및 온도, 냉각 후 젓는 속도, 결정 형성 방해 물질 등에 의해 영향을 받는다(표 12-4).

표 12-4 | 당의 결정 형성에 영향을 주는 요인

영향 요인	내용
당의 종류	• 포도당은 서서히 결정을 형성하고 설탕은 빠르게 결정을 형성함
당용액의 농도	• 설탕용액의 농도가 높으면 높을수록 핵이 많이 생기고 결정이 많아지면서 결정 크기는 작아짐
당용액의 온도	• 설탕이 완전히 녹을 때까지 일정한 온도까지는 서서히 가열하고 이후 급냉하여 빠르게 저어 주면 결정이 생김 • 젓기 시작하는 온도가 높을 때: 과포화 정도가 낮아서 결정(핵)의 수가 적어지고 크기가 커짐 • 젓기 시작하는 온도가 낮을 때: 과포화 정도가 높아져 결정(핵)의 수가 많아져 미세한 결정을 얻을 수 있음
젓는 속도	• 미세한 결정을 얻으려면 온도를 내린 후 빠른 속도로 저어 주면 됨
결정형성 방해물질	• 달걀 흰자, 젤라틴, 시럽, 꿀, 우유, 크림, 초콜릿, 한천, 유기산, 전화당 등 설탕 이외의 물질이 있으면 결정이 생기는 것을 방해함 • 이물질의 양이 많으면 결정의 성장이 정지되어 결정의 크기가 작아짐

당의 결정 형성은 캔디 제조의 중요한 과정이며, 결정 형성 또는 억제는 캔디의 품질을 결정하는 중요한 요인이 된다. 당의 결정 형성에 따라 결정형 캔디와 비결정형 캔디로 나눈다.

(4) 갈색화 반응

캐러멜화 반응caramelization은 설탕을 170℃ 이상의 고온에서 계속 가열할 때 특유의 냄새와 함께 흑갈색의 광택이 있는 캐러멜을 형성하는 비효소적 갈변 반응이다. 캐러멜, 커스터드푸딩의 소스, 아이스크림 토핑, 브리틀, 약식, 춘장 등은 갈색화 반응을 이용하여 만든다. 또한 캐러멜화 반응은 식품의 색깔뿐 아니라 식품의 향과 맛에도 영향을 준다.

마이야르 반응maillard reaction은 당류와 단백질을 120℃에서 5분 이상 가열하거나 장기간 저장할 때 환원당과 아민이 만나 멜라노이딘melanoidin이라는 갈색 물질을 형성하는 비효소적 갈변 반응으로 아미노카르보닐 반응이라고도 한다. 마이야르 반응은 캐러멜화 반응에 비해 늦게 일어나는데, 유당이 가장 쉽게 일어나며 다음으로 과당, 포도당 순으로 일어난다. 마이야르 반응은 된장, 간장, 커피, 홍차, 식빵 등의 색과 향기 형성에 영향을 준다.

(5) 기타 조리특성

설탕은 전분의 노화를 억제하고 방부성이 있어 50% 이상의 설탕용액은 효모나 세균의 번식을 억제하여 저장성을 부여한다. 껍질을 벗긴 과일을 설탕물에 담가 두면 효소적 갈변을 억제할 수 있으며, 당은 이스트 발효에 의해 알코올과 탄산가스를 형성하여 빵 반죽을 부풀게 한다. 또한 청량음료에 단맛과 청량감을 주며, 식품의 조직감에도 영향을 준다. 당류의 기타 조리특성은 표 12-5와 같다.

표 12-5 | 당류의 기타 조리특성

당류의 조리특성	용도
전분의 노화 방지	카스테라, 케이크, 떡
방부성	정과, 잼, 연유, 편강
발효성	술, 빵
효소적 갈변 억제(폴리페놀옥시다아제)	과일

3) 당류를 이용한 조리

(1) 캔디

① 결정형 캔디

결정형 캔디는 농축한 설탕용액이 결정화되는 성질을 이용하여 만든 것으로 결정이 질서 정연하게 분포한다. 결정형 캔디는 설탕용액을 100℃ 이상으로 가열한 후 냉각시키면 용해도가 낮아져 과포화된 부분에 핵을 형성한다. 핵을 형성한 후에는 결정 형성 속도가 빨라지므로 40~50℃까지 냉각시킨 후 결정체를 용액에 넣어 씨뿌리기seeding를 하고 계속 저어 주면 많은 수의 작은 결정이 생겨 부드러운 결정형 캔디를 만들 수 있다. 결정형 캔디의 종류는 표 12-6과 같다.

표 12-6 | 결정형 캔디

종류	특성	
폰단트 (fordant)	설탕용액을 112~114℃ 정도에서 가열 · 농축시킨 후 큰 접시에 부어 냉각하고 부드러워질 때까지 저어 줌	
퍼지 (fudge)	설탕과 콘시럽을 112℃까지 서서히 끓이고 버터, 우유, 초콜릿 등을 첨가하여 결정 형성을 방해하는 방법으로 냉각하여 미세한 결정이 생기도록 저어 줌	
디비너티 (divinity)	누가라고 부르는 캔디로 시럽을 119~127℃까지 가열하여 달걀 흰자 거품이나 젤라틴 등에 조금씩 넣고 계속 저으면 천천히 미세한 결정이 형성됨	

② 비결정형 캔디

농축된 설탕용액에 결정 형성 방해 물질을 넣거나 고온으로 가열하여 결정 형성을 못하게 만든 것으로 끈적끈적한 캔디를 말한다. 비결정형 캔디의 종류와 특성은 표 12-7과 같다.

표 12-7 | 비결정형 캔디

종류	특성	
캐러멜 (caramel)	• 설탕과 동량으로 콘시럽, 우유, 크림, 버터 등을 사용하여 118℃로 가열하고 버터를 바른 팬에 부어 냉각하고 성형함 • 마이야르 반응으로 특이한 향기와 끈적이는 질감 있음	
태피 (taffy)	• 다량의 시럽과 산을 첨가하여 고온으로 농축시킨 후 손으로 눌러 엿처럼 만든 것 • 캐러멜보다 농도가 진하고 잘 늘어짐	
토피 (toffee)	• 설탕, 당밀, 버터, 밀가루 등을 넣고 캐러멜보다 조금 단단하게 성형한 것으로 일종의 하드캐러멜임	
브리틀 (brittle)	• 시럽이 다량 첨가된 당용액을 고온에서 가열하여 견과류와 베이킹소다를 넣고 가스를 발생시킨 후 넓적한 용기에 부어 식혀 만듦 • 고온으로 인한 갈색화와 소다의 향기로 특이한 향미가 있음	
마시멜로 (marshmellow)	• 불린 젤라틴을 중불에서 녹이고 설탕과 물엿을 넣고 가열한 후 거품 낸 달걀 흰자를 2~3회 나누어 넣고 잘 섞은 뒤 틀에 붓고 실온에서 굳혀 만드는 스펀지상 캔디로 폭신폭신하고 부드러운 질감이 있음	

(2) 정과

정과는 수분이 적은 뿌리나 줄기, 열매를 적당한 크기로 절단하여 시럽, 물엿, 물을 넣고 중불에서 서서히 졸여 투명하고 쫄깃하게 만든 것이다. 연근, 생강, 도라지, 인삼정과 등이 있다.

(3) 빠스와 맛탕, 탕후루

빠스拔絲는 설탕을 녹여 시럽이 될 때 나무젓가락으로 시럽을 묻혀 양손으로 서로 다른 방향으로 잡아당기면 실이 나온다는 뜻의 요리로, 고구마, 밤, 바나나 등의 과일이나 아이스크림에 전분을 묻혀서 튀긴 후 140~150℃의 설탕시럽에 넣어 실이 나오게 묻혀 낸 것이다. 빠스를 만들 때 설탕의 일부가 결정화되는 현상이 나타나는데 식초를 조금 넣으면 방지할 수 있다. 빠스를 상에 낼 때는 얼음물을 함께 내어 얼음물에 담갔다 먹어야 입이

데이지 않으며, 더 바삭해져 맛있게 먹을 수 있다.

맛탕은 중국식 빠스와 비슷한 음식으로 '마탕糖'이라고도 한다. 맛탕은 고구마를 굵게 토막 내서 기름에 튀긴 후 물엿 또는 조청 등을 버무려 졸인 음식으로, 설탕 코팅이 굳어 손으로 만져도 묻어나지 않는 것이 특징이다. 딱딱하지 않고 부드러운 맛탕을 만들고 싶다면 시럽을 만들 때 기름과 설탕 대신 물, 설탕, 물엿을 넣고 끓인 뒤 튀긴 고구마를 넣고 버무려 주면 된다. 고구마 대신 감자, 당근, 가지, 옥수수 등으로도 만들며, 검은깨나 견과류를 토핑하기도 한다.

탕후루糖葫蘆는 산사나무 열매나 작은 과일 등을 꼬치에 꿴 뒤 젓지 않고 끓인 설탕과 물엿을 입혀 만든 중화권의 겨울철 간식으로, 차가운 얼음처럼 딱딱하게 굳은 표면 때문에 빙탕후루冰糖葫蘆라고도 불린다. 잘 만든 탕후루는 겉면을 손으로 두드렸을 때 사탕 결정체처럼 소리가 나야 하고, 먹었을 때 끈적이지 않고 사탕같은 아삭거리는 식감이 있어야 한다. 한국에서는 딸기, 귤, 포도 등의 과일을 사용하여 만든다.

요약

- 유지는 크게 식물성 유지, 동물성 유지, 가공 유지로 나누며, 식물성 유지에는 콩기름, 옥수수기름, 올리브유, 참기름, 들기름 등이 있으며, 동물성 유지에는 우지, 라드, 어유가 있다. 가공 유지에는 버터, 마가린, 쇼트닝이 있다.
- 식품 속의 지방과 유지는 조리와 저장 중에 산소를 흡수하여 자동 산화가 일어나며, 산, 알칼리, 효소 등에 의해서도 가수 분해되어 점도가 높아지고 불쾌한 냄새를 낸다. 또한 공기 중에서 높은 온도로 가열하면 산화가 빠른 속도로 진행되어 유지의 점도와 거품이 증가하고 열전달이 어려워져 바삭한 요리를 하기 어렵다.
- 당류는 조리와 보관 과정 중 단맛을 내고 입안에서 느끼는 촉감과 질감을 좋게 하며 식품을 촉촉하고 부드럽게 해준다. 또한 당을 가열하면 마이야르 반응과 캐러멜화 반응에 의해 갈색화가 일어나기도 하며, 당의 발효를 이용하여 알코올 음료, 김치, 식혜, 요거트 등의 젖산 발효식품을 제조하기도 한다.
- 캔디는 설탕과 물엿을 주원료로 농축 · 응고시켜 만든 것으로 폰단트, 퍼지, 디비니티와 같은 단단한 결정이 형성되는 결정형 캔디와 과포화 설탕용액에 결정 형성 방해 물질(시럽, 꿀, 우유, 크림, 버터, 달걀 흰자)을 넣거나 고온에서 가열하여 끈적끈적한 질감이 있는 캐러멜, 태피, 브리틀과 같은 비결정형 캔디로 구분한다.

연습문제

1 튀김기름의 발연점이 낮아지는 요인으로 옳은 것은?

① 유리지방산이 적을 때　② 신선한 기름을 사용했을 때
③ 기름의 사용 횟수가 많을 때　④ 노출된 유지의 표면적이 작을 때
⑤ 기름에 깨끗하고 이물질이 없을 때

2 버터, 마가린, 쇼트닝 등의 고체나 반고체 지방을 빠르게 저어 주면 지방 안에 공기가 들어가 부피가 증가하면서 부드럽고 하얗게 변하는 유지의 특성은?

① 가소성　② 발연성　③ 유화성　④ 쇼트닝성　⑤ 크리밍성

3 페스츄리나 파이를 제조할 때 연화 작용과 가소성을 위해 사용하는 유지는?

① 버터　② 우지　③ 마가린　④ 쇼트닝　⑤ 콩기름

4 결정형 캔디는 ?

① 태피　② 토피　③ 퍼지　④ 브리틀　⑤ 캐러멜

5 당류의 조리특성과 용도의 연결이 옳은 것은?

① 갈변 – 머랭 ② 방부성 – 잼 ③ 발효성 – 캔디
④ 노화 방지 – 과일 ⑤ 기포성 – 커스터드푸딩

정답 1 ③, 2 ⑤, 3 ④, 4 ③, 5 ②

실습 1 개성약과

실습일: ______년 ______월 ______일

실습 목적

• 유지의 종류와 조리적 특성을 이해하고, 개성약과를 만들 수 있다.

실습 재료

재료명	분량	조별 분량	재료명	분량	조별 분량	재료명	분량	조별 분량
중력분	1C		청주	4 Ts		조청	220g	
소금	1/3g		꿀	4 Ts		물	200g	
후춧가루	0.1g		튀김기름	600mL		소금	2g	
참기름	38g		설탕시럽	50g		계핏가루	1g	
						생강즙	3g	

실습 도구

튀김냄비, 즙청냄비, 도마, 밀대, 칼, 전자저울(최소 단위 0.1g 이하), 계량컵, 계량스푼(Ts, ts)

실습 방법

1. 체에 친 중력분에 소금, 후춧가루, 참기름을 넣고 비빈 후 밀가루를 체에 내린다.
2. 설탕시럽을 조금씩 넣어 가며 주걱으로 가르듯 넣고 흰 가루가 보일 정도로 뭉치도록 반죽하여 비닐랩으로 덮어 상온에서 30분 정도 휴지시킨다.
3. 휴지시킨 밀가루를 밀대나 제면기로 두 번 반복하여 밀기를 한다.
4. 3.5 × 4 × 2.5cm(30g) 크기로 잘라 중앙 부분이 잘 익도록 포크로 가운데를 찔러 준다.
5. 냄비에 조청, 물을 넣은 후 젓지 않고 끓이고, 끓기 시작한지 15분이 되면 불을 끄고 계핏가루에 생강즙을 넣어 섞는다.
6. 1차 튀김기름은 140℃일 때 약과를 넣고 노르스름할 때 건지고, 2차는 170℃까지 올려 약과를 다시 튀기고 건진다.
7. 따뜻할 때 즙청시럽에 넣고 시럽이 약과 속까지 스며들도록 6시간 동안 담가 둔다.
8. 즙청한 약과를 망에 건져 여분의 즙청이 빠지도록 한다.

실습 결과

구분	시식 후 감각 평가
개성약과	

더 생각해 보기

1. 개성약과에 곁들임할 수 있는 음료나 차를 생각해 본다.

확장하기

• 튀김기름의 온도에 따른 개성약과의 질감과 맛의 차이를 비교해 본다.

더 확인할 수 있는 조리원리

• 건열조리(지지기와 튀기기)

실습 2 캐러멜

실습일: ______년 ______월 ______일

실습 목적

• 결정형 캔디와 비결정형 캔디의 특징과 조리방법을 이해하고, 캐러멜을 만들 수 있다.

실습 재료(6인분)

재료명	분량	조별 분량	재료명	분량	조별 분량
생크림	200g		설탕	120g	
우유	100g		버터	20g	
물엿	10g		바닐라 에센스	1/2ts	
꿀	10g				

실습 도구

깊이가 있는 냄비, 주걱, 전자저울(최소 단위 0.1g 이하), 계량컵, 계량스푼(Ts, ts)

실습 방법

1. 높이가 있는 냄비에 설탕, 우유, 꿀, 물엿, 바닐라 에센스를 넣고 끓여 준다.
2. 위에 큰 거품들이 없어지고 카라멜의 양도 반으로 줄어들 때까지 저어 주면서 계속 끓인다.
3. 주걱으로 들었을 때 주르륵 흐를 정도가 되면 잼을 만들 때처럼 찬물에 한두 방을 떨어뜨려 보아 퍼지지 않으면 다 된 것이다.
4. 약간의 버터와 바닐라 에센스를 넣는다.
5. 유산지를 깐 틀에 부어 식혀 주고 열이 다 식으면 냉장고에 넣고 한두 시간 경과 후 꺼내어 잘라 준다.

실습 결과

구분	시식 후 감각 평가
캐러멜	

더 생각해 보기

1. 잼과 카라멜의 완성점을 확인하는 방법을 생각해 본다.
2. 결정을 방해하는 다양한 물질들을 생각해 본다.

참고문헌

김선아 · 문보경 · 이선미(2020). 조리과학. 한국방송통신대학교출판문화원.

김선아 · 문보경 · 이선미(2021). 조리원리. 한국방송통신대학교출판문화원.

남상명 · 김성옥 · 오명석 · 윤인자 · 조윤준(2019). 쉽게 풀어 쓴 조리 원리. 지식인.

농촌진흥청(2021). 제10개정판 국가표준식품성분표.

DK 음식원리 편집 위원회(2018). 음식 원리. 사이언스북스.

배영희 · 박혜원 · 박희옥 · 최은정 · 정혜정 · 채인숙(2004). 식품과 조리과학. 교문사.

변진원 · 송주은 · 김경임 · 이나겸 · 강민정(2021). 조리원리. 파워북.

송태희 · 우인애 · 손정우 · 오세인 · 신승미(2020). 이해하기 쉬운 조리과학(3판). 교문사.

스튜어트 페리몬드(2018). 사이언스 쿠킹 : 레시피 속에 숨겨져 있던 요리의 과학. 김은지 옮김. 시그마북스.

식품의약품안전처(2011). 주요 식재료 검수 도감.

식품의약품안전처(2019). 식품의약품안전처 고시 제2019-113호, 소 · 돼지 식육의 표시방법 및 부위 구분기준.

식품의약품안전처(2019). 집단급식소 조리종사자 단계별 위생관리 매뉴얼.

식품의약품안전처(2023). 식품공전.

신말식 · 이경애 · 김미정 · 김재숙 · 황자영(2016). 조리과학. 파워북.

아라후네 요시타카 · 가와이 사치코 · 고야마 켄지 · 다카하시 시게유키 · 타나카 시마코 · 나카가와 유키코 · 하기야 미야코 · 야츠시로 타케루 · 야마자키 토모요시(2018). 맛있는 요리에는 과학이 있다. 김나나 · 주미경 · 이여주 옮김. 홍익출판사.

안기정 · 최은희 · 유창희 · 고승혜(2016). 똑똑하게 풀어 쓴 조리원리. 지식인.

안선정 · 김은미 · 이은정(2012). 새로운 감각으로 새로 쓴 조리원리. 백산출판사.

오세인 · 우인애 · 이병순 · 김동희 · 손정우 · 송태희 · 백재은(2021). 한눈에 보이는 실험조리(4판). 교문사.

윤계순 · 이명희 · 류은순 · 민성희 · 신원선 · 정혜정 · 김지향 · 박옥진(2014). 새로 쓴 식품학 및 조리원리. 수학사.

이경애 · 문보경 · 황자영 · 이인선(2023). 이해하기 쉬운 조리원리. 파워북.

이경애 · 변광의 · 구난숙 · 김미정 · 김미라 · 윤혜연 · 송효남(2008). 식품학. 파워북.

이주희 · 김미리 · 민혜선 · 이영은 · 송은승 · 권순자 · 김미정 · 송효남(2021). 과학으로 풀어쓴 식품과 조리원리(4판). 교문사.

조경련 · 김미리 · 김옥선 · 손정우 · 송미란 · 최향숙 · 최해연(2024). 이해하기 쉬운 식품재료학. 파워북.

주나미 · 박상현 · 정은경 · 김보람 · 이희정(2015). 이해하기 쉬운 조리원리 및 실험. 파워북.

최지유 · 권수연 · 윤지현(2013). 조리원리 및 실습. 양서원.

한국식품과학회(2012). 식품과학사전. 교문사

헤롤드 맥기(2017). 음식과 요리 : 세상 모든 음식에 대한 과학적 지식과 요리의 비결(이희건 옮김). 이데아

Amy Christine Brown(2008). Understanding food Principle & Preparation(3rd). Thomson Wardworth.

Tim Chan(2021). The Effects of Dissolved Table Sugar on the Browning of Apple Slices. Open Journal Systems.

女子栄養大學(2022). 食品成分表2022. 女子栄養大學出版部. [여자영양대학(2022). 식품성분표 2022. 여자영양대학출판부]

鈴木一行(2008). 食品解説つき新ビジュアル食品成分表(增補版). 大修館書店. [스즈키 카즈유키(2008). 식품 해설 첨부 새로운 비주얼 식품 성분표(증보판). 대수관서점]

鈴木一行(2008). 食品解説つき新ビジュアル食品成分表(增補版). 大修館書店. [스즈키 카즈유키(2008). 식품 해설 첨부 새로운 비주얼 식품 성분표(증보판). 대수관서점]

遠藤仁子ほか(2011). 調理学. 中央法規. [엔도 히로코 외(2011). 조리학. 중앙법규]

찾아보기

ㄹ

ㅁ

ㅂ

ㅅ

ㅇ

저자 소개

이영미

서울대학교 식품영양학과 박사

현재 명지대학교 식품영양학과 교수

최지유

일본 여자영양대학교 영양학 전공 박사

현재 배재대학교 식품영양학과 교수

권수연

서울대학교 식품영양학과 박사

현재 신구대학교 식품영양학과 교수

김미영

서울대학교 식품영양학과 박사

현재 국립공주대학교 식품영양학과 교수

김옥선

숙명여자대학교 식품영양학과 박사

현재 장안대학교 식품영양학과 교수

윤지현

미국 퍼듀대학교 호스피탈리티관광경영학과 박사

현재 서울대학교 식품영양학과 교수

조리원리

2024년 8월 9일 초판 인쇄
2024년 8월 16일 초판 발행

지은이 | 이영미 · 최지유 · 권수연 · 김미영 · 김옥선 · 윤지현
발행인 | 유제구
발행처 | 도서출판 파워북
주 소 | 경기도 고양시 일산동구 호수로 358-25
동문타워2차 529호
전 화 | (02) 730-1412
F A X | (031) 908-1410
등 록 | 1997. 1. 31 제 2014-000067호

정가 23,000원
ISBN 978-89-8160-520-9 (93590)